SketchUp(中国)授权培训中心官方指定教材

LayOut制图基础

孙　哲　潘　鹏　编著

清华大学出版社

北　京

内 容 简 介

现代的设计文档不再限于传统的平面图纸，也包括实体模型、演示图文稿、动画、全景、VR 三维现实仿真等。非常幸运，我们正在学习的 SketchUp 加上配套的 LayOut，几乎可以完成从方案推敲一直到上述这些设计文档的创建生成。

这套教材主要服务于基本没有排版布局经验和不懂工程制图"规矩"的新手，以及自行摸索过一个阶段，仍然不得要领的初学者。本书中的部分内容将会是 SketchUp 国际认证 (SCA) 各等级资格认证考试的内容。

本书可作为各大专院校、中职中技中专的专业教材，还可供在职设计师自学后参与 SketchUp（中国）授权培训中心组织的 SCA 技能认证所用。

图书在版编目(CIP)数据

LayOut 制图基础 / 孙哲，潘鹏编著 . —北京：清华大学出版社，2021.9

SketchUp（中国）授权培训中心官方指定教材

ISBN 978-7-302-59055-2

Ⅰ. ①L… Ⅱ. ①孙… ②潘… Ⅲ. ①建筑制图—中等专业学校—教材 Ⅳ. ①TU204

中国版本图书馆CIP数据核字(2021)第178883号

责任编辑：张　瑜
封面设计：潘　鹏
责任校对：李玉茹
责任印制：杨　艳

出版发行：清华大学出版社

　　　　　网　　　址：http://www.tup.com.cn, http://www.wqbook.com
　　　　　地　　　址：北京清华大学学研大厦A座　　　邮　　编：100084
　　　　　社 总 机：010-62770175　　　　　　　　　邮　　购：010-62786544
　　　　　投稿与读者服务：010-62776969, c-service@tup.tsinghua.edu.cn
　　　　　质量反馈：010-62772015, zhiliang@tup.tsinghua.edu.cn
　　　　　课件下载：http://www.tup.com.cn, 010-62791865

印 装 者：天津鑫丰华印务有限公司
经　　销：全国新华书店
开　　本：190mm×260mm　　印　张：21.25　　字　数：517千字
版　　次：2021年9月第1版　　印　次：2021年9月第1次印刷
定　　价：89.00元

产品编号：092713-01

SketchUp官方序

　　自 2012 年天宝 (Trimble) 公司从谷歌收购了 SketchUp 以来，这些年间 SketchUp 的功能得以持续开发和迭代，目前已经发展成天宝建筑最核心的通用三维建模及 BIM 软件。几乎所有天宝的软、硬件产品都已经和 SketchUp 打通，因此可以将测量测绘、卫星图像、航拍倾斜摄影、3D 激光扫描点云等信息导入 SketchUp；在 SketchUp 中进行设计和深化之后也可通过 Trimble Connect 云端协同平台与 Tekla 结构模型、IFC、rvt 等格式协同，也可结合天宝 MR/AR/VR 软、硬件产品进行可视化展示，以及结合天宝 BIM 放样机器人进行数字化施工。

　　近期天宝公司发布了最新的 3D Warehouse 参数化的实时组件 (Live Component) 功能，以及未来参数化平台 Materia，将为 SketchUp 打开一扇新的大门，未来还会有更多、更强大的 SketchUp 衍生开发产品陆续发布。由此可以看来，SketchUp 已经发展为天宝 DBO(设计、建造、运维) 全生命周期解决方案的核心工具。

　　SketchUp 在中国的建筑、景观园林、室内设计、规划以及其他众多设计专业有非常庞大的用户基础和市场占有率。然而大部分用户仅仅使用了 SketchUp 最基础的功能，却并不知道虽然 SketchUp 的原生功能很简单，但通过这些基础功能，结合第三方插件的拓展，众多资深用户可以将 SketchUp 发挥成一个极其强大的工具，处理复杂的几何和庞大的设计项目。

　　SketchUp (中国) 授权培训中心的官方教材编审委员会已经组织编写了一批相关的通用纸本与多媒体教材，后续还将推出更多新的教材，其中，ATC 副主任孙哲老师 (SU 老怪) 的教材和视频对很多基础应用和技巧做了很好的归纳总结。孙哲老师是国内最早的 SketchUp 用户之一，从事 SketchUp 的教育培训工作十余年，积累了大量的教学成果。未来还需要 SketchUp (中国) 授权培训中心以孙哲老师为代表的教材编审委员会贡献更多此类相关教材，助力所有使用者更加高效、便捷地创作出更多优秀的作品。

　　向所有为 SketchUp 推广应用做出贡献的老师们致敬。

　　向所有 SketchUp 的忠实用户致敬。

　　SketchUp 将与大家一起进步和飞跃。

SketchUp 大中华区经理
王奕 (Vivien)

SketchUp 大中华区技术总监
张然 (Leo Z)

　　《LayOut 制图基础》是 SketchUp(中国) 授权培训中心 (以下称 ATC) 在中国大陆地区出版的官方指定教材中的一部分。与此教材同时出版的还有《SketchUp 要点精讲》《SketchUp 建模思路与技巧》《SketchUp 用户自测题库》，即将完稿出版的还有《SketchUp 材质系统精讲》《SketchUp 动画创建技法精讲》《SketchUp 插件与曲面建模》，正在组稿的还有动态组件、BIM 等相关书籍，以及与之配套的一系列官方视频教程。

　　SketchUp 软件诞生于 2000 年。经过 20 多年的演化迭代，已经成为全球用户最多、应用最广泛的三维设计软件。自 2003 年登陆中国以来，在城市规划、建筑、园林景观、室内设计、产品设计、影视制作与游戏开发等专业领域，越来越多的设计师转而使用 SketchUp 来完成自身的工作。2012 年，Trimble(天宝) 从 Google(谷歌) 收购了 SketchUp。凭借 Trimble 强大的科技实力，SketchUp 迅速成为融合地理信息采集、3D 打印、VR/AR/MR 应用、点云扫描、BIM 建筑信息模型、参数化设计等信息技术的 "数字创意引擎"，并且这一趋势正在悄然改变设计师的工作方式。

　　官方教材的编写是一个系统性的工程。为了保证教材的翔实、规范及权威性，ATC 专门成立了教材编审委员会，组织专家对教材内容进行反复的论证与审校。本次教材编写由 ATC 副主任孙哲老师 (SU 老怪) 主笔。孙哲老师是国内最早的 SketchUp 用户之一，从事 SketchUp 的教育培训工作十余年，积累了大量的教学成果。此系列教材的出版将有助于院校、企业及个人在学习过程中，更加规范、系统地认知、掌握 SketchUp 软件的相关知识和技能。

　　在教材编写过程中，我们得到了来自 Trimble(天宝) 的充分信任与肯定。特别鸣谢 Trimble SketchUp 大中华区经理王奕女士、Trimble SketchUp 大中华区技术总监张然先生的鼎力支持。同时，也要感谢我的同事们以及 SketchUp 官方认证讲师团队，这是一支由建筑师、设计师、工程师、美术师组成的超级团队，是 ATC 的中坚力量。

　　最后，要向那些在中国发展初期的 SketchUp 使用者和拓荒者致敬。事实上，SketchUp 旺盛的生命力源自民间各种机构、平台，乃至个体之间的交流与碰撞。SketchUp 丰富多样的用户生态是我们最为宝贵的财富。

　　SketchUp 是一款性能卓越、扩展性极强的软件。仅凭一本或几本工具书并不足以展现其全貌。我们当前的努力也谨为助力使用者实现一个小目标，即推开通往 SketchUp 世界的大门。欢迎大家加入我们。

SketchUp (中国) 授权培训中心 主任

2021 年 3 月 1 日，北京

目 录

扫码下载本章教学视频及附件

第 1 章

概述与基本操作

　　LayOut 正在成为"方案推敲到全套文档"中的重要环节，它已经在 SketchUp 模型到传统图纸和电子演示文档转化方面起到举足轻重的作用。

　　如果你还是用 LayOut 创建文档和演示文稿的新手，那么请快速浏览一下本章和配套的视频，你将获得最简单快捷的介绍，其中有一些特别的提示，或许可以帮助你更快地了解 LayOut 的基本工具和对应的功能。

1-1 LayOut 的擅长与局限

在计算机辅助设计普及之前，工程师们主要负责设计，他们在纸上画草图，而后交给专业的描图员根据草图在半透明的硫酸纸上描绘出底图，最后用或土或洋的晒图机和氨桶熏出最终的"蓝图"。如果需要效果图，又需要另一批专业人员，用所谓"喷绘渲染"的方式来制作(当今电脑渲染的鼻祖)。"喷绘渲染"要用到各种蒙版，各种奇奇怪怪的喷枪和工具，还要各种专业的技巧，其中很多术语都被当今的电脑软件所沿用。负责设计的工程师通常接受过该专业的高等教育；描图员只要中技或中专的资历；制作喷绘的专门人才，通常接受过工程与美术专业教育及长期的训练，非常难觅。

最近二三十年，特别是近十多年以来，计算机辅助设计快速普及，上面所说的，从第一次工业革命以前开始，沿用了几百年的设计制图流程完全被改变；当今时代，大多数合格的设计师都具备了从方案推敲到编制专业文档的全面技能。现代的所谓专业文档，并不限于传统的平面图纸，也包括三维的实体模型，供演示用的图文稿(PPT 或幻灯片)印刷品、有声有色的动画，甚至 360 度全景视图、VR 三维现实仿真，等等。非常幸运，我们正在学习的SketchUp 加上配套的 LayOut，几乎可以完成从方案推敲一直到上述这些设计文档创建生成的全部过程。

1. LayOut 的发展史

LayOut 从 SketchUp 6.0 版开始，作为 SketchUp 的附属部分进入我的电脑，算起来已经有 12 个不同的版本了：LayOut 1.0、2.0 和 3.0 三个版本是由 Google 公司发布的；从 LayOut 2013 到现在的 2019，一共 9 个版本是由天宝公司发布的。

这里要告诉刚接触 SketchUp 的新手们一个事实：很多年以来，LayOut 就是个公认几乎没有使用价值的累赘，为什么这么说？刚开始的五六个版本，存在着占用大量计算机资源的问题，只要一打开 LayOut，电脑就像患了三年大病，动一下都困难，根本不能用。还有，它对双字节汉字的支持非常不友好，LayOut 里只有一个系统默认的宋体可用，有时候出现的汉字还缺胳膊少腿。另外，各种小毛病非常多(很多毛病还一直延续到最新的 2021 版，后面还会提到)。

所以，一直到前几年，我安装好 SketchUp 以后，第一件事就是看看 LayOut 有没有进步到具有使用的价值，非常不幸，大多数版本都是令人失望的；接着就是把桌面上的 LayOut 和 Style Builder 两个图标拖到垃圾桶去，免得看了烦心。据我所知，这也是很多 SketchUp 老玩家的常规做法。

2. 学 LayOut 难在何处

平心而论，最近几个版本的 LayOut，虽然还存在着不少小问题，但是在资源占用和汉字支持这两个原则性的大问题上已经有了很大的进步，逐步进入了实用的阶段，用的人慢慢多了起来，同时，觉得 LayOut 难用的人也多了起来。这里要做一点儿具体分析，经过在学员群中进行调研，觉得 LayOut 难学难用的人大致分为如下四种。

第一种人大多是学生，他们经过短时间摸索，可以在 SketchUp 里弄点简单东西出来，就以为 LayOut 也像 SketchUp 一样简单，靠简单操作就能弄出一套图纸来，一旦实际跟原先的期望落差较大，就以为 LayOut 很难。

第二种人以为 LayOut 天生就是用来做施工图的工具，其实这是一个大大的误区，在本节后面的篇幅中将引用 SketchUp 官方对 LayOut 的定义进行讨论，在此先放下不提。

第三种人是 SketchUp 用户里大量"自学成才"或"短训上岗"的从业人员，会操作电脑，也知道一点建模和 CAD，急于求成想一步登天，却半懂或不懂工程制图的规矩，靠网络上一些靠不住甚至错误的所谓技巧学的知识，无法深入，只能在低水平徘徊，甚至走入歧途，养成了坏习惯。

第四种人最为普遍。这些人在学习设计软件的时候，把眼睛和精力盯在了软件本身，忽略了根本性的问题，包括：想要用 LayOut 出图；学习和关注的重点并不在 LayOut，因为它不复杂，非常容易掌握。但实际上，想制图要先掌握工程制图的"规矩"；所谓"规矩"就是国家颁布的"制图标准"，LayOut 是依据制图标准绘制图纸的工具，重点在于"依据"而不是"工具"，否则你的学习就是舍本逐末了。为了解决学员群中普遍存在的这个根本性问题，本教材将用大量的篇幅把 LayOut 和制图标准联系在一起讨论。

3. 官方说 LayOut 能做什么

接下来要讨论一下：LayOut 是什么，它能为你做什么。在 2014 年之前，SketchUp 官方对 LayOut 的定义如下：

LayOut 是 SketchUp Pro 的一项功能，它包含一系列工具，能帮助用户创建包含 SketchUp 模型的设计演示。

LayOut 帮助设计者准备文档集，传达其设计理念。使用简单的布局工具，设计者即可放置、排列、命名和标注 SketchUp 模型、草图、照片和其他组成演示及文档图片的绘图元素。通过

LayOut，设计者可创建演示看板、小型手册和幻灯片……LayOut 不是照片级真实渲染工具，也不是 2D CAD 应用程序。

上面的这一小段文字基本定义了 LayOut 的用途，它不是"渲染工具"和"2D CAD"，这点很好理解。要特别注意的是：官方的解释中把 LayOut 的功能定义为"设计演示""传达设计理念"，用 LayOut 创建的是"演示看板""小型手册"和"幻灯片"，所以官方并没有把 LayOut 定义为制作"施工图"的工具。

2014 年以后，SketchUp 官方开始"改口"了，下面一段文字同样是翻译自 SketchUp 官方对 LayOut 的介绍：

……之前的版本中，我们一直尝试着把 LayOut 做好，满足大家的期望和要求。我们增加了尺寸标注、矢量渲染，在模型视窗中增加了捕捉和点功能。增加了 DWG 和 DXF 的输出，可辨别的虚线。我们的 LayOut 更快、更精确地移动图内元素，可以编辑线条——线工具可以说是最自然的矢量渲染图配置。一些用户已经开始完全用 LayOut 制作施工图……

文中提到"一些用户开始完全用 LayOut 制作施工图"，请注意官方介绍中的关键词："一些用户""开始"，隐含着"部分用户自发的试探性质"；官方至今仍然没有明确把 LayOut 定义为"创建施工图的工具"。

把上面两段文字翻译摘录给各位，就是想要明确 LayOut 可以做、善于做的事情只是"传达设计理念的演示"，它的特长是创建"演示看板""小型手册"和"幻灯片"，它不是渲染工具，也不能当作 2D 的 CAD 来用；至于用 LayOut 制作施工图则是"一些用户开始的尝试"，官方始终没有松口把 LayOut 定义为"施工图工具"，因为他们最知道 LayOut 擅长做什么和不擅长做什么。如果你也像我一样对官方的介绍有了实事求是的理解，今后遇到 LayOut 不太争气、不如人意的时候，就会给予足够的谅解。要怪的话，只能怪你让它做不擅长的事情。

4. LayOut 的特点

LayOut 翻译成中文可以是"布局""安排""布置""规划"等，大多数文献中被译为"布局"。很多软件都有 LayOut 的功能，如最常见的 AutoCAD。"布局"的目的是输出 (不限于图纸)。而输出之前的"布局"，说通俗点就是"排版"(包括尺寸、文字标注，等等)。跟 AutoCAD 里的 LayOut 不同，我们现在讨论的 SketchUp 里的 LayOut 跟 CAD 里的 LayOut 相比有很多的特殊性，包括从 3D 模型方便地生成三视图、透视图；跟 SketchUp 的"同步联动特性""众多的输出方式"，等等。

LayOut 正在成为"方案推敲到全套文档"中的重要环节，它至少可以在生成传统图纸和电子演示文档方面起到举足轻重的作用。在工程施工过程中，传统的二维图纸目前仍然是传递设计信息的主要方式；而演示表达用的电子文档，则是各部门沟通交流，乃至争取业务项目的重要手段。

接着再说说 LayOut 与其他软件比较的特殊性（优点）。在我看来，除了其他软件都有的功能之外，至少还有以下几点是值得介绍的。

第一，SketchUp 与配套的 LayOut 的综合功能，开始在慢慢撼动 1982 年以来稳坐江山几十年的 AutoCAD 在设计界的地位。不过，它要彻底代替 AutoCAD，还有相当长的路要走，最难逾越的是人们先入为主的习惯与现有的生态环境。

第二，SketchUp 与配套的 LayOut 的综合功能，正在改变传统的以 AutoCAD 的 dwg 线稿为依据，然后建模和后处理的设计顺序。现在越来越多的设计师走上了先建模—发现问题—反复修改—最后依据确认的精确模型出图的捷径。

第三，LayOut 成功地将 3D 模型带到了 2D 图纸里，除了生成传统的三视图，还可用无限多的视角、无限多的细节，以人类最容易理解的真实透视形式展示创意，这种功能在丁字尺三角板的年代简直是无法想象的，即便是现在也不是每一种设计工具都能如此方便地做到这样。

第四，在 LayOut 的排版过程中，还可以插入位图或剪贴画作为背景或配景，令设计更加生动，这也不是所有软件都有的功能。

第五，一旦在 SketchUp 中完成建模，导入 LayOut 后，不但可以快速生成各种图纸，同时还可以得到交流、汇报、演示用的图文稿（类似于 PPT）；至于输出矢量图、输出打印和印刷用的 PDF 文件、导出位图等功能更是手到擒来。

5. 本书内容的两大依据

第一，有一半的内容是按照 SketchUp 官网、权威的英文帮助文件为脉络和大纲，重新增删归类、翻译改写制作。

第二，另一半的内容以现行的"中华人民共和国制图标准"为依据，跟 LayOut 的应用结合起来讨论。具体的标准编号会在相关章节中介绍。

严格意义上讲，这套教材有相当的篇幅要介绍和讨论工程制图的"规矩"，也就是国家制图标准中的要点以及如何在 LayOut 中实现。新手们能够掌握和熟练运用绘制工程图样的"规矩"以后，LayOut 作为一个比较简单的排版工具，本身并没有什么难以掌握的东西。

6. 几点提示

第一，LayOut 的功能虽然强大，但它终究是美国人按照美国的情况开发的，并不见得适合中国大陆所有的行业和所有的设计项目。如高层或大型的建筑，大面积的规划或景观设计，复杂的公共建筑室内设计一类的大场面，用起来就比较费劲辛苦，最终的效果也未必令人满意。

第二，所有的笔记本电脑，还有普通分辨率的显示器，受屏幕像素的限制，在制作 A3 幅面以上的大图时，用 LayOut 会比较勉强；想要把 LayOut 用得好，用得"爽"，最好配置高分辨率的显示器，比如 4K 甚至 8K 显示器，当然还有配套的显卡，这样每一屏可显示的内容更多、更直观，可以避免频繁移动调整视口，工作效率会高很多，劳动强度大大降低，工作的质量也会提高。

第三，目前最适合使用 LayOut 出图的行业和项目是——所有能够在 SketchUp 中做方案推敲的、没有复杂细节的项目初期；中小型室内环艺设计、户内外广告设计、展会展台设计、舞台美术设计、教学模型设计、简单机械设计等中小场面的设计项目；还有木业（包括家具业、全屋定制等）、石材、玻璃加工和类似的行业；建筑业的别墅类建筑、大型项目的工地规划布置、重要节点、招投标说明书等；园林景观与城乡规划设计的中小型项目和招投标说明书、各种分析图、流程图。LayOut 最擅长的就是 SketchUp 官方所介绍的"设计演示"，包括投影文稿、配合现场演讲用的图文工具以及现场分发的小册子(PDF 或印刷品)。

本教材由纸质书和视频教程两部分组成，纸质书的章节编号与视频教程相同，所以可以作为视频教程的索引工具。纸质书和视频教程都可以作为实战中遇到问题时查找解决办法的工具。

1-2 初识 LayOut

如果你是用 LayOut 创建文档和演示文稿的新手，那么请快速浏览一下本节和配套的视频，我会尽量简单地介绍它们，其中有一些特别的提示，或许可以更快地帮助你了解 LayOut 的基本工具和对应的功能。

1. LayOut 界面速览

先大致看一下 LayOut 的界面布置（见图 1.2.1）。跟绝大多数软件没有太多区别，菜单栏和工具栏一定是不能缺少的。菜单栏 (图 1.2.1 ①) 里包含有几乎所有的功能，在后面的章节里还要详细介绍，工具栏 (图 1.2.1 ②) 上有十多个工具，看起来跟 SketchUp 里的某些工具差不多，也有一些是 LayOut 所特有的。

- 左上角有一个页面标签 (图 1.2.1 ③)，看起来也跟 SketchUp 差不多，但用途和用法完全不一样。
- 中间最大的一个区间是操作窗口 (图 1.2.1 ④)，这跟 SketchUp 是一样的。
- 右侧有一个瀑布式的面板组 (图 1.2.1 ⑤)，LayOut 的很多参数调节都是在这里进行的。
- 最下面的左侧是状态栏 (图 1.2.1 ⑥)，随时显示当前的状态和操作提示。
- 最下面的右侧有两个部分，一个跟 SketchUp 一样，叫作数值框 (图 1.2.1 ⑦)，功能也差不多；最右边还有一个部分是 SketchUp 里没有的 (图 1.2.1 ⑧)，叫作缩放框，在这里调节当前图纸的大小。请注意，这里面有一个 "缩放范围" 选项，相当于 SketchUp 的术语 "充满视窗"，也就是把图纸上的所有元素全部显示出来。

单击图 1.2.1 ⑨位置的叉号按钮，可以关闭这个面板。

图 1.2.1 ⑩所示的位置有个图钉，单击它可以在隐藏面板组和显示面板组之间切换。

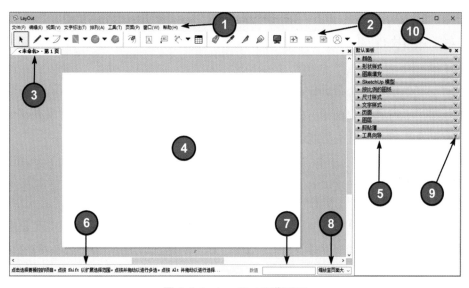

图 1.2.1　LayOut 工作界面

2. 两个特有的菜单

下面要介绍菜单的特点、功能与具体的操作：在图 1.2.1 ①所示的菜单栏上可以找到大多数可用的 LayOut 命令。

大多数菜单项一看就懂，很多菜单项在后面章节要做详细讨论，这里先特别指出两处比较特别的菜单。

● "排列"菜单 (图 1.2.2) 的功能，差不多是所有平面设计软件都有的，能够将图纸上的每个元素按顺序移动到前面、后面或者中间，还可以翻转和对齐元素 (详见视频)。

● "页面"菜单 (图 1.2.3) 可以用于在 LayOut 文档中添加、复制和导航页面 (详见视频)。

图 1.2.2 "排列"菜单　　　　　　　　　　图 1.2.3 "页面"菜单

菜单栏里还有文件、编辑、视图、文字标注、工具、窗口和帮助等项，在后面会有专门的章节来介绍。

"帮助"菜单里有一个帮助中心，如果你的英文没有障碍，遇到问题或许可以到这里找找解决的办法。不过我要提前给你打预防针，帮助中心里说的都是最简单、最初级的知识，不要寄予太大的希望，这里未必能解决你的所有问题。

3. 工具栏特点

我们来看看工具栏 (图 1.2.4)。刚安装好 SketchUp 以后，LayOut 的工具栏上就已经有了这 19 个工具图标，这些图标可以通过设置减少，却不能增加，因为一共就只有这么多。

图 1.2.4 LayOut 的工具栏

19 个工具中，有 10 个工具图标跟 SketchUp 里的工具很像，大多数用途和用法也差不多。

其中，直线、圆弧、矩形、多边形和尺寸 5 个图标是"工具组"。比如，直线工具可以用来画徒手线和贝塞尔曲线。圆弧工具有 4 种不同的用法，跟 SketchUp 差不多。矩形工具也有 4 种不同的用法，其中 3 种是 SketchUp 里没有的。圆形工具还可以画椭圆，这也是 SketchUp 里没有的。尺寸工具可分成线性标注和角度标注两个功能，角度标注是 SketchUp 里没有的。用鼠标右键在工具栏的任意位置单击，会弹出图 1.2.4 ①所示的菜单，可做进一步设置；在后面的章节里，还要详细介绍这些工具的功能和用法，包括其中的窍门。

4. 关于模板

创建新的 LayOut 文档时，需要预先选定一种模板。模板有 LayOut 自带的和我们自己创建的两种，这部分要涉及的内容很多，后面将有专门的章节来讨论。

5. 默认面板

在界面的右边，就像新版的 SketchUp 一样，有一个面板组 (图 1.2.1 ⑤)，可以把 LayOut 里所有的面板都调出来堆叠在一起，用起来很方便。一共有 11 个不同的面板，这些面板的详细功能后面有专门的章节进行讨论，现在先要介绍的是如何操作这些面板。

"窗口"菜单里的第一项就是隐藏和显示面板 (图 1.2.5 ①)，隐藏面板是为了要腾出更多的操作空间，今后可以设置一个专用的快捷键来隐藏和显示这些面板。

"窗口"菜单里的 11 项 (图 1.2.5) 对应于面板组上的 11 个面板 (图 1.2.1 ⑤)。在这里取消某些勾选，它们就不会再出现。也可以直接单击面板右侧的叉号按钮来关闭一些面板 (图 1.2.1 ⑨)，需要的时候再到"窗口"菜单里来勾选。

如果你的 LayOut 有不止一个人使用，不同的人有不同的使用习惯和爱好，选择"窗口"｜"新建面板"命令就可以创建一个新的面板组，以适应不同的操作者。

LayOut 的面板组可以自动隐藏，让它们在不用的时候收缩起来，只要拔掉图 1.2.1 ⑩这里的图钉，面板组就隐藏起来了。操作完成后，在面板之外的地方单击一下，它们就又缩回去。如果想要留着它们，只要再单击此图钉 (图 1.2.1 ⑩)，面板们又重新显示。

图 1.2.5 调用默认面板

还有，面板组上面板的位置是可以移动的。我们可以把最常用的面板移动到最容易操作的位置——鼠标左键按住某个面板不放，拖曳到新的位置后放开即可。

有些人不喜欢把面板组固定在右边，想要让它浮动，如果你想这么做，只要用鼠标左键在面板组最上面空白的位置双击即可。如果还想让它回到原来的地方，只要双击同一个位置，它还能回去。

还有，LayOut 提供了一些简单的工具提示，只要单击某一个工具，在"工具向导"面板上就可以看到这个工具的动画和文字提示，建议新手们用十分钟浏览一下，初步了解 20 多种工具的操作要领。

新手们除了可以从"工具向导"面板中得到提示和帮助之外，在 LayOut 界面的左下角也会根据当前所用工具和绘图现场的实际情况 (图 1.2.1 ⑥) 提供一些简单的操作提示，请随时注意一下。

6. 数值框与缩放框

LayOut 工作界面右下角的数值框有三个功能 (见图 1.2.1 ⑦)。

数值框的第一个功能是显示工具当前所在的坐标：无论你用什么工具，只要在图纸上移动，数值框里就会显示当前工具所在的绝对坐标。请注意，LayOut 图纸坐标的原点跟 SketchUp 不同，它不在左下角，而是在左上角。单位可以设置，通常是毫米。

数值框的第二个功能是显示实时数据，比如用矩形工具绘制矩形的时候，随着工具的移动，可以实时显示当前矩形的尺寸。这个功能在方案推敲阶段非常有用。

数值框的第三个功能是输入确定的数据，比如要绘制一个 100 毫米宽、100 毫米高的正方形，可以画一个大致的矩形后，立即输入"100,100"，回车后，可得到准确尺寸的正方形，这个操作跟 SketchUp 是一样的。

往数值框里输入的数据还可以是图纸的精确坐标点，这往往是圆心，中心、端点；也可以输入所画的多边形要有多少条边。这部分内容将在后面讨论。

右下角的缩放框 (见图 1.2.1 ⑧) 用来调整视口里显示内容的大小，我们已经知道了，不再多说。

好了，通过上面的简单介绍，我们算是初步认识了 LayOut。从下一节开始，将对现在看到的菜单和工具做详细讨论。

1-3　创建和保存 LayOut 文档

在展开讨论 LayOut 的各项工具和各种功能之前，我们必须先搞清楚如何创建和保存 LayOut 文档，以及与此相关的细节和操作，其中有些还是原则性问题。

1. 欢迎对话框及其应用

每次单击桌面上的 LayOut 图标，一定会弹出图 1.3.1 所示的欢迎对话框，首先简单介绍如下。

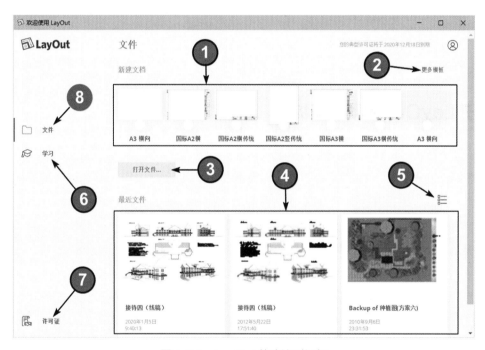

图 1.3.1　LayOut 的欢迎对话框

- 在图 1.3.1 ①处，用户可以选择已有的模板 (默认的或自创的) 。
- 在图 1.3.1 ②处，单击这里可切换到选择默认模板 (假设当前显示的是自创模板) 。
- 在图 1.3.1 ③ 处，单击这里可打开过往的 LayOut 文件，最近的文件可以在图 1.3.1 ④处打开。
- 在图 1.3.1 ④处显示最近保存过的 LayOut 文件，过往的文件在图 1.3.1 ③⑧里打开。
- 在图 1.3.1 ⑤处，单击这里可以在缩略图与详细目录之间切换。

● 在图 1.3.1 ⑥处，单击这里可打开 SketchUp 论坛、SketchUp 校园、SketchUp 视频（图 1.3.2）。

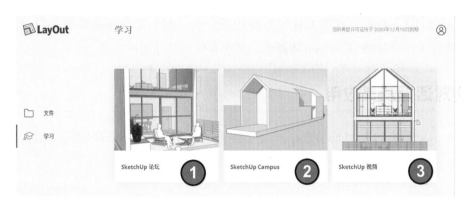

图 1.3.2 学习链接

● 在图 1.3.1 ⑦处，单击这里可查看许可证信息。

2. 关于 LayOut 的默认模板

需要郑重指出：LayOut 英文版（和老版本的 LayOut 中文版）里预置的，所有带有标题栏的默认模板都是根据美国的国家制图标准设计制作的，不符合中华人民共和国的制图标准。很多人出于偷懒、好玩甚至为了"显摆"目的用了这种现成的模板，可能给自己和公司造成不良的影响，甚至丢失业务，这个问题在后面的章节中还会详细讨论。

以 LayOut 2021 中文版为例，请注意"选择模板"界面里两个重要的细节。

第一，中文版的默认模板里只有少量的方格纸和白纸，已经看不到老版本里那些美国标准的模板了，这就从另一个侧面印证了 SketchUp 官方并不鼓励中国的设计师们直接套用美国标准的模板。当然，如果你实在想要看看那些美国标准的模板，还是可以得到的，在后面的内容里会提供具体的方法，但建议你不要尝试用任何外国标准的模板。

第二，默认的模板里，只有 A3、A4 两种幅面的纸张，SketchUp 官方并没有提供更大幅面的默认模板，这又从侧面印证了 SketchUp 官方似乎并不鼓励用 LayOut 来制作比 A3 幅面更大的图样。如果你偏偏要用 LayOut 来制作大幅面的图，想要大幅面的模板，可以自己动手创建，也可以导入别人已经做好的模板，这部分内容后面也有专门的章节来详细讨论。

3. LayOut 模板的要素

与 SketchUp 不同，就算你是使用 LayOut 的老手，已经提前制作好或者由公司提供了整套的专用模板,你也必须从图 1.3.1 所示的界面开始,去选用一种已经预置在 LayOut 里的模板。

"自己制作或公司提供的整套模板"通常是符合国家制图标准的,带有图框、标题栏、公司 Logo 等信息的公用 LayOut 文件;这些文件都需要提前在 LayOut 里制作完成并且保存为预置模板。

所谓 LayOut 的模板,至少包含以下几个要素:

- 纸张的大小和方向。
- 符合所在国制图标准的图框与标题栏。
- 因公司而异的特别设置。
- 各种数字文字尺寸等标注的默认属性。

4. 自创模板的保存路径

如果你所在的公司为你提供了整套 LayOut 模板,可以保存到电脑的以下位置:C:\Users\××××\AppData\Roaming\SketchUp\SketchUp 20××\LayOut\Templates。

无论你把 SketchUp(LayOut) 安装到什么地方,这个位置都不变。

读者可以在附件第 41 号文件夹里找到图 1.3.3 所示的一套符合国家制图标准的模板,同样可以拷贝到上述位置,以便随时调用。

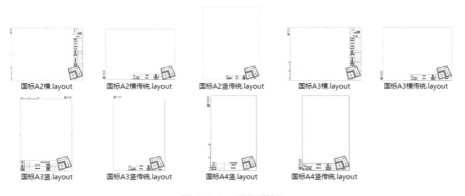

图 1.3.3 国标模板

后文还要介绍在 C 盘以外的位置保存一个副本的重要性和具体的用法。

5. 打开 LayOut 文件

如果你并不想新建一个 LayOut 文档,只是要对已经保存过的文件进行编辑加工,可以在图 1.3.1 所示的对话框上单击缩略图 (图 1.3.1 ④),在这里可以找到最近保存过的 LayOut

文件。想要打开更多或更早的 LayOut 文件，要单击图 1.3.1 ③⑧所示的位置，在 Windows 资源管理器里去进行查找。

6. 用白纸新建一个 LayOut 文件

假设我们已经选定了 A3 幅面的白纸，可以直接在这张纸上绘制图形，但最好提前做一些设置，下面逐一介绍需要设置的项目。

选择"文件"|"文稿设置"命令。请注意，菜单里是"文稿设置"，打开以后却是"文档设置"。请不要太计较，它们就是同一回事 (图 1.3.4)。

图 1.3.4　新建 LayOut 文件

1) 自动图文集

需要设置的第一项就是图 1.3.5 所示的"自动图文集"；所谓"自动图文集"，其实是"文档信息汇总"。默认已经有 10 种不同的信息可以随 LayOut 文档一起保存，以便追溯。有些项目是系统自己产生并自动更新的，如"创建时间""当前日期""发布时间""修改时间""页码"等。有些需要我们自己填写，如"地址""公司""文件名""页面名称""作者"等。

请注意，凡是跟日期、时间有关的选项，默认的格式是按美国的习惯，顺序是"月、日、年"，要全部改成符合中国标准的表示方式，应按"年、月、日"的顺序来排列。

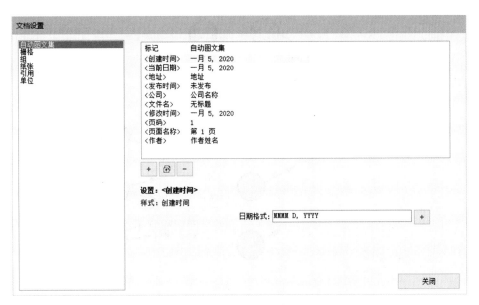

图 1.3.5　文档设置

地址、公司、作者这 3 项需要自己填写，"文件名"和"页面名称"会在保存和修改文档时自动生成。

2) 栅格 (图 1.3.6)

所谓"栅格"，就是方格纸上的小方格。虽然我们现在选择的是 A3 白纸，如果需要，同样可以在白纸上生成栅格，方便后续作图。生成的栅格可以是临时的，也可以随最终文件一起保存，甚至打印。

- 在图 1.3.6 ①处，勾选这里，可以在是否显示网格之间切换 (鼠标右键菜单里也有该选项)。(网格即栅格，详见本书 P22)
- 在图 1.3.6 ②处，在这里分别选择"实线方格"或"点阵方格"。
- 在图 1.3.6 ③处，主网格就是线条加粗的大格，通常是 10mm 一个大格。
- 在图 1.3.6 ④处，次网格就是大格里的小格，通常是每 1 ～ 2mm 的一个小格。
- 在图 1.3.6 ⑤处，勾选这里，在打印的时候连同网格一起打印出来，通常这里不勾选。
- 在图 1.3.6 ⑥处，这里调整主网格的大小和颜色，建议间距 10mm，颜色就用默认的。
- 在图 1.3.6 ⑦处，这里调整次网格的大小和颜色，建议细分成 5 或 10，颜色也用默认的。
- 在图 1.3.6 ⑧上处，当设置好页边距后，勾选这里，页边距外就不再显示网格。
- 在图 1.3.6 ⑧下处，网格其实是一个专用的图层，勾选这里，网格图层就在所有图元的上面。

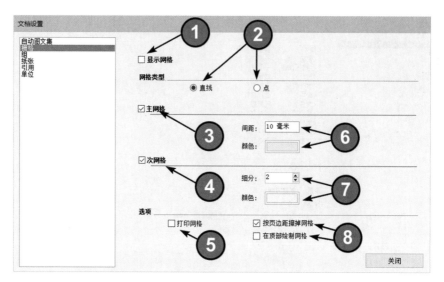

图 1.3.6　网格设置

3) 组 (图 1.3.7)

文档设置的第三项是"组";在 SketchUp 里也有类似的设置,意思是,当你双击进入一个组或组件进行编辑的时候,为了突出正在编辑的组,需要把周围的其他几何体用比较浅的颜色来显示,至于浅到什么程度,可以移动图里的滑块来调整。建议保持默认的原状,不要去动它。

如果勾选了滑块右边的"隐藏"复选框,当你进入组或组件编辑的时候,就完全看不到周围的东西,感觉就像被关进了电梯里,看不见周围的情况,强烈建议你不要勾选它。

4) 纸张 (图 1.3.8)

我们要在这里对纸张、页边距和渲染等进行设置、调整,比较重要。

- 图 1.3.8 ①处有几十种纸张可供选择,后面还要做详细讨论。

- 图 1.3.8 ②,在这里确定图纸是横向还是纵向。

- 图 1.3.8 ③,选了标准图纸,这里自动显示尺寸;也可在此输入数据改变图纸为"非标"。

- 图 1.3.8 ④,勾选后,会连同纸张颜色一起打印,可通过左边的"颜色"色块改变纸张颜色。

- 图 1.3.8 ⑤,勾选"页边距"复选框,图纸显示设置好的页边距,后面还要讨论。

- 图 1.3.8 ⑥,单击左侧"颜色"色块改变页边距颜色,勾选右侧复选框打印出页边距。

- 图 1.3.8 ⑦,LayOut 文件用于显示器 (包括投影) 时的分辨率,建议设置为"中"。

- 图 1.3.8 ⑧,LayOut 文件用于打印或印刷时的分辨率,建议设置为"高"。

图 1.3.7　组的设置

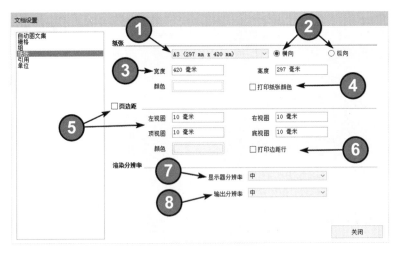

图 1.3.8　纸张设置

下面对纸张设置的一些重要选项再深入一点讨论。

图 1.3.8 ①的下拉菜单里有几十种不同的纸张可选，不过，按照中国制图统一标准，可以选择的并不多。可选用字母 A 开头的几种：A0 相当于中国制图标准的 0 号图纸，A1 就是 1 号图纸，A2、A3、A4 就对应于 2 号、3 号、4 号图纸。我国制图标准里只有这 5 种基本幅面 (但可以按标准加长)，请参考相关标准的规定。至于纸张的颜色，大多数情况下用默认的白色，除非有特别的需求。

在图 1.3.8 ⑤处勾选"页边距"复选框以后，就可以在图纸的四周留出白边和装订边。在我国制图标准里对页边距有明确的规定，摘录相关条文如下：

● 无论用多大的图纸幅面，装订边一定在左侧，装订边的宽度统一是 25 毫米。

● 其余的三条边的宽度：A3、A4 幅面是 5 毫米；A0、A1、A2 三种幅面是 10 毫米。

这些数据是经常要用的，请牢牢记住。

请注意图 1.3.8 ⑤对页边距做设置的地方，显示的左视图、右视图、顶视图、底视图全部是错的；同样的错误在 LayOut 里还有多处，准确的名称应该是左边距、右边距、上边距和下边距。页边距的颜色建议保持默认值。

图 1.3.8 ⑥处"打印边距行"又出错了，应该是"打印边距线"。勾选它之后，在打印的时候会把页边距的线框打印出来。

勾选图 1.3.8 ⑤ 处的"页边距"复选框以后，就可以在图纸上看到设置好的页边距了。

这里有个重要的概念要强调一下：现在我们看到的页边距线框，虽然尺寸和位置与制图标准里的图框是完全一样的，但它还不是图框；页边距的唯一作用是提示你作图的边界。图框是要另外制作的，后面还会介绍。

图 1.3.8 ⑦⑧ 两处，"显示器分辨率"可以设置为"中"，这样可以节约计算机资源。"输出分辨率"的设置，要区分不同的情况，如果这个文档仅仅用来在计算机屏幕上显示 (包括投影仪展示) 可以设置为"中"；如果这个文档要用来打印或印刷，则一定设置为"高"。

5) 引用 (图 1.3.8 左侧)

不用设置，后面还会多次提到它。

6) 单位 (图 1.3.9)

长度单位的"格式"选用"十进制"，单位是"毫米"，除非你做的是几平方公里的大规划，才会以"米"为单位。"精确度"选用"1 毫米"，免得每个尺寸后面都带无效的 0。

图 1.3.9　单位设置

到现在我们完成了一个文档的初步设置，将其保存为一个空白的 LayOut 文件 (或模板)。请注意一下，用 LayOut 创建和保存的文档，它的文件扩展名就是 LayOut。

这个文件实际上是一个压缩文件。每个压缩的 LayOut 文件里都包含了一个用来传递信息的 XML 文件，用它来链接到 LayOut 文档中引用的包括模型、图像、文本和尺寸标注、表格等的所有资源。

现在我们保存的是一个空白的、没有任何内容的空白文档，仅仅做了一些最简单的设置。在后面的章节里，我们会把它当作演示用的草稿纸，所以现在我们以"草稿纸"的文件名把它保存成一种模板。

1-4　基本操作一 (选择、平移、缩放)

跟 SketchUp 一样，在 LayOut 里的操作，还是要靠鼠标与键盘来完成，基本上都是用三键鼠标 (其中一个键是由滚轮兼职的)。操作 LayOut 的人，大都在 SketchUp 里摸爬滚打过，所以，这里对 SketchUp 官方教程里的关于鼠标操作的介绍和解释就省略了。

1. LayOut 的右键关联菜单

关于鼠标操作，唯一需要特别注意的是：在 LayOut 中的操作，要特别注意鼠标右键关联菜单里的可选项 (以后简称 "右键菜单")。以我个人的体会，LayOut 右键菜单里的内容要比 SketchUp 丰富得多，变化也多得多；很多操作都可以在不同制图阶段的右键关联菜单里解决，不用去菜单栏翻找命令，也不用去单击工具图标。所以，当你操作到某个步骤，想不出办法、找不到方法的时候，建议你到右键菜单里去看看，往往会获得惊喜。

2. 快速参考卡

SketchUp 官方还对 LayOut 用户提供了一个 the quick reference card(快速参考卡)，有适合 Windows 系统和 Mac 系统的两种英文模式。我已经将其保存在这一节视频的附件里，当你刚开始使用 LayOut 的时候，请打印出来放在手边，它们对你快速掌握 LayOut 的基本操作也许能起点作用。

3. 选择工具与选择技巧

跟 SketchUp 一样，想要在 LayOut 操作窗口中选择对象，只需使用选择工具单击对象，被选中的对象四周有一个明显的蓝色操作框，用鼠标在操作框的不同位置操作，就可以移动、调整大小、改变形状、旋转或以其他方式编辑所选内容。这部分的具体操作在后面会有专门的章节来讨论。如果想在 LayOut 窗口中选择多个对象，与 SketchUp 一样，LayOut 也有一些技巧。

(1) SketchUp 里的加选、反选和减选的方法，在 LayOut 里仍然适用，这里再简单介绍一下。

按住 Ctrl 键单击鼠标左键可以做加选。按住 Shift 键单击左键是做反选；所谓反选，就是反向选择，原来已经选中的被排除，原来未选中的被选中。同时按住 Ctrl 键和 Shift 键，就是做减选，从已选中的集合中减去这个对象。

(2) 任何时候单击窗口里空白的部分都可弹出选择工具，也就是那个黑色的小箭头。在使用任何工具做任何操作的时候，只要按空格键，就立即退出当前状态，回到初始默认的选择工具状态。

(3) 如果想要一次性选择多个对象，可以使用交叉选择或窗口选择。

自左向右画一个框，这是实线的框，只有全部进入实线框里的对象才会被选中，差一点都不行。这种操作叫作窗选或框选。

自右向左画一个框，这是虚线的框，只要被虚线框碰到的对象都会被选中，只要碰上一点点就跑不掉。这种操作叫作交叉选择或叉选。

(4) 在对象上双击鼠标左键，可以进入组或者组件内操作。左键单击组或组件外面空白处，就可以退出组或组件。

(5) 快速准确地选择操作对象是使用 SketchUp 和 LayOut 的最基本技巧，在掌握以上基本选择技巧后，还可以根据现场操作实际情况，组合使用上面的多种方法，提高操作的效率。

例如，图 1.4.1 ①中有三辆车、两个人和两棵树，我现在想要选择除了两个人以外的其他所有对象，不用一个个去单击想要的对象，可以画个框选择全部 (图 1.4.1 ②)，再按住 Ctrl键和 Shift 键做减选 (或按住 Shift 键做反向选择)，减掉不要的对象 (图 1.4.1 ③)。

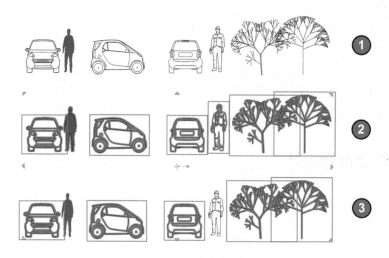

图 1.4.1　选择技巧

如果窗口中已经有很多对象，堆叠情况非常复杂的话，想要用好最简单的选择操作，同样需要动动脑筋。

4. 缩放和平移

想要创建一流的 LayOut 文档，继而生成图纸或演示用的 PPT 文件，在精确地绘制各种细节的同时也要关注整个页面。这就需要不断地在全局与局部的操作之间做切换。

页面的全局，主要是对整幅图纸做宏观的布置安排、移动定位、对齐等操作。

至于局部的操作，内容就更为丰富和复杂了。所以，为了用好 LayOut，一些基本的操作必须熟练到"凭下意识操作"的程度。这些必须十分熟练的操作项目，除了上面讲的"选择"

之外，还有下面要介绍的"缩放"和"平移"。这些操作需要鼠标与键盘配合，左手与右手配合，大脑与双手配合，操作才能如行云流水般的痛快淋漓。

下面要讲的操作要领，有些跟 SketchUp 里面的操作差不多，也有不少是 LayOut 特有的。如果你已经能熟练运用键鼠配合，掌握 SketchUp 的基本操作，最好也看一下后面的内容。

下面要讨论的内容，就是"视图"菜单里的功能。

(1) 平移 (图 1.4.2 ①)。在 SketchUp 里是有个专门的工具图标，就是那个小手形状的工具，我们用它来移动模型对象。在 LayOut 里取消了工具图标，保留了菜单项；就是图 1.4.2 ①里的小手；但是请注意，LayOut 里小手的功能，跟 SketchUp 里的小手完全不同，LayOut 的小手不再是移动模型或某个对象，我们只能用它来移动整幅的图纸；至于 LayOut 的对象，大到整个 skp 模型，小到一条线，都自带移动图标，下一节里会细谈。

每次移动图纸都要去选菜单项，太麻烦了。快捷方式是：按住鼠标中键，也就是滚轮，直接做平移。

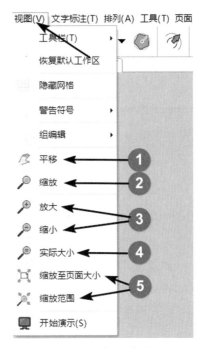

图 1.4.2 　"视图"菜单

(2) 缩放 (图 1.4.2 ②)。"视图"菜单里的"缩放"功能，跟 SketchUp 里的同名工具的用途和用法是一样的，向上移动工具放大，向下移动工具缩小。

在 LayOut 里，这个工具省略了工具图标，只留下菜单项。快捷键是 Z，也就是英文 Zoom(缩放) 的第一个字母。

(3) 放大和缩小 (图 1.4.2 ③)。它们似乎有点多余，至少我这些年都没有用过这两个选项，其实只要用鼠标上的滚轮就能放大缩小，还更方便。

如果你习惯用键盘来操作放大缩小，可以为这两项设置快捷键。

(4) 实际大小 (图 1.4.2 ④)。跟上面两个没有多大用处的选项正好相反，这是个非常有用的功能，单击它以后，窗口里的图样就缩放到跟实际打印或印刷相同的大小，你可以用尺子来测量屏幕上方格纸上的尺寸，两条粗线之间的距离是 10 毫米。

让我来告诉你这个功能有什么用：大多数新手，包括部分老手，在排版布置阶段，对于每一个对象在图纸上的大小，包括文字和尺寸标注在图纸上的大小及相互的位置是不是合适都不太有把握，通常要先打印出一个样张来看过才知道要不要修改，改什么地方，怎么改。有时候还要多次打印样张修改后才能最后定稿，麻烦费事。现在有了这个选项，在屏幕上看到的跟打印出来看到的完全一样，非常方便。请你一定要记住这个非常好用，能起到很大作用的功能，建议你对这个功能设置一个快捷键。

(5) 缩放至页面大小和缩放范围 (图 1.4.2 ⑤)。缩放至页面大小，就是把整个页面全部显示出来。缩放范围，其实就是把当前图纸上所有的内容全部显示出来。

本节介绍了 LayOut 的基本的操作，包括选择、平移和缩放，请注意这些工具跟 SketchUp 中的相同点和不同的地方。

1-5　基本操作二 (网格推理堆叠、移动旋转缩放、镜像排列对齐)

上一节讨论的是选择、平移和缩放，细心的你也许会发现这一节的标题里也有"移动"和"缩放"。其实上一节的"平移""缩放"是指对整幅图纸的操作；而这一节的"移动""缩放"是对图纸上某个对象的操作，不是同一回事。

创建设计文档，无论是用来打印或印刷，还是作为演示用的 PPT 或幻灯片，都需要对图形图像和标注、文本、表格等各种图纸对象进行适当的安排和调整；LayOut 提供了一些必要的工具和功能，包括网格、推理提示、排列、对齐，等等。当我们选中图纸上的一个实体时，出现的蓝色边界框就包含了移动、旋转和缩放实体的工具，也可以用键盘或数值框进行精确的更改。下面我们将分成 8 个部分来介绍这些功能与操作要领。

1. LayOut 的网格功能

在计算机辅助设计普及之前，作者和所有技术人员一样，几十年来经常在"坐标纸"上绘制草图，构思方案，用这个办法可以免除用三棱尺取比例、量取尺寸等大量麻烦，快速直观。现在，LayOut 也有坐标纸同样的功能，叫作"网格"或"栅格"。

LayOut 的网格功能，可以随时显示或关闭，甚至可以随图纸打印；也可以随时调整网格的精细程度，因此它比传统的坐标纸更加好用。对于我们，"网格"功能至少可以在排列图纸上各种对象的时候提供方便，比如对齐大量的尺寸与文字标注；网格还可以非常直观地显示各对象在图纸上的实际大小与相互间的距离。

想要查看或者关闭网格，选择"视图"|"显示网格"和"隐藏网格"命令。

除了在"视图"菜单里操作网格，鼠标右键菜单里也有显示和隐藏网格的选项。

如果希望在图纸上绘制或移动对象的时候能快速对齐网格，还可以在右键菜单里勾选"对齐网格"选项，这样，LayOut 的网格就有了对图纸对象的抓取和定位功能，非常方便。请注意，在没有勾选"对齐网格"选项时，绘制矩形可以从任何位置开始，在任何位置结束；而勾选"对齐网格"选项后，再绘制矩形就只能在网格的交点处开始和结束了。

所以，如果你既想偷懒，还想绘制一幅整整齐齐、干净漂亮的图纸，可以充分利用 LayOut 的网格功能，必要的时候，还可以用前文曾经介绍的方法，把网格细分得精度更高些。不过好东西也有另一面，对齐网格有时候也会影响绘制或精细的移动布局，这时候就要在右键菜单里取消勾选"对齐网格"。

2. LayOut 的推理提示功能

为了提供绘图和安排布局的方便，除了上述的网格之外，LayOut 还有一种叫作 Inference Cue 的智能技术，可以翻译为"推理线索"或"推理提示"（简称"推理"或"提示"）。提示信息可能是一些圆形、正方形或菱形的彩色小点，也可能是彩色的虚线或实线，这些提示信息为我们提供一系列几何意义上的重要关系，若能够充分利用就可以加快制图的速度，提高制图的质量。下面是一些最常见的提示信息。

- 绿色的圆点：提示线条的端点或中点。
- 红色的叉：提示直线、圆弧、曲线之间的相交点。
- 蓝色的菱形：提示目前正在对象的表面上。
- 红色的正方形：提示当前在直线或曲线上。
- 红色或绿色的虚线：有两种可能，第一种提示当前正平行于红轴或绿轴；第二种表示当前正与某重要参考点相关，如端点、中点、中心点，等等，这些点可以用短暂停留的方式做选择。可参考本节配套的视频文件的演示。
- 黑色的线：提示当前不平行于任何轴，此时要注意。
- 粉红色虚线：提示正垂直或平行于某对象，这个对象可以用短暂停留的方式来选择。

3. 堆叠排列

这是所有平面排版设计工具一定会有的功能。这个功能在之前的章节里曾经简单介绍过，现在再比较深入地讨论一下。

跟 SketchUp 里的三维操作不同，LayOut 窗口里的对象只能做二维的布置，这样就有了互相堆叠、覆盖、排列顺序的问题。为了解决这个问题，LayOut 提供了一组叫作"排列"的功能，在右键菜单的"排列"项里一共包含了 4 个选项：置于最前、置于最后、前移、后移（见

图 1.5.1)。

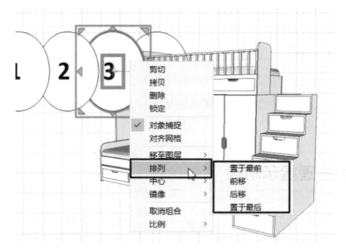

图 1.5.1　堆叠排列

如果要调整某对象到最前面，只要用鼠标右键单击对象，在右键菜单中选择"排列"|"置于最前"或者"前移"命令。用同样的方法可以把对象"安插"到任意一层。除了右键菜单，在"排列"菜单里也有相同的选项。

4. 对齐与分布

在"排列"菜单和右键菜单里都可以调用对齐和分布的功能，请注意，无论是在"排列"菜单里调用还是右键菜单调用，所显示的左视图、右视图、顶视图、底视图都是错的；准确的应该是左对齐、右对齐、上对齐、下对齐 (图 1.5.2、图 1.5.3)。

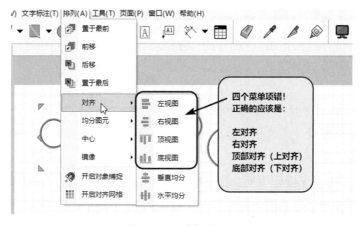

图 1.5.2　对齐选项 1

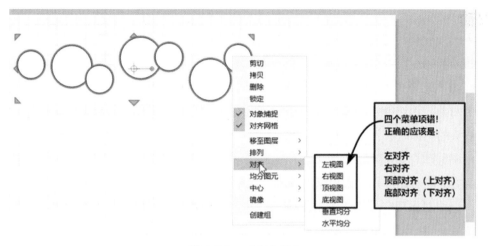

图 1.5.3 对齐选项 2

对齐功能的使用方法：全选要对齐的对象，在右键菜单里选择想要对齐的方向。

分布功能的使用方法：全选相关的对象，在右键菜单里选择"水平均分"或"垂直均分"。

5. 翻转与镜像

翻转是把一个对象在垂直或水平方向翻转，镜像是要创建一个与原有对象反向的副本。

镜像的操作要领：右键单击想要翻转的对象，在右键菜单里选择"镜像"选项，再选择"上下翻转"还是"从左到右"翻转 (图 1.5.4)。

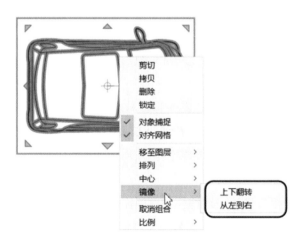

图 1.5.4 镜像

6. 移动

1) 粗略移动

LayOut 对对象的移动跟 SketchUp 完全不同，在 LayOut 里并没有专门的移动工具。想要移动某个对象，用选择工具单击它，然后光标在出现的蓝色操作框中稍微移动一下，当出现四方向箭头的图标时，就可以移动它了。

2) 精确移动 (用方向键)

用四方向箭头图标只能做粗略的移动，如果想要获得精确的移动，还有两种不同的操作。

- 选中对象后，按键盘上的上、下、左、右箭头键就可以进行微量的移动。每按一次箭头键，对象移动 0.5 毫米。请记住这个数据。

- 现在有个新的问题，每次移动 0.5 毫米太慢了，能不能加大移动的距离？当然可以，按住 Shift 键，再按箭头键，移动的距离就增加了 10 倍，即每按一次，对象移动 5 毫米。

3) 精确移动 (输入数据)

尽管用按箭头键移动对象的方法能确定移动的方向，还可以确定移动的距离，但是总没有直接输入移动的距离来得更快捷、准确和放心，LayOut 为我们提供了这种功能。

回顾一下，在 SketchUp 里，红轴是 X 轴，东西方向，原点右边是 X 轴的正方向，原点左边是 X 轴的负方向。绿轴是 Y 轴，南北方向，原点南方是 Y 轴的正方向，原点北方是 Y 轴的负方向。

图 1.5.5 是 LayOut 的坐标示意图，相当于 SketchUp 坐标系的俯视图，请记住这个坐标方向。还有，LayOut 里输入数据的顺序跟 SketchUp 一样，要先输入 X 轴，后输入 Y 轴，当中用逗号隔开。

有一点值得强调一下：SketchUp 的坐标原点在工作区的左下角，而 LayOut 的坐标原点位置在图纸的左上角。

例如，现在想把图 1.5.6 在 1 号位的矩形，移动到 2 号位，X 方向上要移动 20 毫米，负 Y 方向要移动 30 毫米。选择好对象，看到四方向箭头图标后，单击鼠标左键，稍微移动一下对象，告诉 LayOut 要做移动操作的意图。然后输入 "20, -30" 并回车后，原先在 1 号位的矩形就移动到了 2 号位。

刚才输入的数据是相对坐标，这种移动就叫作相对坐标移动，以当前位置为移动的起点。

图 1.5.7 是天宝公司的 LayOut 英文帮助文件截图，其中还有用输入绝对坐标和极坐标进行移动的方法。因为这两种方法都不常用，所以就不介绍了，有兴趣的人可以根据图 1.5.7 的提示去做试验。

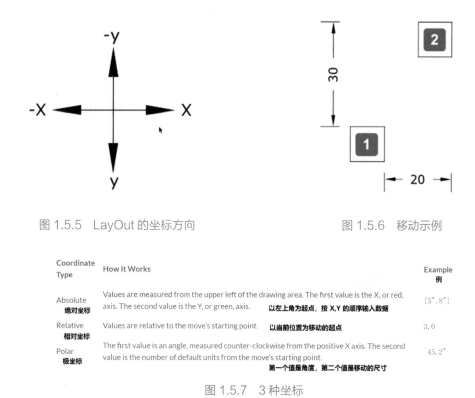

图 1.5.5　LayOut 的坐标方向　　　　　　　图 1.5.6　移动示例

Coordinate Type	How It Works		Example 例
Absolute 绝对坐标	Values are measured from the upper left of the drawing area. The first value is the X, or red, axis. The second value is the Y, or green, axis. 以左上角为起点，按 X,Y 的顺序输入数据		[5″, 8″]
Relative 相对坐标	Values are relative to the move's starting point. 以当前位置为移动的起点		3, 0
Polar 极坐标	The first value is an angle, measured counter-clockwise from the positive X axis. The second value is the number of default units from the move's starting point. 第一个值是角度，第二个值是移动的尺寸		ˋ45, 2″

图 1.5.7　3 种坐标

上面介绍了 LayOut 里 3 种移动对象的方法：四方向箭头的粗略移动；用键盘的上下左右键的定量移动；还有输入相对坐标数据的精确移动，这些都是经常要用到的技巧，特别是要学会用键盘上的上下左右键的操作。

7. 旋转

选中一个对象的时候，在对象的中心会出现一个十字标靶的图形 (图 1.5.8) 旁边还有个小尾巴。十字标靶的中心就是旋转操作的旋转中心；旁边的小尾巴是做旋转操作用的"把手"。

现在我们把光标移动到小尾巴上，四方向箭头图标变成一个双向旋转的图标 (图 1.5.9)，表示现在可以做旋转操作了，按住鼠标左键移动鼠标就实现了对象的旋转，这时候，还可以输入旋转的角度，回车后，旋转操作完成。

还有另外一种情况，若不想使用默认的对象中间的旋转中心，可以把代表旋转中心的十字标靶移动到对象的任何位置后再做旋转。

操作方法：选中对象后，移动光标到十字标靶处，四方向箭头图标变成小手的形状

(图 1.5.10)，此时按住鼠标左键就可以把十字靶标移动到任何地方，甚至移到对象的外部 (图 1.5.11)，现在再做旋转就不受默认旋转中心的限制了。

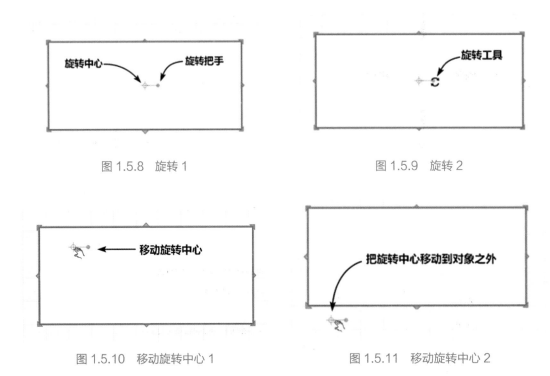

图 1.5.8　旋转 1　　　　　　　　　　　　　　　图 1.5.9　旋转 2

图 1.5.10　移动旋转中心 1　　　　　　　　　　图 1.5.11　移动旋转中心 2

8. 缩放

　　选中对象后，蓝色操作框的四角和四边都有一些可操作的标志 (图 1.5.12 ～图 1.5.14)。将光标移动到这些标志上，还会有双向的箭头提示我们可以操作的方向：四个角上的标志是斜向的，四条边上的标志是垂直或水平的；只要标志变成双向的箭头形状，移动光标就可以实施缩放。

- 想要在缩放的同时保持对象的原始宽高比，只要按住 Shift 键操作就可以实现。
- 想要在缩放的同时还保留一个对象的原始状态，可以按住 Ctrl 键操作 (图 1.5.15)。
- 想要做四周往中心的缩放，可以按住 Alt 键操作。
- 如果想要做规定倍数的缩放，分别输入 X 轴与 Y 轴的缩放倍数，就能得到精确倍数的缩放，比如要把一个矩形在 X、Y 轴上都放大到原来的 1.5 倍，可输入 "1.5, 1.5"。
- 想要把对象缩放到精确的尺寸，输入具体的尺寸数据，每个尺寸后面加上明确的单位，如"50mm,50mm"就可以把任意矩形缩放成 50 毫米宽、50 毫米高的正方形。

图 1.5.12　对角线缩放

图 1.5.13　水平缩放

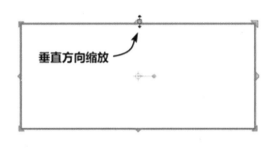

图 1.5.14　垂直缩放

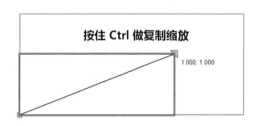

图 1.5.15　复制缩放

在本节配套的附件里有几个练习用的 LayOut 文件，你可以动手体会一下。

1-6　基本操作三
（复制粘贴剪切阵列、撤销重做删除锁定）

大多数应用程序都有一些共同的编辑命令，比如复制、粘贴、剪切、阵列、撤销和删除等，LayOut 也一样。不过，各种应用程序对这些通用命令的操作方式、操作结果等并不会完全相同；所以在下面的篇幅里，你将看到对 LayOut 里的这些编辑命令的快速介绍。

本节要介绍 8 种不同的操作：复制、粘贴、剪切、阵列、撤销、重复、删除、锁定，有些操作是各种软件都有的，有些是比较特别的。看起来内容很多，其实都很简单，所以把它们合并在一起。

1. 复制、粘贴和剪切

通常，复制就是为了粘贴，所以把复制和粘贴合并在一起介绍。

LayOut 跟其他软件一样，也提供了多种复制粘贴的操作。

比如，我想要复制一个植株的顶视图，先选中它，然后在"编辑"菜单里选择"复制"选项，注意旁边标注的 Ctrl+C，这就是复制的快捷键；然后再选择"编辑"菜单里的"粘贴"选项，旁边标注的快捷键是 Ctrl+V。这样操作以后，好像没有什么变化，其实，原来的位置已经多了一个同样的对象，只要把它移开就可以看到了。

同样的操作，还可以通过快捷键 Ctrl+C 和 Ctrl+V 来实现 (图 1.6.1 ①②)。这是每个人都会的操作。这种复制粘贴的方法虽然简单，但是有一个非常大的先天性缺陷，就是做完了复制粘贴后，看不出对象有什么变化 (图 1.6.1 ④)，经过多次粘贴，几个对象重叠在一起，我们不知道对象所在的位置堆了多少个相同的副本。如果制作的文件里出现了这种情况，且不说造成文件尺寸的臃肿，更不能预测会出现什么样的后果。

LayOut 似乎已经发现了这个问题，用了一个专业排版软件里才有的办法：请仔细看图 1.6.1 的"编辑"菜单里，居然出现了两个"复制"命令 (图 1.6.1 ①③)。上面一个复制的快捷键是 Ctrl+C，下面这个同样是复制，快捷键是 Ctrl+D。上面的命令我们已经测试过了，现在来试试下面的这个复制。这个复制其实完成了复制和粘贴的两个功能，并且把复制出来的副本放在正本的右下角，图 1.6.1 ⑤处所指的是原始对象，图 1.6.1 ⑥处所指的就是按 Ctrl + D 快捷键以后的副本。这样做，既减少了操作的步骤，又避免了副本在无意间的堆叠重复。所以，今后你在 LayOut 里做复制粘贴操作的时候，请暂时忘掉 Ctrl+C 和 Ctrl+V 的老传统，而牢牢记住这个 Ctrl+D。

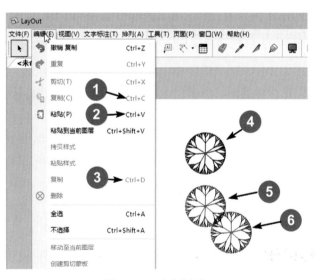

图 1.6.1 复制粘贴

LayOut 的复制粘贴还不止上面介绍的几种方法，在右键菜单里，同样可以找到复制和粘贴。不过这里不叫复制，改成了拷贝，并且没有粘贴，这里又隐藏了一点点小小的诀窍：当你选中了某个对象，右键菜单里只显示"拷贝"，提示你可以做复制操作。把光标移动到页面中空白没有东西的地方单击右键，才会出现粘贴的选项。这样的安排，也是为了避免复制出来的副本在无意中造成堆叠和重复。

除了复制和粘贴，"编辑"菜单里还有一个"剪切"命令，快捷键是 Ctrl+X，这也是大家都熟悉的功能：剪切功能单独操作相当于删除；如果跟粘贴一起操作，就变成了移动。前面讲的复制粘贴都会产生一个副本，而用剪切功能不会产生副本。如果换个位置再做粘贴，实质上就是把这个对象做移动位置的操作，甚至可以做跨页面、跨标签的移动操作。

2. 复制阵列

如果你经常要用到某些相同的对象，如图 1.6.2 所示的植物的立面和平面，汽车和人等参照物，可以把它们集中起来做成"剪贴簿"，它们相当于 SketchUp 的"组件库"，这方面的内容，在后面的章节里还会专门介绍。

图 1.6.2　剪贴簿

接着，要借助于剪贴簿里的两棵小树，介绍一下在 LayOut 里如何做复制阵列的操作，这也是一种重要的技能。跟 SketchUp 里的复制阵列一样，LayOut 的复制阵列有内部阵列和外部阵列之分，操作要领也跟 SketchUp 里的复制阵列类似；区别是 LayOut 不像 SketchUp 那样有一个专门的移动工具，下面分别演示一下。

现在看图 1.6.3，我们要把图 1.6.3 ①位置的一棵树按每 50 毫米的间隔排列，复制完成后会有 7 棵树，一共有 6 个间隔。操作顺序如下。

(1) 选中图 1.6.3 ①处的第一棵树。

(2) 出现蓝色操作框后微微移动光标，直到看见四方向箭头图标。

(3) 按住 Ctrl 键用移动工具做复制，输入间隔的距离 50 后回车 (图 1.6.3 ②)。

(4) 对象就按 50 毫米的距离复制了一个 (图 1.6.3 ③)。

(5) 现在不要做任何其他动作，立即输入"6，X"，这是复制的倍数，再次回车，阵列完成（图 1.6.3 ④）。

这种复制从原始主体往外扩展，所以叫作"移动复制"的"外部阵列"。

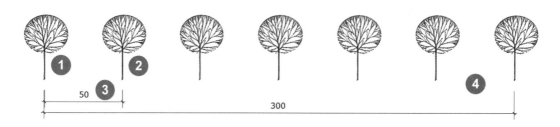

图 1.6.3　复制（外部阵列）

再来看图 1.6.4，我们想要在 300 毫米的总长度上平均分布 11 棵树，该如何操作。

(1) 选中对象（图 1.6.4 ①）后移动光标到看见四方向箭头图标。

(2) 按住 Ctrl 键，移动对象，输入总长度"300"，回车。

(3) 现在，总长度的两端各有了一棵树（图 1.6.4 ①②）。

(4) 立即输入 10 加上个斜杠，回车后总长度 300 毫米被小树分成 10 份，算上两头，一共是 11 棵树（图 1.6.4 ③）。

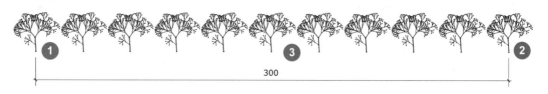

图 1.6.4　复制（内部阵列）

这种复制，先确定了两端的总距离，再在总距离的内部平均分配复制阵列，所以叫作"移动复制"的"内部阵列"。

3. 取消、重做和删除

接着就该介绍电脑发展史上最伟大的发明之一了：当你的操作犯了错误，是不是最希望穿越回到从前？英文里的 Undoing and redoing（取消和重做）就是能帮你穿越回童年的天使。因为它们表现出色、劳苦功高，所以它们占据了"编辑"菜单里最重要的位置（图 1.6.5 ①②），高高在上的这两位就是——快捷键是 Ctrl+Z 和 Ctrl+Y。

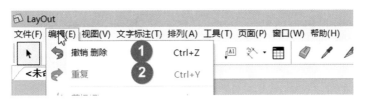

图 1.6.5　撤销与重复

如果看到图纸上某些对象不顺眼，那就删除它；刚删除又后悔了，还是让它们回来吧，只要在键盘上按组合键 Ctrl+Z，相当于一步悔棋；回来后看看还是不顺眼，还是别让它们回来了，可以按组合键 Ctrl+Y；如果你是个优柔寡断的人，实在拿不定主意要保留还是删除它们，你可以反复用这两组键，直到你作出决定。其实，谁都会用这两个命令，上面说的不过是开个玩笑而已。

删除功能同样是随便什么软件都有的常规配置，在 LayOut 中，有几种方式可以从绘图区删除你看不顺眼的对象。

- 第一个是"编辑"菜单里的"删除"命令。
- 第二个是右键菜单里同样的命令。
- 第三个是橡皮擦，快捷键跟 SketchUp 一样，是字母 E，用橡皮擦工具可以做最精细的删除操作。
- 第四个，专门用来一次清理一大帮你看不顺眼的对象，只要将它们全部选中，然后在键盘上按 Delete 键，干净利索不留后遗症。

4. 锁定

最后，LayOut 还有一个跟 SketchUp 相同的宝贝，叫作锁定。

在制图的过程中，为了防止某些重要的对象被移动或执行其他的误操作，可以用右键菜单里的锁定功能。选中锁定后的对象，四周的操作框是红色的，就像有了御赐的尚方宝剑，不能移动也不能对它做任何修改，除非你在右键菜单里取消它的特权。

本节介绍了 LayOut 的 8 个常用功能，请注意其中与 SketchUp 以及其他软件不同的地方。

扫码下载本章教学视频及附件

第 2 章

绘制与编辑

　　LayOut 里最重要的视觉元素是各种各样的直线、弧线、曲线、矩形、圆形和各种几何形状，以及由它们组合出的整幅图纸。

　　LayOut 为我们提供了多种绘制和编辑图形元素的工具和方法，甚至比 SketchUp 里还要丰富。

2-1 绘制图形一(直线弧线、曲线徒手线、填充与取消)

LayOut 里最重要的视觉元素是各种各样的线条，包括直线、弧线，还有各种各样、稀奇古怪的弯曲和扭曲的线，以及由这些线条组合出的各种形状。LayOut 为我们提供了多种绘制和编辑线条的工具和方法，甚至比 SketchUp 里还要丰富。

本节我们要介绍图 2.1.1 中的工具，里面包含有 7 种绘制线条的方式。

如果你很细心的话，一定会心生疑惑：明明直线工具里，包括手绘线也只有两种画线功能；加上圆弧工具里的 4 种，一共可以绘制 6 种不同的线条，你怎么说有 7 种？ 现在明确告诉你，这两组工具确实可以绘制 7 种不同的线条，等一会你就会清楚缘由。

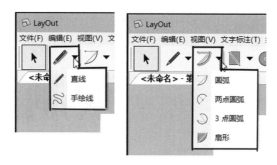

图 2.1.1　绘图工具

1. 推理和锁定推理

在开始介绍这些工具之前，要特别提醒：在 LayOut 里绘图，请时刻注意我们在前文提到过的"推理提示"，它们可能是一些彩色的圆点、方块或符号，也可能是彩色的虚线，这些"推理提示"对我们制图的速度和质量都有影响。

LayOut 的推理引擎与 SketchUp 类似，但也有与 SketchUp 不完全相同之处。

聪明的人，在用 LayOut 绘图的时候，会不时告诉推理引擎现在我对某个参考点感兴趣，具体的方法是：把光标在这个点上停留一会，如果想要增加推理引擎的灵敏度，可以放大绘图的区域。

还要提醒一下，在 LayOut 里绘图，按住 Shift 键也会像 SketchUp 中那样锁定推理。

2. 绘制直线段

要在 LayOut 里绘制最基本的直线段，可以使用直线工具，默认的快捷键是 L。

直线工具的用法比较多，分别介绍如下。

1) 随便画一条直线

- 第一种方法：在直线的起点处单击鼠标左键，移动光标到直线的终点处双击鼠标左键，结束绘制。
- 第二种方法：在直线的起点处单击鼠标左键；移动光标到直线的终点，再次单击确认这里是终点，然后在键盘上按 Esc 键，结束绘制。
- 第三种方法：在直线的起点处单击鼠标左键；移动光标到直线的终点处再次单击鼠标左键，确认终点，按空格键退出直线工具，结束绘制。

2) 在网格上画连续的直线段或图形

画一个图 2.1.2 那样的图形，两个大边都是 100 毫米，其余 4 个小边都是 50 毫米。如果能借助于网格的话，绘制起来又快又准确。

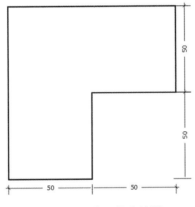

图 2.1.2　在网格上绘图

(1) 在右键菜单里勾选"显示网格"和"对齐网格"选项。

(2) 按 L 键，调用直线工具。

(3) 在左上角的起点处单击鼠标左键，向右移动光标，同时注意右下角尺寸框里的数字，看到 100 毫米的时候，第二次单击鼠标左键，结束第一个线段的绘制。

(4) 向下移动光标，看到 50 毫米的时候，第三次单击鼠标左键，结束第二个线段的绘制。用同样的方法完成其余的线段。

(5) 到图形的终点处，双击鼠标，或者按空格键，结束绘制。

3) 在没有网格的白纸上绘制精确尺寸的线段和图形

比如，想要在一张白纸上绘制有精确尺寸的线段，还要首尾相连。在生成一个图形时，没有网格可借用，就要时刻注意并借鉴各种"推理提示"。现在仍然绘制图 2.1.2 所示的图形，步骤如下。

(1) 在右键菜单里隐藏网格并且取消对齐网格。

(2) 按 L 键，调用直线工具。

(3) 如果想要跟原有某个图形或某个参考点对齐，可以把工具移到想要对齐的位置上停留一下，然后移动工具，可以看到工具后面拖了一条彩色的虚线，提示我们现在与 X 或 Y 轴平行。

(4) 单击鼠标左键，确定起点。移动光标，同时注意推理提示的红色虚线，键盘输入第一条线段的尺寸 100，回车。

(5) 移动光标，看到绿色的推理提示虚线后，输入第二条线段的长度 50，回车。

(6) 再次移动光标，看到红色虚线，输入第三线段的尺寸 50，回车。

(7) 再移动光标，输入第四个线段的长度 50，回车。

(8) 用同样的方法完成第五个线段，这时出现两个不同的推理提示，一个是绿色的虚线，提示当前平行于 Y 轴；上下两个蓝色的圆点又提示它们在同一条线上。只要分别在两个蓝色圆点的位置单击，一个有着精确尺寸和位置的图形就生成了。

4) 切换自动连接功能

LayOut 的直线工具有一个自动连接的功能，并且可以按我们的要求关闭这个功能。

选择直线工具后，在右键菜单里有"自动组合线条"选项，默认是选中的状态，在默认情况下，LayOut 会把分别绘制却连接在一起的所有线段自动连接在一起，相当于一个组，这样就可以共享同一个右键菜单，也可以作为一个整体进行编辑。

在图 2.1.3 ①中，先画了 3 个线段，因为某个原因退出直线工具，离开了一会又回来接着画后面的 3 条线，连成了一个图形，虽然这个图形是分两次画的，它仍然自动组合成一个整体，原因是图 2.1.3 ①处勾选了"自动组合线条"选项。

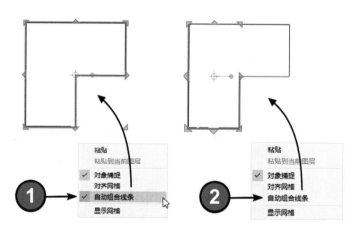

图 2.1.3　自动连接功能

如果你不希望它们连在一起，比如想把先画的 3 个线段作为一组，后画的 3 段作为另外一组，如图 2.1.3 ② 所示，可以这样操作。

(1) 调用直线工具后，在右键菜单里取消"自动组合线条"的勾选 (图 2.1.3 ②)。

(2) 画 3 个线段，然后按空格键退出直线工具。

(3) 接着再画另外的 3 条线。这样先画的线和后画的线就不再自动连接在一起了。

5) 直线工具绘制切线

跟圆 (或圆弧) 只有一个公共交点的直线叫作圆的切线。切线有两种画法。

第一种是在圆或弧之外的任何位置设置起始点，然后将光标在圆或圆弧的边缘之外微微移动，直到出现粉红色虚线的推断提示，然后单击将端点放置在切点上。

也可以反过来，先在圆或弧线上设置切线的起始点，确认起始点后，移动光标，直到看到出现粉红色的提示，单击"确定"按钮即可生成切线。

3. 绘制徒手线

在 SketchUp 里也有同样的工具，操作的要领也相同，这里再简单说一下。

有两个不同的位置可以调用手绘工具：工具栏、直线工具。在"工具"菜单里也可以调用手绘工具。因为不常用，所以手绘工具没有默认的快捷键。想要用手绘工具只能单击工具栏或菜单栏。

手绘工具很容易使用，调用工具后，只要单击并拖动光标就可以绘制曲线或任何你想要的不规则形状。虽然用起来很容易，但是想要用它画出有意义的图形，还是需要耐心和不断练习的。

4. 绘制贝塞尔曲线

上面我说这两组工具 6 个菜单项却有 7 个功能，就是因为直线工具里还隐藏了一个贝塞尔曲线工具 (图 2.1.4)，具体的操作如下。

(1) 按 L 键，调用直线工具，单击确认起始点。

(2) 移动光标到第二点后不要松开，继续移动光标，能看到一条切线状态的贝塞尔曲线工具。

(3) 接着用调整切线的长度和位置的方法来间接调整曲线的形状，操作熟练后，还可以画出连续的复杂曲线。

注意

绘制贝塞尔曲线的功能是附加在直线工具上的，在工具栏或菜单里找不到。

图 2.1.4 用直线工具绘制贝塞尔曲线

5. 4 种圆弧工具

至于 4 种跟绘制圆弧有关的工具，它们的用途和用法跟 SketchUp 里的 4 个同样的工具完全相同，这里就不再重复了。如果你已经不记得如何操作它们，在《SketchUp 要点精讲》3-5、3-6 两节里有详细的操作要领和演示，必要的时候可以回去复习。

6. 显示与取消填充

在绘制各种线段的时候，会出现一些不请自来的空白填充，如图 2.1.5 ①所示。这些自动产生的空白填充有时候为我们提供了方便，但有时候却是麻烦，不过不要紧，我们只要在选中对象后，到"形状样式"面板上单击"填充"按钮就只剩下线条了（图 2.1.5 ②）。

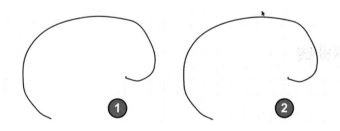

图 2.1.5 显示与取消填充

2-2 绘制图形二 (矩形、圆、椭圆、多边形)

上一节介绍了画线和画圆弧的工具。这一节主要介绍的 3 组工具 (图 2.2.1) 也是 7 个功能，专门用来绘制各种不同形状的平面，它们是矩形、圆角矩形、圆边矩形、凸边矩形、圆形、椭圆形、多边形。

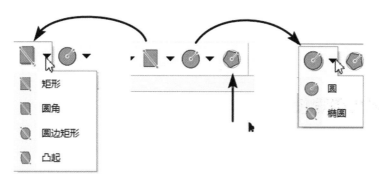

图 2.2.1　3组7个工具

1.4 种不同的矩形

第一组工具，主要用来绘制矩形或类似矩形的形状。

(1) 图 2.2.2 ①是正规的矩形，这种矩形的用途最广泛，也最常见。

(2) 图 2.2.2 ②叫作圆角矩形，特点是 4 个角都是圆的，圆角的大小还可以随意调整。这种圆角的矩形，在欧美国家的图纸上常用于有大段文字特别强调说明的场合做文本框，尤其是在各种流程图上出现得较多，而在我国的制图标准上没有规定具体的用途。

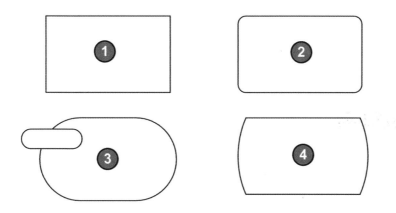

图 2.2.2　4 种不同的矩形

(3) 图 2.2.2 ③是圆边矩形，它的特点是上下两边是直线，左右两边是正半圆。这种形状在欧美国家的图纸上常用做小型的文本框 (图 2.2.2 ③左上)；其中的内容不会太多，通常是简单文字标注或数字标注，尤其在各种流程图上出现得较多。在我国的制图标准上没有规定具体的用途。

(4) 图 2.2.2 ④叫作凸边矩形，它跟图 2.2.2 ③的圆边矩形类似，区别在于：圆边矩形左右两边是正半圆，而这种凸边矩形两边是圆弧 (也可调整成正半圆)。这种形状的矩形，在欧美国家的图纸上常用于需要用大段文字特别强调说明的场合做文本框，尤其是在各种流程图上出现得较多，在我国的制图标准上没有规定具体的用途。

2. 矩形工具应用要领

这一组工具跟 SketchUp 矩形工具的用法基本一样，不过功能更多一些。在菜单中调用矩形工具，或者按 R 键，然后在矩形的起点上单击鼠标左键，朝对角线方向移动光标，到终点时再次单击左键，矩形完成。

1) 绘制精确尺寸的矩形

在看到矩形成型后，立即按 X、Y 的顺序输入尺寸数据，中间用逗号隔开，回车。

2) 绘制正方形

矩形工具还可以跟 Shift 键配合画正方形，方法是：调用矩形工具，按住 Shift 键画矩形，无论画多大的矩形，都是正方形。

3) 指定矩形的角点

在画矩形的时候，按住 Ctrl 键，光标就不必从矩形的一个角开始移到对角线上的另一个角了，工具所在的这个角，一定是矩形的基准点。

4) 矩形工具也能绘制圆角矩形

其实，用矩形工具同样可以画出圆角矩形，方法是，看到矩形成型后，按上下箭头键，就可以把普通矩形变成圆角的矩形，按键的次数决定圆角的大小。

3. 圆角矩形工具

既然普通矩形工具也能画出圆角的矩形，那么圆角矩形工具就没什么特点了，它的使用方法和普通矩形工具是一样的：调用圆角矩形工具，鼠标左键单击起点，往另一个角移动，看到矩形后，用上下箭头键调整圆角的大小。

按住 Shift 键后操作，只能画出正方形，此时，按住向上的箭头键不放，最终得到的是圆形；按住向下的箭头键不放，最终还原矩形；按住 Ctrl 键后再操作，是以光标所在位置为基准点画圆角的矩形；输入尺寸，也可以得到精确的圆角矩形。

4. 圆边矩形工具

这种矩形工具，通常用来做标注框，所以最常见的就是用来画图 2.2.2 ③左上这种扁扁的标注框或者流程图的开始与结束。

绘制的方法也很简单，调用圆边矩形工具，鼠标左键单击起点，按住 Shift 键后操作，只能画出圆形。按住 Ctrl 键画出操作，以光标所在位置为基准点的圆边矩形。输入尺寸，也可以得到精确的圆边矩形。

5. 凸边矩形工具

调用凸边矩形工具，鼠标左键单击起点，往另一个角移动，看到矩形后，用上下箭头键调整凸边的大小。

- 按住向上的箭头键不放，最终得到的是两侧的半圆形。
- 按住向下的箭头键不放，最终得到矩形。
- 按住 Shift 键后操作，能画出接近正方形的凸边矩形。
- 按住 Ctrl 键后操作，以光标所在位置为基准点画凸边矩形。
- 输入尺寸，也可以得到精确的凸边矩形。

6. 圆形工具

圆形与矩形一样，也是图纸上出现得较多的元素。LayOut 的圆形工具里有两个不同的工具，分别用来画圆形和椭圆形。用圆形工具画圆形的操作跟 SketchUp 是一样的。

调用圆形工具，单击圆心，确定圆心的位置，移动光标即可画出圆形。立即输入一个半径，比如 20，回车后就得到一个半径为 20 毫米的精确圆形。

上面的操作跟 SketchUp 完全相同，但是，LayOut 的画圆工具还有两个跟 SketchUp 不同的地方。第一个不同之处是画圆的时候不但可以输入半径，也能输入直径：比如现在想画一个直径 40 毫米的圆，在输入尺寸的环节，我们可以输入 40，后面再带一个代表直径的字母 D，回车后，得到的圆形跟输入半径 20 是一样的。第二个不同之处是：在画好一个圆以后，如果需要多个同样的副本，可以在绘图区双击。

7. 椭圆形工具

绘制椭圆的要领如下。

- 调用椭圆工具，单击椭圆的起始点，移动光标就可以看到椭圆。

- 立即输入 X 轴与 Y 轴的尺寸，就可以得到精确的椭圆，比如输入，"60, 30"，回车后就得到一个横向 60 毫米、纵向 30 毫米的椭圆。

- 觉得不满意，还可以反复输入数据进行修改，直到满意。

- 用椭圆工具操作的时候，按住 Shift 键，能画出圆形。

- 如果想要多个椭圆的副本，可以在画好第一个椭圆后，双击鼠标左键。

8. 多边形工具

多边形工具的默认状态是绘制五边形。有 3 种方法可以改变多边形的边数。

(1) 第一种方法是，调用多边形工具后，立即输入想要画的边数，如想要画三角形，可以立即输入数字 3，后面带一个代表复数的字母 S。回车后，就可以画三角形了。

多边形工具有记忆功能，画过一次三角形，再次使用它的时候，仍然只能画三角形。可以输入新的指令，改变边数。

(2) 第二种改变边数的方法是，在多边形已经成型后，立即输入新的数据，改变已经成型的对象。

(3) 第三种方法是，见到多边形后，用向上或向下的箭头键来改变多边形的边数。边的数量增加到极限时就变成了圆形。边的数量减少到极限时就成了三角形。

绘制 3、5、7、9 等奇数条边的多边形时，工具沿着红轴和绿轴移动，绘出的图形是不同的，要注意一下。

绘制多边形时，按住 Shift 键可以将工具锁定在红轴或绿轴移动。

创建多边形后，立即在绘图区域中双击可以得到多个副本。

这一节介绍了 4 种不同的矩形工具，画圆和画椭圆的工具，还有多边形工具，每一种工具都有跟 SketchUp 相同的部分，也有不同的部分，请特别记住其中不同的部分，让它们充分发挥作用。

2-3 编辑图形一(偏移与曲线编辑)

前面介绍了 LayOut 的基本操作和基础图形的绘制,可以看到,LayOut 里用来画线的工具只有 7 种,画面的工具也是 7 种,其中有些工具操作起来跟 SketchUp 里的工具差不多,很简单且很容易上手。接下来的几个小节,要讲讲 LayOut 里的编辑工具和对图形做曲线编辑的要领。

1. 偏移工具

LayOut 跟 SketchUp 一样,也有一个偏移工具,快捷键也是 F。它的用途跟 SketchUp 一样,也是用来对现有图形做线条或形状的偏移,但它的用法和功能却要比 SketchUp 里的偏移工具丰富一些。

1) 面的偏移

图 2.3.1 ① 是用直线工具画的一个房间的简单平面轮廓 。

图 2.3.1 ② 是在轮廓线的基础上偏移出的墙体厚度。

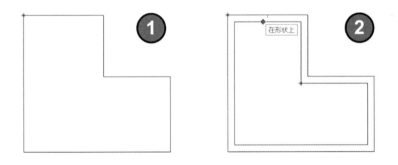

图 2.3.1 偏移工具 1

2) 对其他对象做偏移

偏移工具还可以对其他形状的图形做偏移操作,图 2.3.2 所示就是一些例子,图的上面是原始图形圆形、多边形,还有圆弧、手绘线、直线组;图的下面是已经完成的偏移。

3) 精确偏移

如果想得到一个精确的偏移,可以在偏移出现后立即输入一个偏移的尺寸,回车即可。

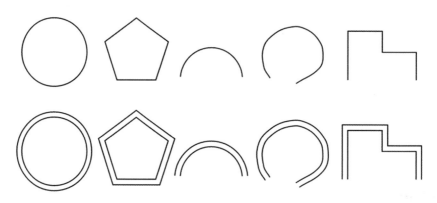

图 2.3.2　偏移工具 2

也可以用输入一个负值的方法，向光标移动的反方向偏移。

下面再提供几个偏移工具的使用技巧：

● 完成第一次偏移后用鼠标左键双击图形，就可得到同样的重复偏移。

● 如果想一次完成多次偏移，可以在完成第一次偏移之后，用键盘输入想要偏移的次数，后面带一个字母 X，回车后就得到了多次偏移。

充分利用好 LayOut 的偏移工具，可以提高制图效率。

2. 曲线编辑

下面再介绍一下 LayOut 对于线条和图形的弯曲编辑。

LayOut 里有一个叫作 path editor(路径编辑器) 的工具，它没有工具图标，只有在满足一定条件的时候才会出现在当前图形上。有了这个"路径编辑器"我们就可以对各种线条和图形进行变形甚至弯曲。

所谓"路径编辑器"，其实就是在"贝塞尔曲线"理论基础上创建的一种曲线编辑工具。所以下面要提到的"路径编辑器"，其实应该称之为"贝塞尔曲线编辑器"。

1) 贝塞尔曲线的相关知识

在计算机上画图时，大部分时间是用鼠标来操作的，这跟手绘的感觉和效果会有很大的差别，即使是一位熟练的画家，想用鼠标来随心所欲地画图也不是一件容易的事。在这一点上，计算机是无法代替手工的，但是，贝塞尔工具的出现，至少在绘制曲线这方面，很大程度上弥补了这一缺憾。

贝塞尔曲线 (Bézier curve)，又称贝兹曲线 (还有很多其他的称呼)，它是应用于二维图形中的重要数学曲线。很多矢量图形软件甚至位图软件都拥有这样的工具，通过它来画出精确的曲线。如矢量设计软件 CorelDRAW、Adobe Illustrator 的钢笔工具就有贝塞尔曲线编辑的功能；甚至位图设计软件 Photoshop 都有类似的工具。

2) LayOut 的路径编辑器 (贝塞尔曲线编辑器)

前文曾经介绍过，LayOut 的直线工具还隐含有绘制贝塞尔曲线的功能，现在用直线工具画一条贝塞尔曲线 (图 2.3.3 ①)。

双击这条贝塞尔曲线，会看到这条贝塞尔曲线上出现了一些蓝色的圆点和直线 (图 2.3.3 ②)，它们就是刚才提到的 path editor(路径编辑器)，也可以看成是"贝塞尔曲线控件"或"曲线编辑器"；路径编辑器只有在鼠标左键双击圆形、圆弧、贝塞尔曲线等特定形态的时候才会出现。

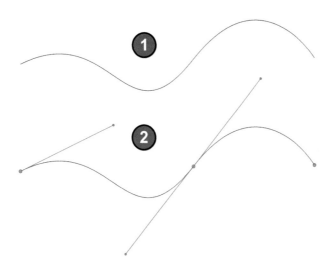

图 2.3.3　贝塞尔曲线编辑

图 2.3.3 ②的曲线两端和中心有 3 个蓝色的圆点，两端的圆点是绘制贝塞尔曲线时的起始点和终点；中间的圆点是在绘制这条曲线的时候，鼠标曾经单击过的位置，它被 LayOut 确定为第一个线段的终止点，也是第二个线段的开始点，我们可以称之为"节点"；移动任意端点或节点，都可以改变贝塞尔曲线的形状。

3) 控制线和控制点

图 2.3.4 中两条蓝色的直线可以叫作"控制线"。每条控制线上至少有一个小一点的蓝色圆点，可以叫作控制点；这些控制点也是可以移动的，同样可以改变曲线的形状。

除了可以移动控制点来改变曲线的形状，也可以移动相邻两个节点之间的贝塞尔曲线段来改变曲线的形状。

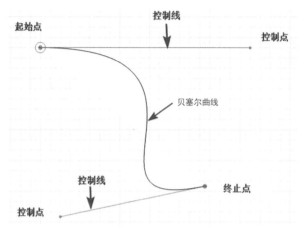

图 2.3.4　控制线与控制点

4) 曲线编辑要领

双击一条曲线后出现的大大小小的蓝色圆点，如起始点、终止点、节点、控制点和线段都可以移动，用于对曲线做编辑，一个大致的规律是：用移动起始点、终止点或线段的方法来对曲线进行粗调；然后再移动控制点改变贝塞尔曲线的曲率，也就是线条弯曲的程度，反复几次就可以得到我们想要的曲线了。

贝塞尔曲线是计算机图形图像造型的基本工具，虽然它在各种不同软件里的表现和操作方法不完全相同，但是其实现的原理也就是"算法"和最终结果是相同的。它是图形造型中运用得最多的基本线条之一。这种"智能化"的矢量线条为我们提供了一种理想的创建图形和编辑图形的工具。

5) 对圆、圆弧、手绘线、直线组做编辑

上面我们讨论了"路径编辑器"在绘制、编辑贝塞尔曲线时的应用要领，下面再看看如何用"路径编辑器"对圆形、圆弧、手绘线等几何体进行编辑。图 2.3.5 上排有一个圆形、一个圆弧、一个手绘线和一个折线组。双击它们以后出现的"路径编辑器"各不相同 (图 2.3.5 下排)。

- 双击圆形，有 4 个节点，对应 4 条控制线和 8 个控制点，利用它们组成的"路径编辑器"就可以对圆形做编辑修改。

- 双击圆弧形，"路径编辑器"的表现又不同了，有一个起点、一个终点和一个节点。只有中间的节点上有一条完整的控制线，两端的控制线只有半截，不过同样可以对它进行编辑。

- 双击手绘线可以看到很多节点和对应的控制线及控制点，每一个都可以用来对曲线做编辑。只要你有足够的耐心，可以把一条随便画的手绘线改变成非常复杂的形状。

- 双击由几段直线组成的折线，很明显，这一组线段只有起点、终点和中间的几个节点，没有控制线，当然也没有控制点；不过，我们仍然可以移动这些蓝色圆点来改变它的形状。

图 2.3.5　线段编辑

6) 添加节点

你现在大概已经发现，图形上的节点越多，就越方便做精细的编辑，当我们在编辑的过程中发现原有的节点不够用的时候，还可以按住 Alt 键单击曲线来添加一个节点。

7) 选择多个线段

如果想用移动多条边线的方法改变对象的形状，可以像 SketchUp 一样，用按住 Ctrl 键做加选；也可以按住 Shift 键做反选；当然也可以同时按住 Ctrl 键和 Shift 键做减选。

这一节的内容大概就介绍这么多了，偏移工具比较简单，而需要对曲线做编辑的机会也不多，有时间就动手体会一下，现在没有时间也不要紧，需要的时候再去研究也可以。

2-4　编辑图形二(拆分连接与蒙版)

前文介绍了 LayOut 里的 14 种绘图工具，以及两种对 LayOut 图形进行编辑的手段：偏移与弯曲变形。这一节还要介绍一些 LayOut 里特有的对图形进行编辑的工具。

1. 分割与组合工具

我们知道，用有限的绘图工具绘制的图形并不总能符合我们的要求，这就需要对现有的图形进行编辑加工和改造。LayOut 里的分割和组合这两个工具就是重要的编辑加工工具。从它们的工具图标就可以看出它们的功能和用途：

- 小刀形状的工具用来分割对象。
- 小瓶子形状的工具，代表瞬间干燥的胶水，可以用来黏合图形的不同部分。

图 2.4.1 ①是一条直线、一个圆弧和一条手绘线；图 2.4.1 ②是用分割工具切割后的状态；图 2.4.1 ③是移动并连接分割后的线段，并且用"胶水"重新"组合"后的状态。

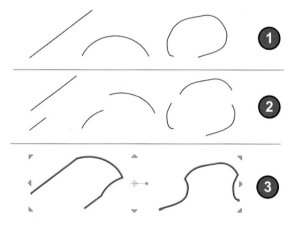

图 2.4.1　分割与组合

1) 分割线段

分割工具相当于用小刀把线段分割开，最简单的用法就是单击线条上想要分割的某一点，这一点上会有一个小小的红色矩形；单击鼠标后线条就分开了。

- 在分割线段的同时，原先因线条而存在的平面也同时产生变化。
- 分割后的部分图形可以单独进行放大缩小、移动旋转、弯曲变形等编辑。

2) 组合工具

想要把分开的线条连接起来，就要把想连接的线段移动到可以连接的位置，通常是首尾相接 (也可以交叉)。

再调用小瓶子形状的组合工具，在需要连接的线段上分别单击，原来分开的线段就连接成一个整体了，已经连接的线段以蓝色的边线显示。

3) 分割 / 组合例 1

有了小刀和胶水，它们能为我们做些什么实际的任务呢?

图 2.4.2 是第一个实例，做一个云形纹样，这种云形的图形时常表示集中的植物群。

图 2.4.2 ①是三个大小不同的圆; 图 2.4.2 ②则移动和复制这些圆，组合出想要的云纹形状; 图 2.4.2 ③用分割工具单击相邻两个圆的交点分割线段; 图 2.4.2 ④用组合工具分别单击线段，最后删除无用的线段形成云形图案。

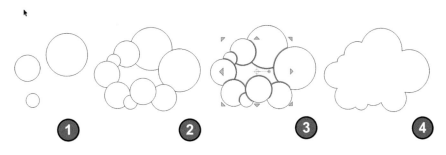

图 2.4.2　分割组合例 1

4) 分割 / 组合例 2

图 2.4.3 是第二个实例。非常明显，用 LayOut 的绘图工具是无法直接画出图 2.4.3 ④所示图形的，这是一个圆形和两个矩形组合而成的图形。操作过程如下。

图 2.4.3 ①是将一个浅绿色的圆形和两个深绿色的矩形重叠在一起；图 2.4.3 ②是用分割工具分别单击圆形与矩形的交点；图 2.4.3 ③是删除中间无用的线条；图 2.4.3 ④是删除全部无用的边线。

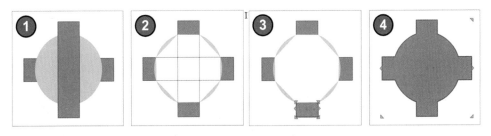

图 2.4.3　分割组合例 2

上面简单介绍了分割和组合这一对宝贝，它们一个搞分裂，另一个搞联合，我们正好可以利用它们二者的特长，让它们为我们所用，怎么利用，那就要看你的需要了。

2. 蒙版工具

接着，我们还要来介绍 LayOut 里另一个特有的宝贝，叫作"蒙版"。

先举个例子来说明"蒙版"的概念。如果你注意过喷漆在墙面上或车辆上喷刷文字和图形的过程，你会发现：人们会提前把想要喷漆的文字或图形雕刻镂空在金属的或纸质的板子上，使用的时候，把板子当作遮挡物，之后在上面喷漆或刷漆；把板子拿下后，图形文字就留在墙上或车上了。

上面提到的雕有文字、图形的板子就是蒙版，板上抠出的空白区域就是我们常说的选区。

换句话讲：蒙版就是选区之外起遮挡作用的部分。"蒙版"和"选区"这两个概念和名称被现代计算机图形处理领域广泛引用。知道了蒙版和选区的概念以后，接下来的问题是选区与蒙版在我们绘制图纸的时候有什么用。

请看图 2.4.4 左边的图纸中间有个老式的挂钟，现在想要把挂钟部分做局部放大，就像摄影中的"特写"镜头一样特别展示出来 (图 2.4.4 右)。这种手法是绘制图纸的时候经常要用到的技巧。想要做出这种效果，就要用到 LayOut 里的蒙版功能。具体操作如下。

(1) 在需要突出的部分用画圆工具绘制一个圆形 (其他形状也可以)，这个圆形就是"选区"。

(2) 创建选区后，同时选择选区和原图片。

(3) 选择"编辑"|"创建剪切蒙版"命令 (右键关联菜单也有，效果是一样的)。

(4) 选区内的对象突出显示，其余的部分并未删除，而是隐藏起来了，必要时可以恢复。

(5) 被选区分割出的对象可以做移动、缩放、旋转等操作。

(6) 当图片内容较多，只想展示其中的一部分时，也可以用蒙版来遮掩不想展示的部分。

(7) 对选区内容做编辑，只要双击选区，暴露出全部图片，就可以用移动、缩放、旋转等操作进行编辑，完成后重新创建蒙版。

(8) 要取消蒙版，可在选择对象后，在右键菜单里选择"释放剪切模板"选项 ("编辑"菜单里也有)。

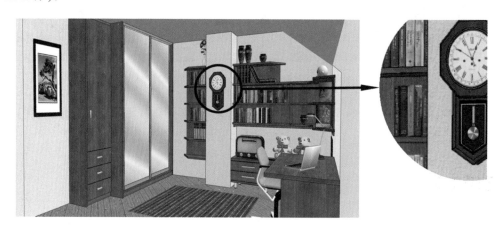

图 2.4.4　蒙版实例

上面所举的例子就是对图片使用蒙版，其实，蒙版也可以直接应用于导入的 skp 模型，同样可以剪切模型中一部分做突出的显示，本节配套的视频里有实例演示。

本节介绍了 3 个 LayOut 特有的宝贝：拆分、组合和蒙版。配套视频教程的附件里有演示和练习用的素材，请动手练习一下。

2-5 编辑图形三 (颜色填充)

作者曾不止一次地说过,能够大概弄出个模型来,只能算学会了一半;另外一半是材质、贴图、风格等为了加强表达效果所设置的功能,但它们时常被忽视。LayOut 里也有差不多的问题,为了让制作的图纸更出彩,这一节讨论的颜色和图案填充,还有今后要讨论的其他很多功能都是要注意学习与运用的。

习惯了用 AutoCAD 出图的人,已经熟悉了白色图纸上的黑色线条,或者浅蓝色图纸上的蓝色线条,上百年来,我们用传统图纸来表达创意,似乎就应该是这样单调乏味的。随着计算机技术和图像生成技术的发展,现在,不但是颜色和图案,甚至整幅的彩色照片都可以轻而易举地加入到图纸中来,大大增强了我们的表达能力 (要在制图国标允许的条件下)。

1. "颜色" 面板和 "形状样式" 面板

这一节我们要讨论的话题,大多集中在默认面板的这两个小面板上——"颜色"与"形状样式" (见图 2.5.1)。

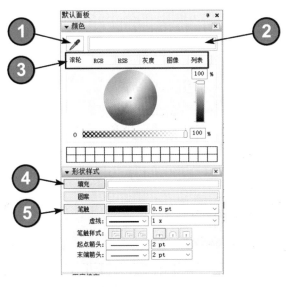

图 2.5.1 默认面板

- 图 2.5.1 ①中吸管工具的用途跟 SketchUp 的吸管差不多,但是功能更强,后面还会提到。
- 图 2.5.1 ②中吸管右边的这个长方形区域,以色块的形式来显示当前的颜色。

- 图 2.5.1 ③一行排列了 6 种不同的色彩选择调整模式。后面会详细讨论。
- 图 2.5.1 ④的"填充"按钮可在是否显示"面"之间切换 (没有"面"就无从填充)。
- 图 2.5.1 ⑤的"笔触"按钮可在是否显示"边线"之间切换。

"颜色"面板后面还要深入讨论，"形状样式"面板在其他章节还会多次出现。

2. 六种颜色模式

LayOut 有 6 种不同的颜色模式可供我们选用，其中，"色轮""RGB""HSB"3 种跟 SketchUp 是完全相同的，此外，新增了"灰度""图像"和"列表"3 种选择颜色模式。下面分别对这 6 种颜色选择的模式做比较深入的讨论。

注意，LayOut 颜色面板上显示的"滚轮"是一个低级错误，应该是"色轮"。

粗看起来，"色轮""RGB"和"HSB"是 3 种不同的选择调整颜色的方式，其实可以合并为两种，其中，"色轮"和"HSB"两者是同一个色彩体系的两种不同操作界面而已。关于"RGB"和"HSB"两种，色彩模式的详细讨论，请参考《SketchUp 要点精讲》的 7-1 节和《SketchUp 材质系统精讲》2-4、2-5、3-1 等小节，有比较详细的解释。为了节约你回去复习的时间，下面用最简单的文字再次介绍一下这两种色彩模式的特点和用途。

1) HSB 色彩模式 (图 2.5.2)

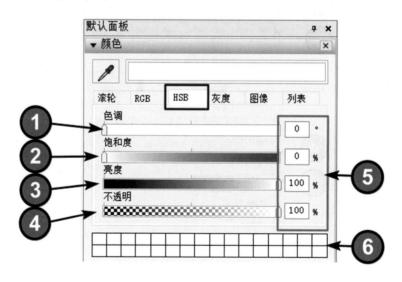

图 2.5.2　HSB 色彩模式

"HSB"中的 H 是色调，S 是饱和度，B 是亮度。

- 图 2.5.2 ①的色调 H，0 ～ 359 度可调，以某颜色在色轮上的角度位置来表达。相当于色轮最外圈位置的变化。

- 图 2.5.2 ②的饱和度 S，0 ～ 100 可调。相当于色轮上从中心到边缘的位置的变化。
- 图 2.5.2 ③的亮度 B，代表亮度或明度，从最亮到最暗的黑色，0 ～ 100 可调。相当于色轮右边竖着的滑块条。
- 图 2.5.2 ④的透明度 (右边是最透明，"不透明" 3 个字放错了位置)。
- 图 2.5.2 ⑤这里可以直接输入色卡 (色谱) 上的数据。
- 图 2.5.2 ⑥这里应显示在用的或自定义的颜色，但未见起过作用。

2) 色轮 (图 2.5.3)

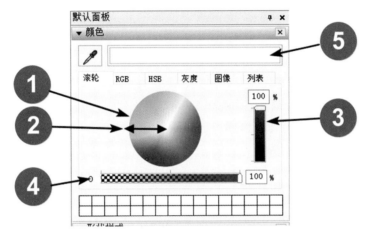

图 2.5.3　色轮 (变形的 HSB)

"色轮" 其实就是 HSB 模式的另一种操作界面，用色轮选择颜色比 HSB 稍微直观一些，但更难做精细的操作，最好不要用。

- 图 2.5.3 ①的色轮圆周上的一圈相当于 "HSB 模式" 的色相 H。
- 图 2.5.3 ②是色轮的半径，相当于 "HSB 模式" 的饱和度 S。
- 图 2.5.3 ③中色轮右侧的竖条，相当于 "HSB 模式" 的亮度 B。
- 图 2.5.3 ④是透明度 (左边是最透明)。
- 图 2.5.3 ⑤是当前选中 (在用) 的颜色。

3) HSB 颜色调配要领

如果你曾经认真学习过《SketchUp 材质系统精讲》里关于色相环和色轮的详细讨论，使用上述的 HSB 色彩模式 (包括色轮) 就会得心应手，不会有什么困难。

想要调配出满意的色彩，千万不要乱来，一定要在掌握一点色彩知识的条件下操作。以我本人的经验，最好用 HSB，比较容易理解和操作，调配一种颜色的操作顺序如下 (供参考)。

(1) 确定基础色相 H，确定后就不要轻易动它，一旦动了色相 H 滑块，对象的整个基础色调就改变了。

(2) S 是色彩的饱和度，滑块越向右，颜色就越鲜艳；滑块越向左，颜色就越偏向白色。

(3) B 是明度，滑块越往右对象越亮。把滑块拉到最左边相当于失去了光照，漆黑一团。

只有调整 S 和 B 都不能满意的时候，才可以考虑调整色相 H， 调整色相 H 的时候，一定不要粗暴操作，要慢慢地调整。

如果你有《SketchUp 材质系统精讲》一书送给你的电子色卡，查找到喜欢的颜色后，直接在 HSB 面板上输入色卡上的数值是最简单、最好用的方法。

如果你有画油画或水彩画的经验，就会很容易理解和记住下面的几个比喻，这样今后在 HSB 系统调配颜色就会轻而易举：

- 色相 H 是基础，就像从软管里刚挤出的颜料。
- 饱和度 S 相当于在调色板上加减白色。
- 亮度 B 相当于往调色板上加减黑色。
- 调整透明度相当于往水彩颜料里加减稀释用的清水。

4) RGB 色彩模式

这是用红 (R)、绿 (G)、蓝 (B) 3 种基色构成的色系。每一种基色由 0 ～ 255 表示的不同成分，互相搭配出不同的颜色 (图 2.5.4)。RGB 色彩模式大多用于屏幕显示 (包括投影仪)，不宜用于打印和印刷。没有经验的初学者想要用图 2.5.4 所示的 RGB 面板上的 3 个滑块调配出一种特定的颜色并不容易，除非你直接输入已知的 RGB 数据。

- 图 2.5.4 ①处 "红轴" 错，应该是 "红 R"。
- 图 2.5.4 ②处 "绿轴" 错，应该是 "绿 G"。
- 图 2.5.4 ③处 "蓝轴" 错，应该是 "蓝 B"。
- 图 2.5.4 ④处 "不透明" 错，应该是 "透明" (不透明在右侧)。
- 图 2.5.4 ⑤这里显示当前被选中的颜色。
- 图 2.5.4 ⑥这里可直接填入色卡 (色谱) 上的颜色数据。
- 图 2.5.4 ⑦这里应显示在用的或自定义的颜色，但未见起过作用。

5) 灰度

灰度模式最容易理解也最容易操作，将图 2.5.5 ①处的滑块拉到最左边是黑色，拉到最右边是白色，中间就是各种深浅不同的灰色，在图 2.5.5 ②处用滑块调整透明度 ("不透明" 三个字要改成 "透明")。

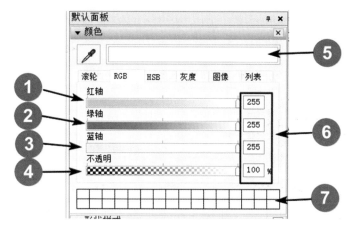

图 2.5.4　RGB 色彩模式

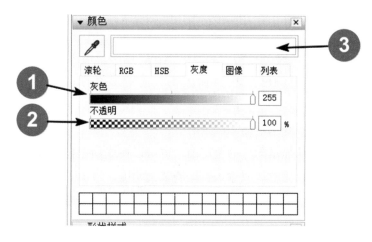

图 2.5.5　灰度模式

6) 列表

这里面都是有确定名称的颜色，印刷和平面设计行业称之为"专色"，可以直接用专色对应的预调制油墨印刷，色彩准确并且省事。如果 LayOut 中文版保留原始的英文，里面的颜色名称是符合国际色彩标准的，在中国也可以通用；可惜这里大部分都被翻译成了中文，并且很多中文名称不伦不类，不符合中国色彩标准中对色彩名称的规定，所以，这里大部分的颜色都没有使用价值了。对颜色名称有严格要求的场合请注意谨慎使用。

- 图 2.5.6 ①这里显示颜色的名称和一个小色样。
- 图 2.5.6 ②这里调节透明度。
- 图 2.5.6 ③这里显示选中的颜色。

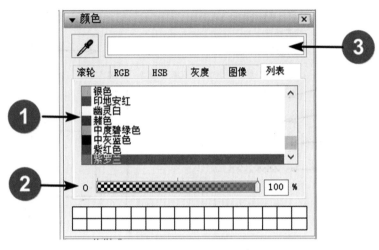

图 2.5.6　列表颜色

7) 图像

这是一种在已有文件上选择颜色的工具，可以在默认的色谱图上做粗略的选择。如果设计任务需要有一个严格要求的颜色，如公司的徽标、企业形象的专用色等，还可以把样板图像导入 LayOut 后选用。

● 图 2.5.7 ①的吸管用来选取图②位置的颜色。

● 图 2.5.7 ②这里默认显示内置的色谱图，也可以换成用户指定的图像。

● 图 2.5.7 ③这里可以用滑块或输入数据调整透明度。

● 图 2.5.7 ④这里显示被选中的颜色，默认是白色。

● 图 2.5.7 ⑤这里选取外部图像。

● 图 2.5.7 ⑥这里显示外部图像，用于选择颜色。

● 图 2.5.7 ⑦这里更换外部导入的图像。

选色要领：按住鼠标左键后在图 2.5.7 ②所示的区域上移动，图 2.5.7 ④中显示的就是光标移动轨迹中遇到的所有颜色；停止移动，④上面就显示当前选中的颜色。也可以用吸管工具在色谱块上移动，结果是一样的。

8) CMYK 模式

上面讨论了 LayOut 里面有 6 种不同的选择颜色的方法，这里再增加一点说明：在 Mac 操作系统，也就是苹果电脑上，LayOut 的材质面板上还有一个"CMYK"选项；CMYK 代表青色、洋红、黄色和黑色 4 种颜色，这是一种用于专业打印 (印刷) 的色彩系统，使用这 4 种基本油墨颜色的百分比来指定颜色。这方面的知识还可以查阅《SketchUp 材质系统精讲》里的相关视频。

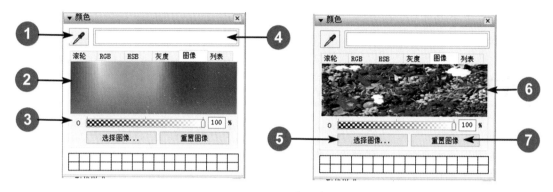

图 2.5.7　图像取色

3. 对图形赋色

下面再介绍一下如何把选中的颜色运用到指定的对象上去。

粗心的人看到 LayOut 里面有两个吸管工具 (一个在工具栏中，另一个在"颜色"面板上) 就以为可以用它来吸取想要的颜色，然后就用油漆桶来上颜色。可惜这个想法不完全对。下面告诉你如何在 LayOut 里对一个图形赋颜色。

要向图形对象赋色，这个对象至少要有两条边或者是弧形，这样 LayOut 会自动生成可以填充的区域。跟 SketchUp 不同，这个区域不必是封闭的形状。

(1) 选择好想要赋颜色的对象。

(2) 打开"形状样式"面板，单击"填充"按钮，可以在只显示边线和同时显示平面之间切换。

(3) 在看见填充平面的情况下，接着单击"填充"按钮旁边的长方形色块。在没有赋颜色之前，这里是白色，单击后"颜色"面板会自动打开。

(4) 用上面介绍过的方法在"颜色"面板上选择或调配颜色。

(5) 单击图纸上空白的地方，完成一次填色操作。

4. 图形的轮廓线

被赋色的图形对象都会有一圈轮廓线，通常是黑色；有两种办法可以取消图形周围的轮廓线。

第一种方法是轮廓线的颜色和填充的颜色相同。方法是单击"形状样式"面板的"笔触"按钮右边的色块，在"颜色"面板上选择相同的颜色，轮廓线就看不见了。这个方法，在大多数情况下并不容易成功，除非你直接输入颜色的代码。

第二种方法比较简单，选择好对象后，单击"笔触"按钮，隐藏掉边线就解决了，

5. 记忆和取消记忆

LayOut 里的颜色填充有记忆功能，一旦对一种绘图工具调整好了填充颜色，接着用任何绘图工具绘制的图形都会带有之前做过的填充属性。

想要摆脱之前用过的颜色填充记忆，回到最初的默认状态，就要在"形状样式"面板上的填充项目里把当前颜色更改成白色。

如果对象丢失了边线，可以单击"笔触"按钮，恢复显示边线。

有时候，一个群组，甚至某些标注中的文字、尺寸标注中的数字也有一圈黑框，这是因为你在选中它们的时候误操作了"形状样式"面板上的"笔触"按钮。想要摆脱这种尴尬，选中这些出错的对象，再次单击"笔触"按钮即可。

6. 属性复制

想要快速把一个已经调整好的颜色、图案填充、边线等属性应用于其他的对象，可以使用样式工具(吸管)获取这个填充，工具变成油漆桶后，在需要复制的对象上单击，这个操作类似于 SketchUp 的材质工具。

对于颜色填充的话题，大概就讲这么多了，这一节的附件里有个练习题，请在右边的方框里填上左边一样的颜色。

2-6　编辑图形四(图案填充)

上一节我们学习了如何对选中的对象填充颜色，这一节介绍如何填充图案就变得比较简单了。填充图案的操作过程跟填充颜色基本一样，区别是把"颜色"面板换成"图案填充"面板，可选择的项目也更多一些。

因为 LayOut 的颜色和图案填充操作不同于 SketchUp 对材质的操作，很多学员在做图案填充的时候，显得手忙脚乱，有时候还要反复几次才能成功。下面详细列出操作要领。

1. "图案填充"面板

想要完成图案填充，须"图案填充"面板和"形状样式"面板二者配合。

"图案填充"面板跟"颜色"面板完全不同，请看图 2.6.1。

- 图 2.6.1 ①，单击小房子图标，显示当前在用和曾用的填充图案。
- 图 2.6.1 ②，单击这里，可以打开图案库 (LayOut 自带 4 类 137 种图案，可扩充)。
- 图 2.6.1 ③这里显示当前可选的图案 (缩略图或列表)。
- 图 2.6.1 ④处的两个图标用来在显示缩略图还是列表间切换。
- 图 2.6.1 ⑤处选择或输入一个角度值，可令图案旋转。
- 图 2.6.1 ⑥处选择或输入一个数值，可缩放填充图案 (可输入小数)。
- 图 2.6.1 ⑦，单击这里，可以在是否显示图案之间切换，右侧显示当前图案。
- 图 2.6.1 ⑧，单击这里，可以在是否显示边线之间切换。

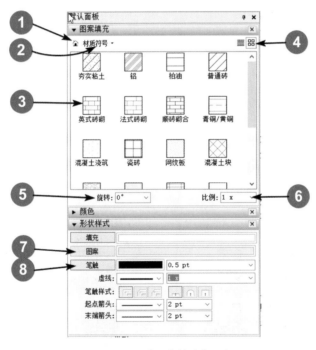

图 2.6.1　"图案填充"面板

2. LayOut 自带的图案库

下面简单介绍一下 LayOut 自带的图案库。

所有图案(图 2.6.2)里面有 4 个文件目录: 几何图块、材质符号、场地背景图案和色调图案。请注意在下拉菜单里也有同样的 4 个选项,可以单击图 2.6.2 中的文件夹,也可以从 4 个菜单项快速进入某个目录。

几何图块目录里还有 3 个子目录 (图 2.6.3),里面一共有 61 种预置的填充图案。

- 黑色线条,有 16 种图案。
- 半透明线条有 30 种图案。
- 白色线条,就是在灰色背景下的白色线,一共有 15 种图案。

图 2.6.2 自带图案库 1

图 2.6.3 自带图案库 2

材质符号里没有子目录,里面有 24 种不同的材质符号 (图 2.6.4)。

场地背景图案,这个名称并不太合适,背景两个字是多余的。在图 2.6.5 中也没有子目录,只有 20 种跟绿化和停车场有关的填充图案。

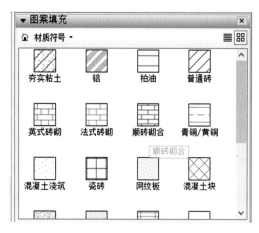

图 2.6.4 材质符号图案

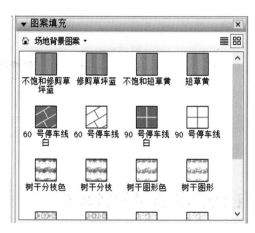

图 2.6.5 场地背景图案

最后还有一个色调图案，也有 3 个子目录 (图 2.6.6)。

- 点状网目，有 16 种填充图案。
- 直线，有 10 种图案。
- 钢笔手绘线，有 6 种。

3. 对 LayOut 自带图案库的重要提示

上面我们介绍了 LayOut 自带的填充图案库里一共有 4 大类、137 种不同的填充图案，看起来是不少，似乎能为我们今后的制图提供不少方便；如果你真这么想的话，作者要对你泼一盆冷水了，并且请你一定要重视下面的提示：

LayOut 自带的填充图案库是根据美国的制图标准绘制的，大多数不符合中国的国家制图标准，所以，其中真正能用的并不太多。关于制图标准和相关填充图案的问题，很重要、原则性较强，后面会有专门的章节深入讨论。

4. 导入和添加自定义图案库

在图 2.6.7 ①②中所示的两个菜单项"导入自定义图案"和"添加自定义集合"非常重要，用这两个选项就可以解决刚才我们说过的"LayOut 自带的图案库不符合我们国家标准"的问题，我们可以按照中国的绘图标准，自己来绘制填充图案，也可以把符合国家标准的图案库导入到 LayOut 里面去。这个话题后面也有专门的章节进行讨论。

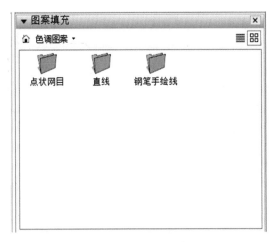

图 2.6.6　色调图案

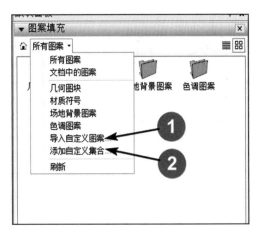

图 2.6.7　导入与添加图案

5. 删除对象四周的轮廓线

第一种办法是更改轮廓线的颜色，调整到跟填充的颜色相同。操作方法是：单击"笔触"按钮右边的色块，在"颜色"面板上选择跟图案相同的颜色，这样的操作，在大多数情况下并不容易，除非你直接输入颜色的代码。

如果遇到填充图案有多种颜色，无法用选择相同的颜色来隐藏边线的话，可以用另一种办法——第二种方法是：在填充颜色后，单击"笔触"按钮，这样就只显示填充的颜色了。用这个方法去除边线，不会影响对象的尺寸。

6. 改变填充图案的大小和角度

旋转图案可以使用"图案填充"面板下部的"旋转"选项 (图 2.6.8)。

旋转填充图案的角度，大多用在绘制剖面线的场合，这里预置了每 15° 一个当量，应该足以满足所有的绘图需求了。可以在这里输入你想要的旋转角度；若要向相反的方向旋转，可以在角度数值的前面加一个负号。

如果想要改变当前填充图案的尺寸，可以使用"比例"选项 (图 2.6.9)。

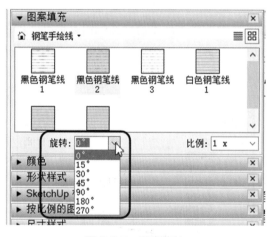

图 2.6.8　图案旋转

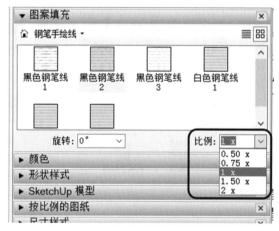

图 2.6.9　改变图案尺寸

预置的缩放比例只有两种放大和两种缩小，常常不够用，我们还可以在这里直接输入缩放比例数值，输入整数是放大，输入小数是缩小。但是，把填充图案放得过大，可能会变得不够清晰。

7. 图案填充的记忆功能与取消

LayOut 里的图案填充也有记忆功能，一旦你调整好了填充的图案，接着用任何绘图工具绘制的图形都会带有之前的填充属性。

想要摆脱之前用过的颜色填充或图案填充，回到最初的默认状态，要在"形状样式"面板上的填充项目里把当前颜色更改成白色。

8. 图案填充的其他提示

单击"图案"按钮可以取消原先的图案填充。

如果对象丢失了边线，可以单击"笔触"按钮，恢复显示边线。

想要快速把一个已经调整好的颜色或图案填充、边线等设置应用于其他的对象，可以使用样式工具 (吸管) 获取这个填充，工具变成油漆桶后，在需要复制的对象上单击即可，这个操作类似于 SketchUp 的材质工具。

还有两个问题：一是如何制作符合国家和行业标准的填充图案；二是如何把新创建的填充图案和图案库导入 LayOut，后面安排有专门的章节来介绍，在此之前，你可以先用 LayOut 自带的填充图案做教程附件里留下的练习。

LayOut制图基础

扫码下载本章教学视频及附件

第 3 章

模型关联

SketchUp 官方对 LayOut 介绍中的一句话可意译如下：

"LayOut 最独特、最省时、最令人敬畏的功能是：它能够显示 SketchUp 模型，还可以同步反映这个模型在 SketchUp 里的更改。"

不过在同一个介绍中还有一句话更值得我们认真记住：

"根据你的计算机内存和图形处理功能，大型的 SketchUp 模型文件可能无法在 LayOut 中显示。"

本章讨论的是 SketchUp 模型与 LayOut 之间和睦相处的问题。

3-1 模型关联一（插入与更新）

前面介绍了在 LayOut 图纸上绘制图形和编辑图形的一些基本操作。下面要介绍 LayOut 与 SketchUp 模型进行关联方面的一系列话题。

1. LayOut 和 SketchUp 模型

请看 SketchUp 官方对 LayOut 介绍中的一句话，意译如下：

"LayOut 最独特、最省时、最令人敬畏的功能是：它能够显示 SketchUp 模型，还可以同步反映这个模型在 SketchUp 里的更改。"

不过，在同一个介绍中还有一句话更值得我们认真记住：

"根据你的计算机内存和图形处理功能，大型的 SketchUp 模型文件可能无法在 LayOut 中显示。"

把上面两段话合起来理解就是："在 LayOut 里可以处理 skp 模型并且与 SketchUp 同步更新，但只能处理中小等级的模型。"官方的意思很明确，就是"丑话说在前头"，好让我们对 LayOut 的能力和局限有个清醒理智的认识，不要给予太大的期望，免得更大的失望。

出于同样的原因，在后面的大多数演示中，为了操作的流畅、减少电脑的运算等待时间，准备的是一些相对简单的小模型（见图 3.1.1)，但这并不会影响教程演示的最终目的。演示用的道具模型也不一定符合每位学员的专业，但其中蕴含的道理是一样的。务请举一反三、融会贯通，汲取其中的要领。

官方网站的同一个介绍页面上还有在 LayOut 中处理 SketchUp 模型可能出现的问题和解决的办法，这些将在后面的章节中详细讨论。

2. SketchUp 模型与 LayOut 关联

图 3.1.1 所示的儿童床等几个小模型将成为这一节的道具。

1) 准备工作

想要把一个 skp 模型在 LayOut 里形成图纸，该怎么做？先要在 SketchUp 里做一些必要的准备工作。

每一位 SketchUp 用户都应该养成的好习惯是：随时查看有没有正反面的问题，如果有，要及时翻面纠正。

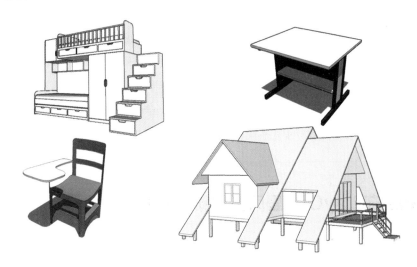

图 3.1.1　模型关联

无论现在是什么样式，请到 SketchUp 的"样式"面板中做以下操作。

(1) 新增加一个"建筑施工文档样式"(因为它没有背景)。

(2) 在"样式"面板的"编辑"标签中，找到背景设置取消全部勾选。因为关联到 LayOut 里去的模型不应该有任何天空地面等背景。

(3) 最后，清理一下模型里的垃圾。

大致调整一下视图确认没有问题以后，可以执行以下步骤建立关联。

2) 从 SketchUp 一侧建立关联

把 skp 模型与 LayOut 二者关联起来有两种方法。第一种方法是在 SketchUp 里，保存一下模型文件，然后在"文件"菜单里选择"发送到 LayOut"命令，LayOut 会自动启动。在弹出的 LayOut 窗口里选择图纸模板。假设选择 A3 幅面的横向方格纸，这样 SketchUp 模型就来到了 LayOut 的图纸上。这是从 SketchUp 一侧把模型关联到 LayOut 的方法。

3) 从 LayOut 一侧建立关联

用第二种方式也可以把图 3.1.1 的 SketchUp 模型关联到 LayOut 中。先在 LayOut 里新建一个文件。选择想要用的图纸模板 (仍然选用 A3 幅面横向的方格纸)，命名并保存后，到"文件"菜单里找到"插入"命令，然后按路径导航到想要插入的 skp 模型。

3. LayOut 里的 skp 模型

上面介绍了把 skp 模型与 LayOut 关联起来的两种方法，它们分别是从 SketchUp 一侧"发送到 LayOut"，以及在 LayOut 一侧"插入"skp 模型。不管用两种方式的哪一种，现在我们在 LayOut 里看到的是 SketchUp 的实体模型，而不是图片。

单击模型，可以看到周围出现蓝色的选择边框，我们可以随时对它做各种操作，如可以像操作一个简单的矩形或圆形对象那样对它们做移动、调整大小、旋转和复制。最妙的是，双击它，居然还可以像在 SketchUp 里一样，对这个模型进行旋转、平移和缩放，所有的操作要领，甚至快捷方式都跟 SketchUp 里相同。在右键菜单里选择"编辑 3D 视图"选项，可以做同样的操作。不过，如果你的模型规模较大，或者电脑的性能较低，操作起来就不一定非常流畅平顺。

4. skp 模型在 LayOut 里同步更新（一）

用上面介绍的方法，从 SketchUp 一侧把模型发送到 LayOut 后，现在 LayOut 里已经有了这个模型，我们可以像在 SketchUp 里一样对它进行缩放、移动、旋转等操作，甚至还可以为它加上阴影和雾化，不过，在 LayOut 里能够做的也仅此而已了，对模型更多更精细的编辑还是要回到 SketchUp，如我们想对模型赋一些材质，就必须回到 SketchUp 里去操作。完成以后，记得一定要保存，快捷键是 Ctrl+ S。

回到 LayOut，你会发现还是原样没有改变，请记住下面的操作：要选中它，在右键菜单里找到"更新模型参考"选项（图 3.1.2 ②），刚才我们在 SketchUp 里做的改变就全部复制过来了。

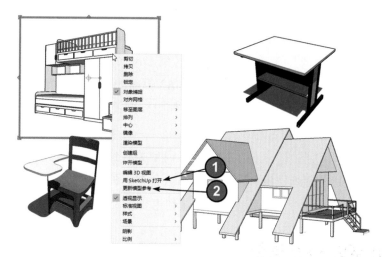

图 3.1.2　更新模型参考

用同样的方法，在 SketchUp 里对模型所做的其他更改都可以关联复制到 LayOut 里面来。

5. skp 模型在 LayOut 里同步更新（二）

上面介绍的是从 SketchUp 一侧建立的关联和同步更新的操作，下面介绍在 LayOut 一侧用"插入"方式建立的关联，这种关联方式能够获得更加巧妙的自动更新。

在 LayOut 中新建一个文件，然后"插入"同一个 skp 模型。如果想对模型做修改，可以在右键菜单里选择"用 SketchUp 打开"（图 3.1.2 ①）选项，SketchUp 会重新启动打开这个模型（假设 SketchUp 还没有启动），此时在 SketchUp 里所做的所有改变，只要一经保存，马上就可以在 LayOut 里得到同步的更新。这种关联方式显然要比前一种手动更新更智能、更省事。

6. 处理两个或更多 skp 模型

LayOut 中，时常会插入多个 skp 模型或组件，如何分别对它们进行修改编辑呢？

想要对 LayOut 中的任何一个 skp 模型做修改，可以选择右键菜单里的"用 SketchUp 打开"选项，SketchUp 会重新启动打开这个模型。

在 SketchUp 里所做的所有改变，只要一经保存，如果是从 LayOut 端插入的模型马上就可以得到同步更新。而从 SketchUp 端"发送"的模型还需要在右键菜单里手动更新。

7. 引用管理

LayOut 还有一个对文档中所有 SketchUp 模型进行引用管理的工具，它就是"文档设置"对话框里的"引用"面板（图 3.1.3）。

想要在这个面板上对 LayOut 文档里所有的外部链接进行监控管理，请勾选左上角的"在载入时检查引用"复选框（图 3.1.3 ①）。

这个面板上列出了当前 LayOut 文档中的所有 SketchUp 模型。我们可以一目了然地看到所有模型，也可以分别选择并且管理它们（图 3.1.3 ②）。

管理的项目有 5 个，其中的"更新"（图 3.1.3 ③）相当于在前面的演示里用右键菜单做更新，就不再重复介绍了。

单击"取消链接"按钮（图 3.1.3 ⑤），就是取消了这个 SketchUp 模型与 LayOut 之间的同步更新关系。请注意，取消链接后，文件的路径性质都有了改变，当然也不能再用 SketchUp 对文件进行修改。如果想要恢复原先的链接，可以用图 3.1.3 ④中的"重新链接"按钮对其做重新链接。

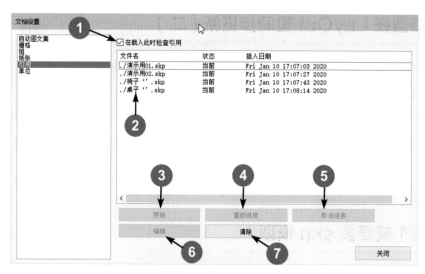

图 3.1.3　文件引用与更新

单击"编辑"按钮（图 3.1.3 ⑥）可以打开 SketchUp，对模型进行编辑并且在 LayOut 里得到同步更新。

如果在这个 LayOut 文档里引用过一些模型，因为某个原因，如模型已经移动或删除、改名等，丢失了链接的路径，在"文档设置"对话框的"引用"面板上都会用红色做出特别的提示。不过我们仍然可以单击图 3.1.3 ④的"重新链接"按钮重新建立链接关系。

还有一种情况：假设插入了一些 SketchUp 模型，后来又删除了，"引用"面板上却仍然可以看到这些项目。如果想要在"引用"面板上清除所有无效的引用，可以单击"清除"按钮（图 3.1.3 ⑦）。

需要做一点重要的说明：LayOut"文件"菜单里的"插入"功能，可以插入的对象种类还有很多，所以"引用"面板上也会出现各种类型的对象。我们上面介绍的只是 SketchUp 模型的部分，其他类型的插入和引用管理，在后面还有专门的章节来分别讨论。

视频教程的附件里有演示用到的几个模型，你可以试试用两种不同的方法把它们跟 LayOut 关联起来；然后在 SketchUp 里进行修改，并且同步更新到 LayOut 里去。这是必须要熟练掌握的操作，练习一下很有必要。

3-2　模型关联二（问题与解决）

上一节我们讨论了通过两个不同的渠道把 SketchUp 模型关联到 LayOut 中并且同步更新的方式，以及与此有关的很多其他要点。下面再集中归纳一下它们之间的区别与优缺点。

1. 两种关联方式的区别与优缺点

(1) 第一种方式：从 SketchUp 一侧操作。

用 SketchUp 中的"文件"|"发送到 LayOut"命令在二者之间建立关联；缺点是在 SketchUp 中所做的修改，保存后必须在 LayOut 一端用鼠标右键菜单中的"更新模型参考"选项才能获得更新。

(2) 第二种方式：从 LayOut 一侧操作。

用 LayOut 中的"文件"|"插入"命令为 SketchUp 模型建立的关联，其优点是 SketchUp 模型更改后，在保存的同时，LayOut 一端无须人工参与就能得到更新。

(3) 除此之外，上一节里还有很多概念和操作要领都比较重要，特别是关于"引用"面板，可以对外部插入的各种对象做监控管理 (包括 SketchUp 模型)。

2. LayOut 插入 skp 模型后可能出现的问题

在上一节我们介绍过，SketchUp 官方"自爆短处"先把丑话说了出来，好让我们有个思想准备。"自爆短处"的关键点就是：复杂的 SketchUp 模型插入到 LayOut 里可能会有问题；同时配置不够高的电脑，插入 SketchUp 模型后的表现也可能不如人意。

在这一节里还要就这个问题进行更加深入的讨论：在 SketchUp 官方的教程里，给出了 LayOut 插入 SketchUp 模型后可能出现的 3 个问题和解决的办法。可能出现的 3 种问题是：

- SketchUp 模型实体看起来是块状的。
- SketchUp 实体显示为带有红色 X 的灰色背景。
- SketchUp 模型实体是空白的。

3. 3 种问题的起因与解决办法

(1) 第一种情况是：在 LayOut 中的 SketchUp 模型实体看起来是块状的。

这种情况作者本人没有遇到过，根据官网的解释是：出现这种情况的原因是为了平衡性能和显示质量，LayOut 默认以中等分辨率显示文档中的元素。如果你的模型实体看起来像块状，可尝试通过以下步骤提高分辨率。

选择"文件"|"文档设置"命令，在对话框左侧选择"纸张"，然后在右下角的"显示器分辨率"下拉列表里选择"高"选项。

(2) 第二种情况是：在 LayOut 里显示的模型带有红色 × 的灰色背景。

这种情况，作者曾经在老版本的 LayOut 里不止一次遇到过，官网解释的原因是"电脑里没有足够的系统内存"；换个角度理解，就是"LayOut 需要更多的内存"。

官网同时告诉我们：虽然模型实体没有得到正常的显示，但它们仍然保留在 LayOut 的文档中。官网提供的解决办法是：若要实际查看模型实体的详细信息，请尝试以下一种或两种方法。

● 第一种方法：选择"文件"|"文档设置"命令，在对话框左侧选择"纸张"，然后在右下角的"显示器分辨率"下拉列表里选择"低"选项。这个方法其实是用降低显示品质的方法来减少内存的消耗，这样做的效果跟解决第一种问题是相反的，只能二者之间做个利害权衡。

● 第二种方法是重新启动电脑，这样做的目的是"释放被其他程序占用的内存"，这是解决内存占用的常规办法。所以，万一你发现"在 LayOut 里显示的 SketchUp 模型带有红色 X 的灰色背景"时，一定是电脑的内存不够用了，彻底的解决办法是掏腰包为电脑增加内存条(或增加"虚拟内存")。权宜之计是："降低显示品质以减少内存消耗"或者"重新启动电脑释放内存"。

(3) 第三种情况是：在 LayOut 里显示的 SketchUp 模型是空白的。作者没有遇到过这种情况，SketchUp 官网对此的解释非常简单，只有一句话："如果你的 SketchUp 模型包含场景，请确保在创建或更新场景时选择了所有属性。"换句话讲：这种情况的出现只有一种可能，就是你的 SketchUp 模型创建和保存的时候没有选择所有的属性。

为了验证这一点，我们可以回到 SketchUp，在"场景"面板上，有一系列可供选择的属性(图 3.2.1)，我们可以在这里为每一个场景指定需要保存的属性。不过，作者曾经做过多次测试，就算取消勾选所有的属性，保存后发送到 LayOut，也不至于发生"空白"的现象。

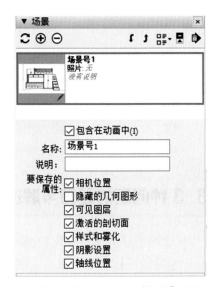

图 3.2.1　SketchUp 的"场景"面板

如果你的运气特别"好"，有朝一日插入 skp 模型后，碰到"空白"的情况，就请按照官网的办法，回到"SketchUp 里，在"场景"面板上勾选所有的属性，保存并更新。

上面介绍了 SketchUp 官网给出的 LayOut 插入 SketchUp 模型后可能出现的 3 种情况和解决的办法。

4. 可插入文档的类型

LayOut 可以插入下列类型的文档 (图 3.2.2)。

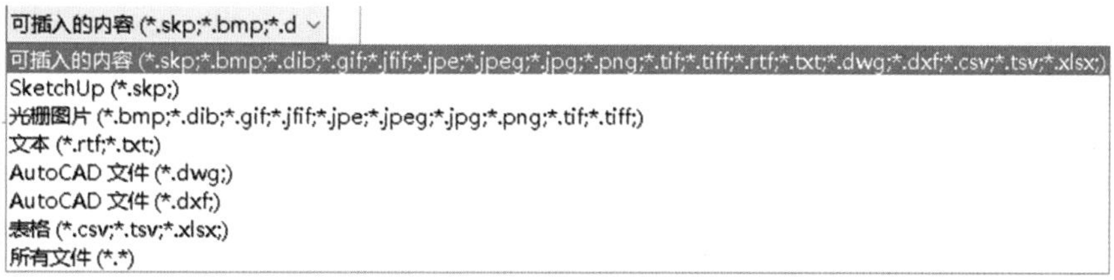

图 3.2.2 LayOut 可插入的文件

- SketchUp 模型 (skp)。
- 位图 (bmp、dib、jfif、jpe、jpeg、jpg、png、tif、tiff)。
- 文字内容 (rtf、txt)。
- AutoCAD 文件 (dwg、dxf)。
- Excel 表格文件 (csv、tsv、xlsx)。

在 LayOut 里插入 skp 模型，已经深入讨论过了。插入其余格式文件的方法将在后面讨论。

5. 重新提取文件

在把文件插入到 LayOut 以后，因为某种原因，找不到原始的文件了，此时想要从 LayOut 这边把文件恢复出来，或者想要对模型、图像、文字和表格进行修改后更新或重新插入，你可以试试以下方法。

- 如果已经插入 LayOut 的原始模型丢失，可以在右键菜单里选择"用 SketchUp 打开"选项，然后就可以修改或保存了，当然还可以在 LayOut 一端更新。这个操作在上一节已经演示过了。
- 已插入的图片、压缩文件丢失，可以用鼠标右键在插入的图片上单击，在右键关联菜单里选择用 SketchUp 系统预置的或者操作系统预置的默认图片编辑器来打开。在图像编辑器中做出修改后，还可以用鼠标右键菜单得到关联的更新。
- 同样的道理，右键单击文字内容，可以自动打开系统默认的文字编辑工具。请注意，文字内容修改后无法在 LayOut 中做更新的操作，需要重新插入。
- 对于已经插入的表格，在右键关联菜单里可以打开 Excel 或预置的默认表格编辑工具，如 WPS 里的表格工具等。表格在外部修改后，可以在 LayOut 的右键菜单里获得关联的更新。

最后要提醒你一下：从外部插入到 LayOut 的 dwg 文件，既不能恢复出原始文件，当然也不能得到关联的更新。这点差别请务必引起注意并记住。关于 LayOut 插入 AutoCAD 文件方面的问题，后面还有章节专门讨论。

6. 委曲求全顾大局

还记得上一节开头，作者引用过 SketchUp 官网上的一个提示吗？

"根据你的计算机内存和图形处理功能，大型的 SketchUp 模型文件可能无法在 LayOut 中显示。"不过，作者发现了一个办法，或许可以部分解决在 LayOut 里处理 SketchUp 模型卡顿 (甚至无法继续) 的问题。

较大的 SketchUp 模型在 LayOut 里的卡顿现象，是因为电脑需要同时处理大量的线和面，尤其是在缩放、旋转、移动模型的时候，电脑需要做大量的运算才能在显示器上完成实时的响应。卡顿现象在 SketchUp 建模的时候也是常见的，甚至会引起死机。LayOut 的核心运算需要消耗更多的资源，所以这种现象比 SketchUp 更加常见。如果你某天碰到较大的 SketchUp 模型在 LayOut 里反应迟钝，先不要放弃，有一个办法你可以试试：

(1) 尽量把模型调整到你想要呈现的视图和比例，做好所有必要的准备工作 (必要的时候还可以回到 SketchUp 里去做调整)。

(2) 在右键菜单里选择"炸开模型"选项，这样操作后，复杂的 3D 模型就变成了 2D 的位图，电脑会减少很大的负担，然后就可以继续做文字和尺寸标注等一系列后续操作了。

用这个办法把 SketchUp 模型改成图像的操作，虽然失去了 SketchUp 与 LayOut 之间的同步更新的特性，但是如果这些更新不是必要的话，用这个办法可以帮助我们解决电脑性能跟不上 LayOut 的要求，以及模型过大的问题，也方便我们缩小 LayOut 文件的大小。

现在把这一节的内容归纳一下。

- LayOut 里插入 SketchUp 模型后可能出现的 3 个问题和解决办法。
- 在 LayOut 里可以插入的文档类型，重新提取文件和更新的方法。
- 在 LayOut 里处理 SketchUp 模型出现卡顿的问题。

3-3　模型关联三 (设置与编辑)

前面介绍了在 LayOut 中插入 SketchUp 模型，同步更新以及可能遇到的问题和解决的方法。这一节主要介绍 SketchUp 插入到 LayOut 以后，设置与编辑方面的几个问题。

1. 模型准备

　　我们现在看到的是在《SketchUp 建模思路与技巧》里创建的一个别墅模型 (图 3.3.1 ①)。本节要用它来做标本，为了在演示的时候看得更清楚些，用了没有材质和贴图的白模。此外，还要提前做点准备。

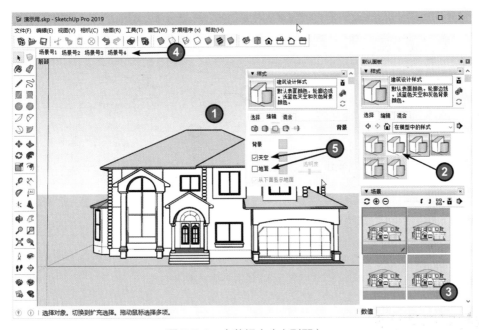

图 3.3.1　本节标本 (小别墅)

- 清理模型里的垃圾。
- 新增加一个 "建筑施工文档样式" (图 3.3.1 ②)。
- 因为后续演示的需要，其余的几个样式暂时保留 (图 3.3.1 ②)。
- 为了后面演示的需要，再增加几个场景页面 (图 3.3.1 ③④)(上述两条仅为演示之需，工作中并非必要)。
- 在 "背景" 设置里分别对每种样式取消 "天空" 和 "地面" 的勾选 (图 3.3.1 ⑤)。
- 准备工作做好以后，保存。

2. 插入 skp 模型

　　现在打开 LayOut，新建一个文件，在 "文件" 菜单里插入上面 (图 3.3.1) 准备好的模型。在 LayOut 中，我们可以像在 SketchUp 里一样，对插入的模型做设置和编辑。这样就可以避免在 SketchUp 和 LayOut 之间不停切换。只有必须做复杂的更改时，才返回 SketchUp 里去操作并更新。

在 LayOut 里对 SketchUp 模型做设置和编辑，要用到 LayOut 默认面板上的"SketchUp 模型"面板，这一节将详细介绍"SketchUp 模型"面板的部分功能 (图 3.3.2 右侧)，重点讨论几个具有普遍意义的问题，还要介绍用鼠标右键菜单做快速操作。

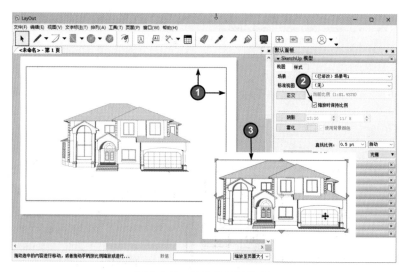

图 3.3.2　缩放并保持比例

3. 缩放时保持比例

这是一个很多初学者伤脑筋的事情：我们知道，导入到 LayOut 中的模型，可以用四周的蓝色操作框做缩放、旋转和平移、复制等操作，但是这个操作框太大了 (图 3.3.2 ①)，后续操作会产生互相干扰。想要在保持模型尺寸不变的条件下，把蓝色的操作框缩小一点，可以勾选图 3.3.2 ②指向的"缩放时保持比例"复选框，再调整蓝色的操作框，模型的尺寸就不会跟着变化了，效果如图 3.3.2 ③所示。

顺便说一下："缩放时保持比例"名称直译自英文版的 Preserve Scale on Resize 并无错，但确实又引起很多中国用户的困惑，原因是它起作用的不是"比例"，它实际的作用是"缩放操作框"或"调整操作框"，请在学习和实战中注意一下。

4. 鼠标右键菜单

之前作者介绍过，LayOut 的右键菜单里藏着很多好东西，当你一筹莫展的时候，不妨到鼠标的右键菜单里去看看，说不定就有解决的办法。用鼠标右键单击模型，右键菜单里有 20 多个可供选择的操作；连同二级菜单，就有 30 多种不同的操作 (图 3.3.3 ①) 。

注意，这还不是全部，双击插入的模型 (或选择图 3.3.3 ①中的"编辑 3D 视图"选项) 进入到实体内部后，鼠标右键菜单里还有另外一批关联的操作，这些才是这一节要关注的内容，见图 3.3.3 ②，这里的菜单姑且称它为"内部关联菜单"，以区别于图 3.3.3 ①中的实体外部菜单。

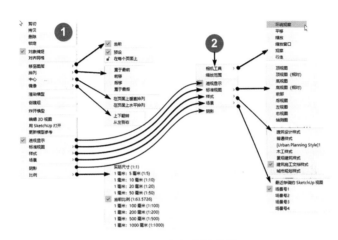

图 3.3.3　鼠标右键菜单

图 3.3.3 ②所示的"内部关联菜单"里包括相机工具、缩放范围、透视显示、标准视图、样式、场景和阴影；其中除了"相机工具"和"缩放范围"之外，另外 5 项跟实体外的关联菜单相同。

5. 模型内部的右键菜单

图 3.3.3 ②内部关联菜单的"相机工具"中包含有 6 种不同的操作，上面 4 种是我们在 SketchUp 里用得最多的；这里甚至还包括了不常用的绕轴旋转和漫游工具 ("观察"和"行走")。所有的操作要领和快捷方式也跟 SketchUp 里一样。有了这些快捷方式，就像回到了 SketchUp 里，非常方便。

其实，双击进入实体以后，即使不用右键菜单，仅仅用我们已经熟悉的在 SketchUp 里 (鼠标中键 +Shift) 的操作要领和其他快捷方式，同样可以对模型做一些最常用的操作与调整。

而"缩放范围"其实就是 SketchUp 里的充满视窗，把视图调乱了以后，只要选择此项，就可以把一切恢复到初始状态。

除了"相机工具"和"缩放范围"这两项，图 3.3.3 ②所示的右键菜单里下面的 5 项都跟外部菜单相同，请对照。

6. 标准视图、透视和正交显示

取消图 3.3.3 ②里的"透视显示"的勾选，效果相当于 SketchUp 里的"平行投影"(LayOut 里称为"正交显示")。如果我们要用这个模型出图，除非你要专门安排一个透视图，否则视图都应该取消"透视显示"的勾选。

图 3.3.3 ②的"标准视图"里可选的显示方式比 SketchUp 里更多。

> **注意**
>
> 想要绘制符合制图国标的施工图，无论是平面、立面和剖面图，在 LayOut 里都应取消"透视显示"并且选择"正交"方式 (后面还有章节深入讨论)。

7. 样式、场景、阴影和比例

图 3.3.3 ②中"样式"列表里显示的是在 SketchUp 里用过的所有样式。关于样式的问题比较重要，后面还要详细讨论。

图 3.3.3 ②中"场景"列表里显示的就是在 SketchUp 里设置的所有场景。

图 3.3.3 ②最下面的"阴影"选项，打开后要额外消耗大量计算机资源，建议你不要早早打开，也不要每个视图都打开，只在最需要的时候再打开，通常是透视图。

图 3.3.3 ①最下面有个"比例"选项，这里列出了所有可用的比例。这部分比较重要，后面还有专门的章节进行讨论。

8. 右键菜单与默认面板

上面介绍的所有在右键菜单里可以操作的选项，也可以在默认面板上做相同或更精细的操作。二者各有特点：在面板上可以看到某个对象的全部详细属性；而在右键菜单里进行操作则更加快捷方便。可以根据需要来选择。

9. 样式的问题

图 3.3.4 ①所示是我们在 SketchUp 设置好的 6 种不同样式，每一种样式都取消了"天空""地面"的勾选 (图 3.3.4 ②)。

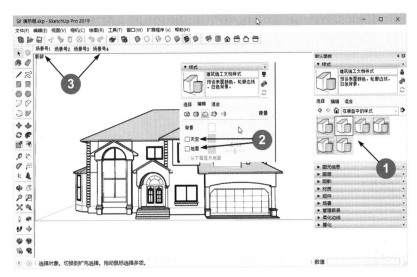

图 3.3.4　6 种样式 (SketchUp 中)

这里有一个重要的问题——"并非所有 SketchUp 的样式都适合拿来生成图纸"。我们在 LayOut 里插入了图 3.3.4 所示的 skp 模型，导入到 LayOut 以后，效果如图 3.3.5 所示；模型复制出 6 份，各自对应一种样式 (图 3.3.5 ③④)。

之前我们在 SketchUp 里做准备工作的时候，全部取消了"天空""地面"的勾选 (图 3.3.4②)。导入到 LayOut 里，文件本不应该出现"天空地面"背景了，可现在看到的情况却不尽相同，各种样式带来了不同的背景，而这些背景是我们后续制图中不想要的 (图 3.3.5 ④)。

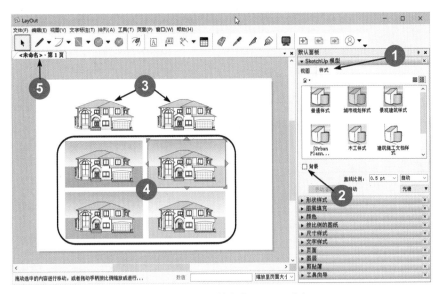

图 3.3.5　6 种样式 (LayOut 中)

请注意图 3.3.5 ②所示的位置有个"背景"复选框，现在我们分别选择 6 个对象后逐一取消"背景"的勾选；图 3.3.5 ③就是取消"背景"后的结果：情况很清楚，这些样式中，只有"建筑施工文档样式"和"木工样式"（图 3.3.5 ③）在取消"背景"勾选后才符合我们创建图纸的要求。如果用文字来描绘这两种样式的特点就是："这两种样式在图纸上的表现，跟抠除了背景的位图相似，更适合用来排版"（关于"抠图"可查阅《SketchUp 材质系统精讲》）。

很多学员曾经或正在被这个问题所困扰，所以，请你一定记住：在 SketchUp 的默认样式中，只有"建筑施工文档样式"和"木工样式"才真正适合用来创建图纸；所以，在 SketchUp 里对模型做预处理的时候，至少要添加这两种样式中的一种。如果在 LayOut 里发现没有这种样式，可以回到 SketchUp 里去添加并保存，然后更新到 LayOut。

10. 场景的问题

这也是困扰很多学员的一个伤脑筋问题。现在回到图 3.3.4 ③所示的位置，我们已经在 SketchUp 里创建了 4 个页面，但是在 LayOut 插入这个模型后并没有出现同样多的页面（图 3.3.5 ⑤）。为什么到了 LayOut 里，只剩下一个页面了？

请看图 3.3.6 ①所示的位置：SketchUp 默认面板的"视图"标签中"场景"下拉菜单里有 4 个场景页面，一个都不缺。

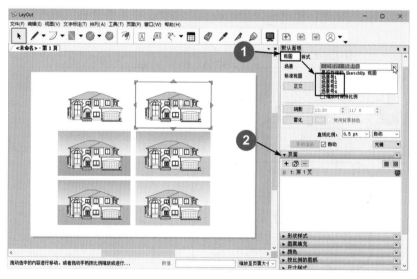

图 3.3.6　LayOut 的一个页面标签相当于一套图纸

注意这里的一个重要概念：SketchUp 工作区上面的每个标签代表一个场景页面。而 LayOut 工作区标签跟 SketchUp 完全不同，这里每个标签代表一个 LayOut 文件，只有新建一个文件才会出现一个新的页面标签，而每一个标签所代表的文件里，可以包含若干多个页面（图 3.3.6 ②），每个页面还可以包含若干多个场景（图 3.3.6 ①）。所以，LayOut 的一个页面标签（文件）可以看成是一组页面（或一套图纸）。

这样的文件结构特性为我们创建一个庞大复杂的设计文档留下了几乎无限的空间。我们该如何利用这个文件结构带来的方便，后面还要专门讨论。

11. 创建视图问题

图 3.3.7 里有 6 个图形，想要把它们调整成图 3.3.8 所示的前后视图（图 3.3.8 ①②）、左右视图（图 3.3.8 ③④）、顶视和透视图（图 3.3.8 ⑤⑥），有 3 种不同的操作方法。

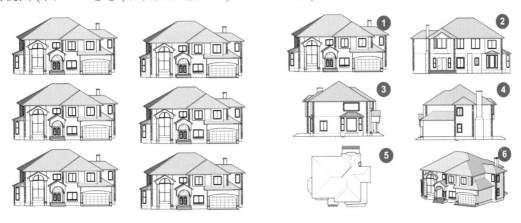

图 3.3.7　复制 6 个图形　　　　　　图 3.3.8　形成不同的视图

第一种是：直接用右键单击对象，在关联菜单的标准视图里进行选择。

第二种是：双击对象，在内部的右键菜单里也有同样的选项。

第三种是：去面板上做选择，结果也是一样的。

除了透视图，其余的 3 个视图都要取消"透视模式"的勾选。单击面板上的"正交"按钮，跟取消透视的效果是一样的。

现在我们有了图 3.3.8 所示的一组标准视图，但它们还不能用来做后续的尺寸标注等操作，还需要继续做其他必要的设置和调整，剩下的内容将在后面的章节里继续讨论。

3-4　模型关联四（比例尺）

通过上一节的讨论，我们知道在 SketchUp 自带的 100 多种默认样式里，只有"建筑施工文档样式"和"木工样式"这两种样式适合用来制作图纸。

这一节开始之前，我们在 SketchUp 里把用来当道具的别墅模型重新加工了一遍，只保留了"建筑施工文档样式"；在 LayOut 端重新插入这个模型，并且取消勾选"背景"。

1. 检查当前比例

现在假设我们要在这张图纸的 4 个角上布置 4 个不同的视图 (图 3.4.1)：

- 一个前视图 (左上)，有时候也叫作正视图或者正向立面；
- 一个左视图 (右上)，也叫作左立面；
- 一个右视图 (左下)，或者叫作右立面；
- 一个透视图 (右下)。

请注意：插入的 SketchUp 模型以及用这个模型生成的各方向视图的比例，都是随机的，并且各视图的比例也不相同。这种情况显然不是我们想要的 (图 3.4.1 ①)。

如何确定一幅图纸乃至整套图纸比例尺，后文在介绍国家制图标准的时候还要详细讨论，现在我们就暂定为 1 ∶ 200。

图 3.4.1　设置比例

2. 正交与透视

按住 Ctrl 键做加选，同时选中所有要调整比例的对象 (不包括透视图)。

在图 3.4.2 ②处单击"正交"按钮，再在图 3.4.2 ①处选择 1 ∶ 200 的比例，被选中的对象就全部设置成 1 ∶ 200 的比例了。

为什么在指定比例前要单击"正交"按钮？因为 LayOut 里的"正交"就是 SketchUp 里的平行投影，现在要制作二维的图纸，所以一定要用"正交"的显示方式。

为什么没有同时选中图 3.4.2 ③的对象？原因很简单，因为它是我们确定要用来做透视图的，如果把透视图也指定了"正交"，它就不是真实的透视图了。

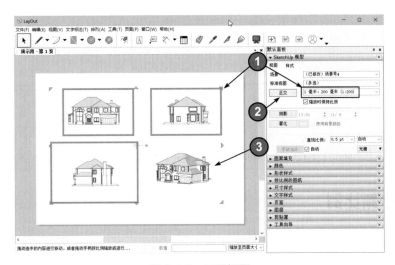

图 3.4.2　设置视图

还有，LayOut 默认是不能对透视图设置比例尺的。

刚才，我们选了一个 1：200 的比例尺，对象在图纸上看起来有点嫌小了，尝试改成 1：100又嫌太大了 (图 3.4.3 ①)。请注意：在 LayOut 默认的比例尺里是找不到介于 1：100 和 1：200之间比例的 (图 3.4.3 ②)。

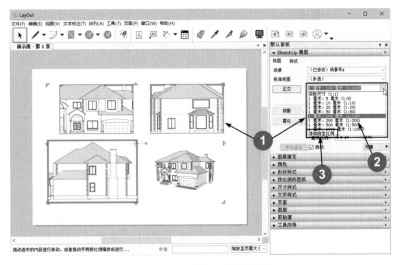

图 3.4.3　没有合适的比例

3. 制图国标对比例的规定

表 3.4.1 是从《房屋建筑制图统一标准》(GBT 50001—2010) 中截取的，这个标准是建筑行业，同时也是室内装饰设计、园林景观设计等行业的指导性标准。在这个标准中允许使用并推荐优先选用的比例尺系列里，有一个 1 ： 150 的比例 (表 3.4.1)。而这个比例在 LayOut 预置的默认比例中是没有的，需要我们自己去设置。下面我们就来设置这个比例。

表 3.4.1 国标绘图比例

常用比例	1 ： 1、1 ： 2、1 ： 5、1 ： 10、1 ： 20、1 ： 30、1 ： 50、1 ： 100、1 ： 150、1 ： 200、1 ： 500、1 ： 1000、1 ： 2000
可用比例	1 ： 3、1 ： 4、1 ： 6、1 ： 15、1 ： 25、1 ： 40、1 ： 60、1 ： 80、1 ： 250、1 ： 300、1 ： 400、1 ： 600、1 ： 5000、1 ： 10000、1 ： 20000、1 ： 50000、1 ： 100000、1 ： 200000

4. 设置一个新比例

有两个不同的入口可以设置一个新的比例。

第一个入口在图 3.4.3 ③处，单击它会自动打开图 3.4.4 所示的比例设置面板。第二个入口就是"编辑"菜单"使用偏好"里的"比例"设置 (图 3.4.4 ①)。

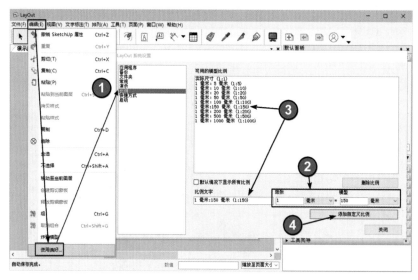

图 3.4.4 设置新的比例

两个入口都可以打开图 3.4.4 所示的面板，现在就可以在这上面设置一个新的比例了。图 3.4.4 ②的位置，中间有一个等号：在等号前面输入"1"并选择"毫米"，在等号的后面输入"150"也选择"毫米"即可 (1mm = 150mm)。

单击图 3.4.4 ④处的"添加自定义比例"按钮，图 3.4.4 ③所示的两个位置就有了新设置的 1 ： 150 比例了。

现在有了一个合适的比例，按住 Ctrl 键加选 3 个视图，然后在图 3.4.5 ①的位置选择 1 ： 150，这 3 个视图就被定义成 1 ： 150 比例了。

图 3.4.5　合适的比例

5. 比例与视图的重要提示

图 3.4.5 ②处的透视图，其功能是仅在读图的时候提供三维形象的参考 (制图国标不允许在透视图上标注尺寸)。它的参考功能决定了没有必要为它设定精确的比例 (LayOut 默认不能对透视图设置比例)，只要把它调整到适当的角度和合适的大小就好。

表 3.4.1 所示的《房屋建筑制图统一标准》(GBT 50001—2010) 中列出的"常用比例"是供优先选用的比例。"可用比例"的所谓"可用"就是不到非用不可的时候最好别用。

需要特别说明的是：LayOut 里的"正交"就是 SketchUp 里的平行投影。无论是 LayOut 里的"正交"还是 SketchUp 里的"平行投影"，设置它们的目的就是用来制作二维的图纸或类似的应用，除此以外最好不用。

无论是"平行投影"还是"正交"显示方式，均不符合"近大远小"的透视规则，视觉失真严重，不适合用来做透视图；所以，凡是图纸上的透视图 (包括在 SketchUp 的建模操作

全程中)，一定不要选择平行投影或者正交的模式。

　　LayOut 刚安装好的时候，比例设置中有 30 多个默认的英制尺寸的比例，这些比例对于在中国大陆做设计的人来说几乎是永远用不着的，留在系统里会给正常的操作造成干扰，请果断全部删除。

　　请按表 3.4.1 给出的国标比例对照检查模型并且进行必要的增删、设置，以利实战。

扫码下载本章教学视频及附件

第4章

场景页面与采样复制

　　"设置"也叫作"选项""偏好"或其他的称呼；甚至用一个齿轮、一个扳手形状的图标来代替，它是所有应用软件最重要的部分。

　　LayOut 与 SketchUp 都有"场景"或"页面"，但是二者有完全不同的功能与概念，这是经常困扰新手的问题。

　　往 LayOut 中添加文字与图像，有窍门，还要符合规矩。

　　吸管工具看起来跟 SketchUp 里的差不多，其实更加神通广大。

4-1 系统设置

每种有点规模的应用程序都有一个甚至多个设置面板或类似的部件；面板的名称不一定叫作"设置"，也有可能叫作"选项""偏好"或其他的称呼；甚至用一个齿轮、一个扳手形状的图标来代替。

"设置"或"选项"有简有繁，设置用的面板有大有小，可设置的项目有多有少；少的可能只有两三个可选项；多的可能有几百项，需要你一个个去研究、设置和测试（如某些软件的快捷键设置）。无论大小、多少、简繁，它们都是应用程序的重要组成部分，允许用户预先指定一系列参数作为默认值，有利于应用程序运行在最佳状态，也可免去用户频繁地重复劳动，提高工作效率。

像我们已经熟悉的 SketchUp 里面就有"系统设置"；SketchUp 的"模型信息"里也有很多需要设置的地方；严格地讲，SketchUp 默认面板上的所有栏目，也几乎都有"设置"的功能，如果我们没有在这些地方提前做好必要的设置，几乎无法顺利建模。

LayOut 也一样，有很多地方需要做设置，且有些设置只要一次操作后就可以长久使用，如前文介绍过的"文档设置"。LayOut 默认面板上还有一大堆小面板，也各有大量可设置、要设置的内容，这些将在后面的章节里分别介绍和讨论。

本节将用大部分时间对图 4.1.1 所示的"LayOut 系统设置"对话框做深入介绍。

图 4.1.1 "LayOut 系统设置"对话框

调用它的方法是："编辑"菜单的最下面有一个"使用偏好"菜单项，选中以后弹出的就是这个"LayOut 系统设置"对话框。这种不够严谨的地方，在 SketchUp 和 LayOut 里还有几十处，我会不断帮你指出来。

在图 4.1.1 所示的对话框中，有 8 个需要设置的项目，其中"比例"在前文里已经做过交代，这一节要介绍的是另外 7 个项目，它们是应用程序、备份、文件夹、常规、演示、快捷方式和启动。

1. "应用程序"项的设置

前文我们介绍过，在 LayOut 中插入的 SketchUp 模型，可以在 SketchUp 里进行修改，并且同步更新到 LayOut。我们还知道，LayOut 除了可以插入 SketchUp 模型以外，还可以插入位图、文字和表格。

如果我们在"LayOut 系统设置"对话框的"应用程序"(图 4.1.2 ①) 项里指定了外部的图像、文字和表格软件作为默认的编辑器，在需要的时候就可以通过指定的外部软件对图像、表格进行修改编辑，并且同步更新到 LayOut。下面我们来指定这 3 种外部编辑器。

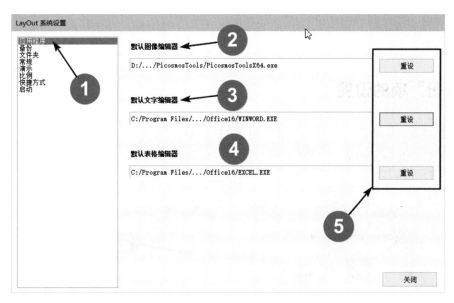

图 4.1.2　"应用程序"设置

(1) 首先是要指定外部的图像编辑器 (图 4.1.2 ②)。在 LayOut 里使用的图像，如标书的封面，标书内页，工程的历史或现状照片等，都是在外部制作好以后再插入 LayOut 中的。其余小幅的图片，大多用来做参照或参考，如要用什么样的景观灯，用什么样的石材铺装等，插入后即使要做出修改，也不大会需要非常复杂的编辑功能。如果我们指定用 PhotoShop 这样的大型软件作为外部编辑工具，启动一次时间要很久，还要占用大量的计算机资源；如果换用小型的位图处理工具，可能早早就处理和更新完毕了。所以，作者建议这里指定一种相对小型、简易、快速的位图处理工具。

比如，作者在这里指定了"图片工厂"作为 LayOut 的外部图像编辑工具。当然也可以指定其他小型位图处理工具，如 Google 的 Picasa，甚至"美图秀秀""光影魔术手"等网红软件。

(2) 文字和表格编辑器 (图 4.1.2 ③④) 指定微软 Office 的 Word 和 Excel，也可以用国产的免费办公软件。当然，也可以指定你常用的文字和表格编辑工具。如果你对文字和表格编辑器这两项不做任何设置，LayOut 会用 Windows 自带的"记事本"充当默认的外部文字编辑器，用微软 Office 里的 Excel 作为外部表格编辑器。

(3) 在设置的时候，如果你对指定的外部应用程序路径不熟悉，可以单击图 4.1.2 ⑤所指的按钮，直接导航到桌面上的应用程序快捷方式图标，LayOut 会自动生成准确的路径。

关于对"应用程序"中 3 个项目的设置，本节配套的视频教程里有一系列测试和调整实例，请查阅。只要对图像、文字和表格 3 个外部编辑器做了准确的设置，就可以在 LayOut 的右键菜单里调用这些外部程序，文件在外部程序里编辑完成后，只要进行了保存，就可以同步更新到 LayOut。

2. "备份"项的设置

下一项是关于创建备份文件的设置 (图 4.1.3 ①)。

在"备份"部分，图 4.1.3 ②中保留默认的勾选就好。建议勾选"自动保存"复选框，在图 4.1.3 ③中的保存间隔建议改成 15 分钟，免得频繁保存消耗计算机资源。

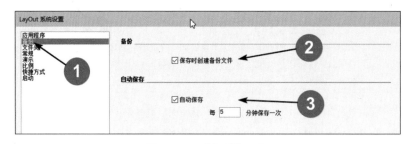

图 4.1.3　"备份"设置

3. "文件夹"项的设置

图 4.1.4 ①所指的这一块，即使我们不做设置，LayOut 也已经安排有默认的参数，如图 4.1.4

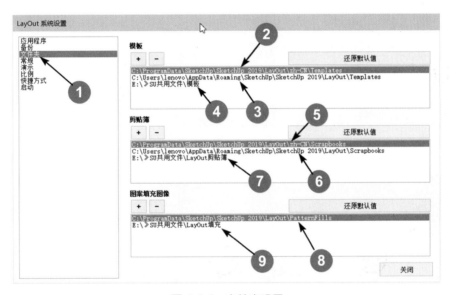

②所指向的这一行是 LayOut 自带的默认模板，顺着这个路径，我们可以追溯到两个文件夹，一个是方格纸，一个是白纸。图 4.1.4 ③指向的路径，是用户自行创建的模板。

同样，图 4.1.4 ⑤⑥所指向的路径里是 LayOut 自带的和用户创建的剪贴簿，图 4.1.4 ⑧指向的是 LayOut 自带的填充图案。

请注意一个问题图 4.1.4 ②③⑤⑥⑧所指向的 5 个文件夹都位于电脑的 C 盘，在重装操作系统时 C 盘是要被格式化的，所有文件，包括自己创建的模板都会被删除，所以，我在硬盘的其他分区为它们各新建了一个文件夹 (图 4.1.4 ④⑦⑨)，这样就可以把自己创建的模板、剪贴簿和填充图案在这里保存为副本，重新安装系统后，直接恢复即可。

要删除和添加一个文件夹的链接很简单：选中要删除的链接路径，单击减号按钮；单击加号按钮，再导航到新的目标文件夹，就创建了新的路径。

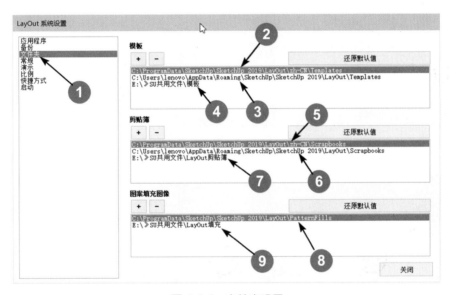

图 4.1.4　文件夹设置

4. "常规"项的设置

在"常规"项目里 (图 4.1.5 ①)，有 3 个可以设置的项目。

- 图 4.1.5 ②中指定插入 skp 模型后是否要重新渲染，默认是勾选的，可保留默认。上面的解释文字中，有一段重复了一次，又是一处低级的不严谨 (英文版没有错)。
- 图 4.1.5 ③处工具的颜色用于在作图时作必要的提示，建议不要改动。
- 图 4.1.5 ④的滚动速度最好保持 LayOut 默认的设置。

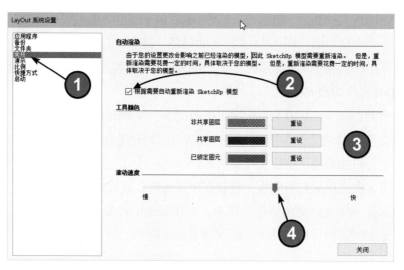

图 4.1.5　"常规"设置

5. "演示"项的设置

图 4.1.6 ①处所指的所谓"演示"就是把我们做的方案，在另一台显示器或投影仪上，用类似于我们熟悉的 PPT 的形式提供给受众。图 4.1.6 ②处有 3 个选项。

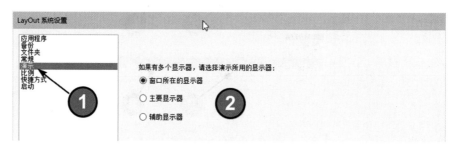

图 4.1.6　"演示"设置

- "窗口所在的显示器"就是当前正在使用的显示器。
- "主要显示器"是指演示者操作使用的显示器。
- "辅助显示器"通常是指受众观看的投影仪或另一台大屏幕显示器。

这部分的内容在后面的章节里还要讨论，现在这里保留原状就好。

6. "比例"项的设置

这部分在上一节已初步介绍，在后面还会详细讨论。

7. "快捷方式"项的设置

"快捷方式"也就是快捷键,设计一套合理好用的快捷键对于提高作图效率非常重要;LayOut 的快捷键设置跟 SketchUp 基本一样,如在 SketchUp 里设置一个快捷键 U,专门用来隐藏和显示默认面板,以便腾出更多操作空间。若要在 LayOut 里也设置这样的一个快捷键,可按以下的顺序操作。

(1) 在图 4.1.7 ①处选中"快捷方式"设置项。

(2) 在图 4.1.7 ②处"过滤器"文本框中输入"面板",找到"隐藏面板"并选中它。

(3) 在图 4.1.7 ③处输入字母 U。

(4) 在图 4.1.7 ④处单击加号按钮。

(5) 在图 4.1.7 ⑤处字母"U"被指派成"隐藏面板"的快捷键。

(6) 在图 4.1.7 ⑥处选中某已有的快捷键,单击减号按钮可删除它。

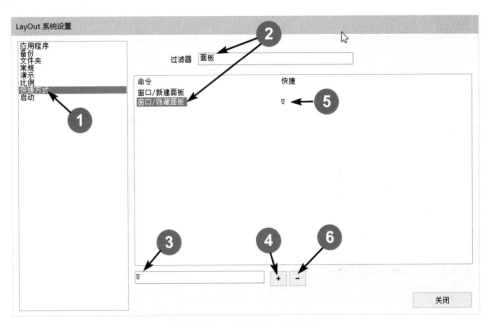

图 4.1.7 "快捷方式"设置

对于 LayOut 的快捷键设置功能,需注意的地方如下。

在 SketchUp 做好快捷键和其他的设置后,可以导出一个备份文件,这样重新安装 SketchUp 后就可以导入备份,恢复用惯了的快捷方式。但 LayOut 完全不提供备份功能,换句话讲,重新安装以后,只能从头开始重新设置。因为 LayOut 无法保存快捷键副本,所以建议把自定义的快捷键记录下来以备恢复所用。

关于设置快捷键的原则和思路，作者在《SketchUp 要点精讲》最后一节里已经做了详细的介绍；强烈建议你把 LayOut 的快捷键跟 SketchUp、Windows 和其他常用软件统一起来。正如作者一再强调的，设置快捷键像做设计一样，不在数量多，而在于常用，容易记忆，快捷。这才是设置快捷键的原则。

建议你至少用十分钟来研究和熟悉 LayOut 的所有快捷键，删除一些不合理、不常用的，让出有限的资源。再挑一些最常用的操作来设置成自己的快捷键。在本书后文还要就快捷键的问题详细讨论。

8. 两种"复制／粘贴"快捷键

LayOut 里有一些功能是独有的，快捷键也不一样，如图 4.1.8 ①②处有两个"复制"，其中图 4.1.8 ①是我们熟悉的 Ctrl+C，另一个是 Ctrl+D，后者是 SketchUp 里没有的功能。

图 4.1.9 就是 Ctrl+D 快捷键的操作结果 (连续按了 3 次 Ctrl+D)，可以看到，LayOut 里的 Ctrl+D 快捷键其实是同时完成了"复制"与"粘贴"的双重功能，其好处非常明显——避免了在同一个位置有两个或多个重叠在一起的副本。

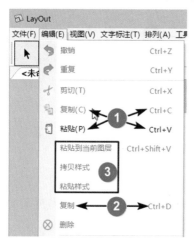

图 4.1.8 两种复制粘贴

图 4.1.9 复制 + 粘贴

LayOut 有很多操作是 SketchUp 所没有的 (图 4.1.8 ③)，快捷方式也有很多不同之处，后文还要讨论。

9. "启动"项的设置

LayOut 系统设置里还有一个"启动"项需要设置，如果你是初学者，建议保留原状。下面列出可以选择的项。

- 图 4.1.10 ②处建议选用"显示欢迎窗口",这样就可以在启动时选择不同的模板。
- 在图 4.1.10 ③中,勾选这里可以在 SketchUp 更新时得到通知。
- 在图 4.1.10 ④处设置新建文档时,打开的是空白文档还是选择模板,初学者用"提示选择模板"。
- 在图 4.1.10 ⑤中,如果习惯从某种模板开始设计,可以在这里预先选择好。

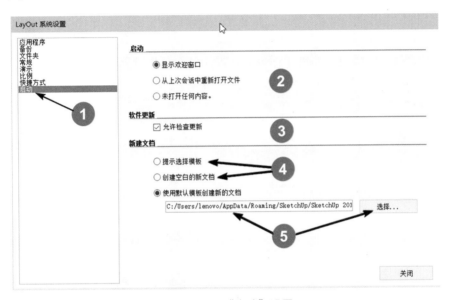

图 4.1.10 "启动"设置

10. 自定义设置

LayOut 里要做设置的地方,除了"编辑"菜单里的"系统设置"、"文件"菜单里的"文稿设置"之外,LayOut 还有一处可以进行"自定义"设置的地方:只要在工具栏的任意位置单击鼠标右键,会出现图 4.1.11 所示的界面。

图 4.1.11 自定义设置 1

- 单击图 4.1.11 ①处,可隐藏主工具栏,以便腾出更多空间用于作图,再次单击这个位置即可恢复显示主工具栏。

- 单击图 4.1.11 ②处可锁定这工具栏，再次单击同一位置可解锁。
- 单击图 4.1.11 ③所指的"自定义"会弹出一组小面板，下面分别介绍这些小面板。

1) 自定义工具栏

如果你的电脑或者 LayOut 不止一个人用，每个用户可以在图 4.1.12 所示的对话框中新建一个适合自己的工具栏 (这不是一定要用的功能)。

- 单击图 4.1.12 ①处，新建一个工具栏。
- 单击图 4.1.12 ②处，可对现有工具栏更名，或删除现有的工具栏。
- 单击图 4.1.12 ③处，将弹出图 4.1.13 所示的对话框设置快捷键。

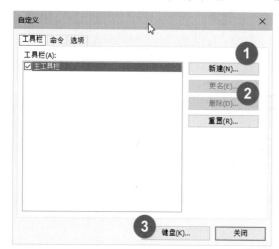

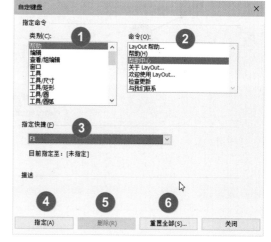

图 4.1.12　自定义设置 2　　　　　　　　　　　图 4.1.13　自定义设置 3

2) 自定义快捷键

图 4.1.13 所示的对话框是除了系统设置之外的另一个设置快捷键的通道，设置的方法也不一样，特点是从"指定快捷"下拉列表中设置快捷键 (不用输入)。

如果想设置快捷键，建议用系统设置通道，在那里可以用关键词搜索相关的命令。

图 4.1.13 的对话框用法如下。

(1) 在图 4.1.13 ①处查找到一级菜单。

(2) 到图 4.1.13 ②处查找子菜单项 (具体的命令)。

(3) 选好后，到图 4.1.13 ③处设置快捷键 (不用输入，只要选一个)。

(4) 单击图 4.1.13 ④处确认指定的快捷键。

(5) 若选中不合适的快捷键，单击图 4.1.13 ⑤处可删除这个快捷键。

(6) 单击图 4.1.13 ⑥处立刻恢复初始值。

3) 自定义命令

图 4.1.14 所示的"自定义"对话框，除了也有设置快捷键的功能外，还可以自定义命令的提示描述，具体用法如下。

(1) 在图 4.1.14 ①区域找到菜单里的命令项。

(2) 在图 4.1.14 ②区域单击具体的工具 (命令)。

(3) 单击图 4.1.14 ③处添加或修改该命令的描述。

(4) 单击图 4.1.14 ④处可调出图 4.1.13 所示的对话框设置快捷键。

4) 自定义其他选项

在作者看来，上面所介绍的 3 个对话框 (图 4.1.12、图 4.1.13、图 4.1.14) 的设置都不是很有必要，但是图 4.1.15 上有几个设置还是很有必要介绍一下。

- 图 4.1.15 ①处所指的两处建议保留默认不改动。
- 建议取消图 4.1.15 ②处的勾选，用较小的工具图标，可增加绘图空间。
- 建议勾选图 4.1.15 ③得到可用快捷键的提示。
- 至于图 4.1.15 ④下拉菜单的"随机、展开、滑出、淡入"4 项都是美化工作界面的选项，消耗计算机资源，建议无视。

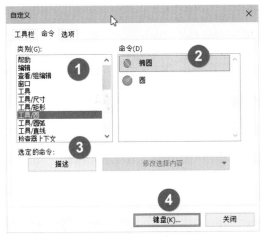

图 4.1.14　自定义设置 4

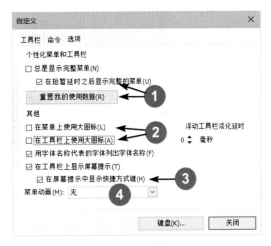

图 4.1.15　自定义设置 5

请抽空做好这一节讨论过的所有设置项，免得今后重复劳动。随着学习的深入、水平的提高以及需求的特殊，免不了以后还要回来修改设置。磨刀不误砍柴工，现在付出的一切都是为了避免后面可能产生的麻烦。

4-2 场景与页面

在前文讨论"设置与编辑"时，我们简单提到了 SketchUp 模型里的"场景（页面）"转移到 LayOut 以后的一些问题，本节将就这个问题做深入讨论，主要介绍几个重要的概念和操作。

1. 在 SketchUp 端的准备

下面要进行的讨论会用到一个模型做道具。回到 SketchUp，打开一个模型（图 4.2.1），这是一个小小的店面，我们要用这个模型生成图纸跟装修公司交流施工方案。

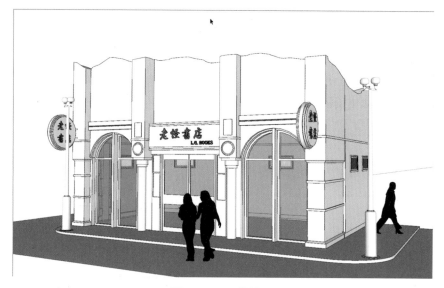

图 4.2.1　原始模型

在把模型与 LayOut 关联之前，至少要做几件事情。

(1) 首先清理一下模型，免得把大量垃圾带到 LayOut 里去。

(2) 打开"样式"面板，在"建筑施工文档样式"或者"木工样式"之间选择一个。这样做的目的是为了在 LayOut 里获得没有背景的模型。

(3) 在"样式"面板中单击小房子图标检查一下，在右键菜单里删除不需要的样式。可以保留一两个有彩色背景的样式。除了想保留的样式，取消所有样式的"天空""地面"复选框的勾选。最后保存，就可以发送或插入到 LayOut 去了。

有同学曾经问过作者，为什么要在清理完模型以后再添加样式。道理很简单，清理模型的过程，会清理模型里不再使用的材质，组件，也包括样式；如果在添加样式后再清理模型，想要保留的样式也可能被清理掉。

2. 生成页面

现在这个模型已经发送到了 LayOut，如图 4.2.2 所示，现在想要在 LayOut 里生成前、后、左、右 4 个视图，以及一个顶视图和一个透视图，共 6 个视图，每个视图一个页面。

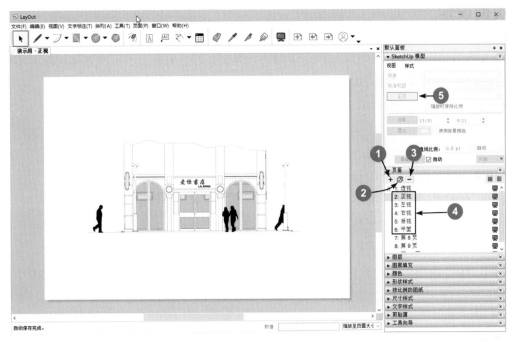

图 4.2.2 新建页面

现在碰到问题了：从 SketchUp 发过来的模型只有一个，如何把它变成 6 个页面？前文曾经介绍过在同一个页面上通过移动复制出不同视图的方法，但这一次是要把 6 个视图分别放置在 6 个不同的页面上。

请注意 LayOut 的"页面"跟 SketchUp 的页面 (场景) 有完全不同的概念，生成新页面的方法也跟 SketchUp 有所区别。LayOut 的一个页面可能是一套图纸中的一张，也可以是介绍方案时的一帧图像。

下面就开始介绍 LayOut 里生成页面的方法和注意事项。

如果想要所有页面都有同样的属性，须提前做好准备工作，如在 SketchUp 中设置样式、比例；设置线宽等所有想要"被继承"的设置。

在默认面板上可以找到一个专门的"页面"面板(图 4.2.2 右中)。

想要生成 6 张图纸,可以单击图 4.2.2 ①处的加号按钮生成若干空白页面。也可单击图 4.2.2 ②处的"复制选定页面"按钮,添加一个含有内容的页面。

刚生成的新页面以默认数字编号,双击它可以改成有明确意义的名称(图 4.2.2 ④)。单击图 4.2.2 ③处的减号按钮,可删除指定的页面。单击某个页面后不松开左键,可以上下移动页面的位置。

3. 页面设定

接下来的操作要用默认面板上的"SketchUp 模型"和"页面"两个面板配合起来完成。

(1) 打开一个页面,然后到"SketchUp 模型"面板中指定视图、样式和比例。

(2) 注意图 4.2.2 ④所指的正视、后视、左视、右视和平面都必须是"正交"(平行投影)模式。

(3) 选中一个页面和上面的对象后,单击图 4.2.2 ⑤所指的"正交"按钮。

(4) 继续把其他页面上的对象也调整成"正交"模式(除了透视图)。

(5) 所有需要标注尺寸的对象,一定要是"正交"模式,也就是平行投影。

(6) 对视图、样式和比例的设置也可以在右键菜单里完成。

(7) 为了空出文字和尺寸标注的空间,还要调整一下蓝色操作框的位置。

好了,6 个页面创建完成,至于文字和尺寸标注等更多更复杂的设置,以后的章节里还会详细讨论。如果你感觉以上的图文描述还不够清晰,请查阅视频文件。

4. 剖面视图

刚才我们用一个 SketchUp 模型创建出了 6 个不同的 LayOut 页面,还分别设置成了不同的视图。如果想要在 LayOut 里创建一个或几个剖面,要如何操作?

LayOut 里没有剖切工具,也没有其他可以代用的手段,所以想要创建一个剖面视图,只能回到 SketchUp 里去操作。

图 4.2.3 是另一个小模型(X 光模式),图 4.2.3 ①所指的位置有个楼梯。想用剖视图的方式显示这个楼梯所在的位置,具体操作如下。

(1) 在 SketchUp 中创建一个剖切,调整视图后保存。

(2) 在 LayOut 里新建一个文件,插入这个模型(如图 4.2.4)。

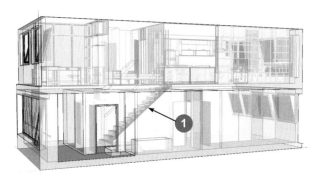

图 4.2.3　X 光下的模型

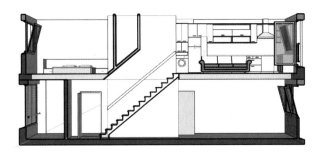

图 4.2.4　剖面视图

5. 一个重要概念

LayOut 有两个叫作页面的地方 (图 4.2.5 ①③)，这是两种不同等级的页面。

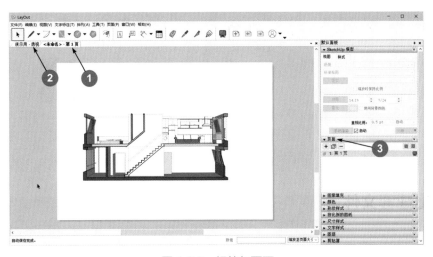

图 4.2.5　标签与页面

为了不把两个不同等级的页面混为一谈，今后我们会对图 4.2.5 ①②位置的页面称为标签或文件，这里的每一个标签就是一组图纸，也可能是一整套设计文件。

图 4.2.5 ③所指出的位置才是真正的"页面"所在，这里每一行列出这套文件中的一页。

6. 不同文件间的复制粘贴

前面已经把两个不同的模型分别形成了两个不同的文件 (图 4.2.5 ①②)。

- 图 4.2.5 ①的文件里只有现在看到的一个页面。
- 图 4.2.5 ②里已经有了 6 个页面 (见图 4.2.2)。

下面要介绍如何把两个不同文件 (模型) 生成的视图 (页面) 合并在一个文件里。

(1) 图 4.2.6 ③处是原先的 6 个页面。

(2) 新添加几个页面 (图 4.2.6 ④)。

(3) 用右键菜单里的"拷贝"命令复制图 4.2.5 的对象。

(4) 在新添加的页面 (图 4.2.6 ④) 里用右键粘贴。

(5) 粘贴在新页面里的内容，还可以复制和做后续的编辑。

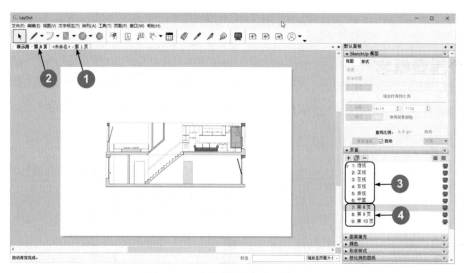

图 4.2.6　复制粘贴生成新的页面

7. 整合出成套文件

上面所介绍的"复制 / 粘贴"操作，为不同的模型、不同的 LayOut 文件之间互相引用和支持提供了方便。

比如，在第一个文件 (标签) 里，我们绘制了建筑的整体结构，在另一个文件 (标签) 里又完成了成套图纸所需的水电部分，它们本来是两组不同的图纸，在用不同文件间进行复制 / 粘贴就可以把不同的 SketchUp 模型与其他内容整合在一起，形成包含很多模型、图型、表格、文字的成套技术文件。而这就是用不同页面之间和不同标签之间的复制和粘贴操作来实现的。

文件 (标签) 和页面之间的复制和粘贴在 LayOut 实战中是一个比较重要、用得比较多的操作，务请注意运用。

8. 图层困惑

SketchUp 模型插入到 LayOut 以后，还有一个很大的变化，经常引起用户的困惑。

问题是这样的：一个 skp 模型，曾经在 SketchUp 创建了几个图层，每个图层里分别有不同类型的对象，但是这个模型到了 LayOut 里却找不到 SketchUp 里设置好的那些图层。

解惑如下：虽然 LayOut 里也有一个叫作"图层"的面板，但是，LayOut 里的图层仅仅是为了方便制作二维的平面图纸设置的，在 SketchUp 模型里设置好的图层，到了 LayOut 就合并在一起了。LayOut 里的图层，跟 SketchUp 模型里的图层完全没有关系。

在本节的附件里保存有上面演示用的两个模型和一个 LayOut 文件，课后可以动手试试看。

4-3　插入位图

前文曾经介绍过，在三角板丁字尺、圆规铅笔制图的年代，图纸上所有的图形都是手工绘制的，成套图纸里偶尔出现一两幅彩图，也是委托专业机构或专业人员手工绘制并且只有一幅，绝无副本。就算在计算机辅助设计的初期，设计工作虽然已经用电脑操作，再用打印机或绘图仪在描图纸上生成"底图"，然后用晒图机或更土的办法得到最终的"蓝图"，设计文件仍然是以线稿为主。

成套技术文件中出现较多彩色图像的历史并不太久，因为想做到这一点需要有很多配套的条件，如现在成套文件中似乎必备的"效果图"，必须有易学易用的专业软件，人员配套，彩色打印和印刷装备可靠廉价，只有这些基本条件具备后才有可能普及推广。

设计文件中用彩色照片当作插图来配合表达设计师的意图，只有在数码相机水平提高，配套软件工具普及后才能实现。上面所述的这些变化，大多发生在最近的十多年间。

在成套设计文件中使用彩色图片，大致出于两种不同的目的。

1. 以表达为目的插入位图

第一种目的是想要用彩色图片来配合表达设计师的创意和理念，前提是设计里必须有与众不同的创意和能被人接受的理念；出于这种目的的彩色图片通常是建模完成后再做渲染的成果，如图 4.3.1 所示。

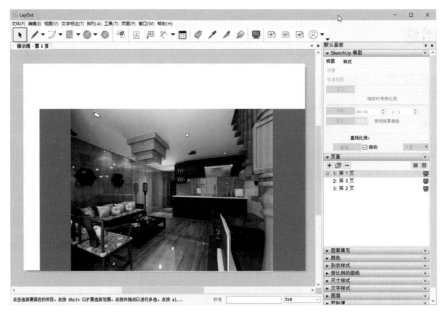

图 4.3.1　为表达插入位图

有一个公认的原则："设计是灵魂，模型是素颜，渲染如化妆。"一个好的设计、好的模型，就像天生丽质、不施粉黛的素颜美人，出彩于自身素质；即使不刻意化妆仍然是天生的美人，若再加一点点得体的淡妆，自然是"锦上添花"，会赢得无数喝彩。

所以，把一幅渲染后的图像作为设计文件的一部分之前，最好事前多接受别人真实的看法，否则，还不如老老实实放一幅 SketchUp 模型的素颜截图。

2. 以提供选择为目的插入位图

第二种把彩色图像放在成套文件里的目的在于让客户好有个选择的余地，比如建筑设计师可以把推荐的墙面砖、瓦片、门窗等要素的图片放在成套文件里供甲方选择；景观设计文件里可以放一些铺装材料、树木花卉、露天家具、灯具小品等供选择；室内设计的文件可选的项目更多，包括墙纸、地砖、面砖、门窗、家具、软装、油漆，等等。所有的这些彩色图片通常由第三方生产商提供或者扫描相关样本手册得到。图4.3.2所示的就是某室内设计方案里可供业主选择的实木门，用这种方式向业主提供多一点选择机会，是个比较贴心的做法。

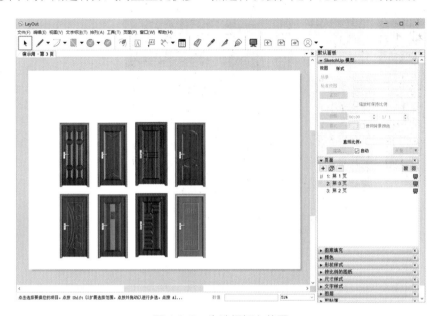

图 4.3.2　为选择插入位图

但是要注意的是，你提供的所有选择必须是经过严肃认真的推敲，有货源并且能够提供优质服务的；业主一旦选定后，你还要能非常方便地在模型中体现出来并再次被业主确认，再形成最终技术文件；施工的时候也一定要有图示的东西可用。

3. 如何插入位图

把图片插入 LayOut 很简单：

(1) 规规矩矩的做法是从"文件"菜单里找到"插入"命令，然后导航到想要插入的图片。

(2) 抄近路的做法是直接把图片拖到 LayOut 的图纸上。

(3) 接着对图片要做的常规处理通常是调整大小、移动位置，等等。

4. 对图片预处理

图 4.3.3 所示的实木门图片，都有可靠货源，并且随时可以提供服务；现想要用这些图片做成设计文件中的一页，好让业主选用。

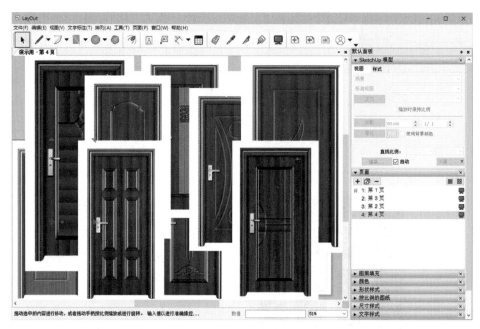

图 4.3.3 需要处理的图片

图 4.3.3 是把这些图片插到 LayOut 里以后的表现，发现问题了吗？

● 首先是大小不一：这个问题可以在 LayOut 里进行调整，问题还不算大。

● 第二个问题是：每幅图片都带有一个白色的背景，还互相遮挡。

● 第三个问题是：从网络下载的图片，局部有水印文字，也需要处理。

LayOut 本身就有解决这两个问题的手段：有一个叫作"剪切蒙版"的功能，可以去掉白色的背景和边缘的水印文字。

但是，LayOut 终究不是图像处理的专业工具，效率太低，如果图片数量较多，不如提前用专业工具处理。像这种简单的编辑，只要用最简单的图片处理工具就可以，如"isee""图片工厂"等。

5. LayOut 能接受的图片格式

根据 SketchUp 官网的帮助文件，LayOut 可以接受的图像文件一共有 6 类。

● jpg，jpeg 和 jfif 格式：现在的数码相机常用 jpg 或 jpeg 格式，特点是经过对文件压缩获得较小的文件体积，而且压缩比可调，是目前最常见的图像格式之一。

● jfif 格式是 jpeg 的派生格式，用来做文件交换，不常见。

● gif 格式可显示基本图形，但只有 256 种颜色，文件体积小，自带透明背景，可以用于动画是它的特点。在 LayOut 里主要用于公司 Logo 或简单图形。

- png 格式有透明背景，文件体积小，表现好，已成为很流行的图像格式。
- tif 或 tiff 格式的图像不压缩或稍微压缩，文件尺寸最大，通常用于高质量的打印。
- pdf 格式常用于打印或印刷。在 Mac 系统的 LayOut 中可以插入 pdf 格式的图像。而 Windows 系统的 LayOut 没有这项功能。

在本节的附件里可以找到上面用过的所有素材，有空的时候可以练习一下。

4-4　添加文本

正如你所知道的，所有的设计文件上，除了各种图形和数字，文字内容是必不可少的；少则几十个文字表达一些简单的提示信息；多则要用整页的文字对设计做出重要的介绍或说明。所以，文字与文本的输入和编辑功能是所有设计工具必不可少的。LayOut 作为一种生存于 SketchUp 模型与设计文件之间的排版工具，当然也少不了文本的输入功能。

往 LayOut 文件里添加文本有 3 种不同的方式，分别是"键盘输入""外部导入"和"自动获取"，下面分别介绍这 3 种方式。

1. 键盘输入

用键盘输入的方式往 LayOut 文件上添加文本的操作，还可以细分为两种情况，分别叫作"无边界文本"和"有边界文本"，它们有不同的用途和表现，也有不同的输入方法。下面我们分别演示一下。

1) 无边界文本

调用文本工具，在右侧的"文字样式"面板上选择好字体 (也可事后调整)，在图纸需要插入文本的位置单击，接着就可以输入文本了 (图 4.4.1 ①)。当输入的文字较多，即使已经超出图纸的边界后也不会换行 (图 4.4.1 ②)，所以这种文本被称为"无边界文本"。显而易见，无边界的文本，文字不能太多，能表达的内容也应该是比较简的。

2) 有边界文本

"有边界文本"则完全不同，它把一段文字约束在一个矩形框的范围内 (图 4.4.1 ③)，操作要领如下。

(1) 调用文本工具 (也可以在"工具"菜单里选择"文本"命令)。

(2) 在"文字样式"面板上选择字体和大小。

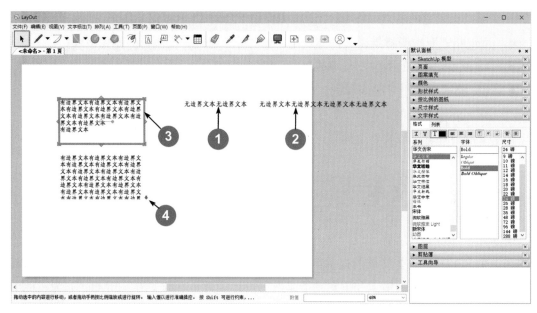

图 4.4.1 文本的边界

(3) 用文本工具在图纸上画一个矩形，这个矩形叫作"文本框"(图 4.4.1 ③)。

(4) 用键盘输入文本。

(5) 当输入的文本在文本框内超过一行，会自动折返另起一行。

(6) 也可以按回车键另起一行(图 4.4.1 ③)。

(7) 还可以对文本框调整大小和移动位置，以及旋转和复制。

3) 提示信息

当输入的文本太多，文本框里装不下的时候，会在文本框的右下角出现一个红色的箭头，如图 4.4.1 ④所示，箭头提示你"下面还有"，这时候，可以手动把文本框适当放大，以便能装下全部文字；也可以在右键菜单里选择"调整到合适大小"命令。

如果你不喜欢这个红色的箭头，可以到"视图"菜单的 "警告符号"命令里去取消勾选，不过建议保持默认设置。

4) 文字排列方向

用文本工具在图纸上画文本框的顺序和方向，可以决定文本在文本框里的排列形式。用文本工具绘制文本框有 5 种不同的操作方法。

- 从左上角往右下角画文本框，这是最顺手最常用的方法(图4.4.2 ①)。这样的文本框，输入的文字是靠上和靠左排列的。

- 从右上角往左下角画文本框，输入的文字靠上和靠右对齐(图 4.4.2 ②)。

- 从左下往右上画文本框，输入的文字将以底部和左边对齐(图 4.4.2 ③)。

- 如果从右下往左上画文本框，文字靠右和靠底部对齐 (图 4.4.2 ④)。
- 在画文本框的时候按住 Ctrl 键，输入的文字悬空在文本框的中心 (图 4.4.2 ⑤)。

5) 几个窍门

图 4.4.1 ②中这些无边框约束的文字，单击它们后，调整蓝色的文本框，仍然可以把"无边界文本"改造成"有边界文本"。

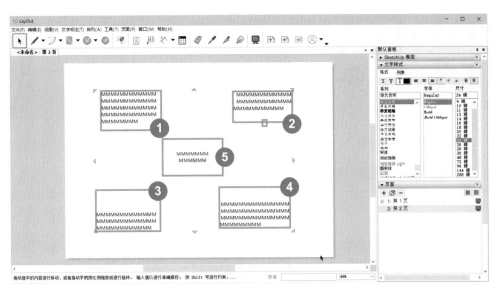

图 4.4.2　文字排列方向

如果文本框太大或太小，在右键菜单里找到"调整到合适大小"命令或者先变成无边界文字后再调整。

双击文本进入到文本框内部，所有的文字被选中，在右键菜单里还有一些可操作的快捷选项，如剪切、拷贝、粘贴、粗体、斜体、下划线，因为比较简单，就不多说了。

2. 外部导入

接着，再来看看如何把外部的文本文件插入到 LayOut 文件中来。

允许插入 LayOut 的外部文本格式只有两种：TXT 和 RTF。TXT 文件就是 Windows 记事本产生的文件；RTF 这种文件格式陌生一些，其实它可以由 Office 里的字处理工具 Word 来生成；当然也可以用具有同样功能的国产文字处理工具来获得，像 WPS 等。

如图 4.4.3 ①所示，里面有一小段文字，复制这些文字到记事本上，并且保存成 txt 文件。图 4.4.3 ②是把保存的 txt 文件插入到 LayOut，插入后的文字仍然可以在 LayOut 里进行修改。

现在把一段同样的文字拷贝到 Word 或者 WPS 中 (图 4.4.4 ①) 再另存为一个文件，保存的时候，请一定要注意选择 RTF 格式。回到 LayOut，插入这个 RTF 文件 (图 4.4.4 ②)。

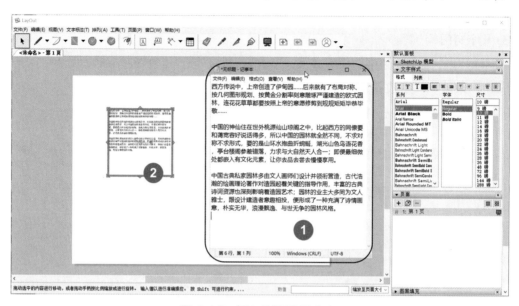

图 4.4.3　插入外部 TXT 文本

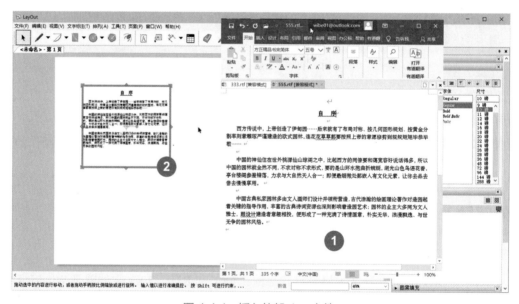

图 4.4.4　插入外部 doc 文件

在 Word 或 WPS 中，把文字改成楷体 (图 4.4.5 ②) 并保存。回到 LayOut，会发现文本并没有自动改变 (图 4.4.4 ①)。

在"文件"菜单里打开"文档设置"对话框，在"引用"项下有个红色的提示："插入文档过期" (图 4.4.5 ③)。

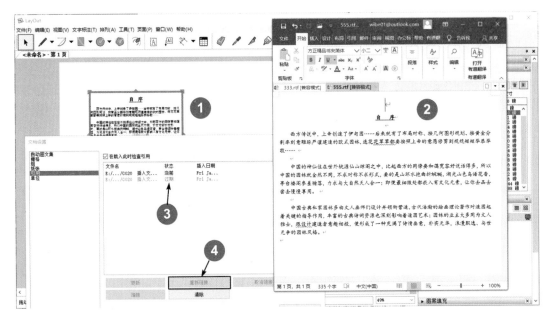

图 4.4.5　外部文件链接

　　若发现这样的问题，可以选择过期的文档，再单击一下图 4.4.5 ④处的"重新链接"按钮，更新一下就可以获得满意的结果。

　　除了用外部软件，也可以在 LayOut 里面做一些简单的文字编辑；但是 LayOut 的功能主要是排版，文字处理并不是它的强项，如果想要做比较复杂、比较大量的编辑和修改操作，最好还是回到专业的文字处理工具中。

　　至于我们要用哪个外部文字工具配合进行编辑，需要提前在系统设置里指定。指定外部工具最简单的方法是在"默认文字编辑器"里导航到桌面上的相关图标。

　　上面介绍了在 LayOut 图纸窗口里用键盘输入文本和插入外部文本及修改更新方面的操作要领；下面再介绍一下如何在设计文件中插入预先定义的文本或标记。

3. 自动获取

　　前文曾经简单提到过"自动图文集"面板 (图 4.4.6)，在这里，我们可以把一些常用的文字和标记预先设置好，今后要在设计文件中添加这些标记文本的时候，就不用再重复输入；特别是页码、日期一类的标记，都是自动生成的，可以避免出错。

　　为了要得到自动图文集，需提前做一些设置。除了系统默认的 10 项内容以外，我们还可以添加自己想要的项目，如增加电话和电子信箱，如图 4.4.6 ②处所示，具体操作如下。

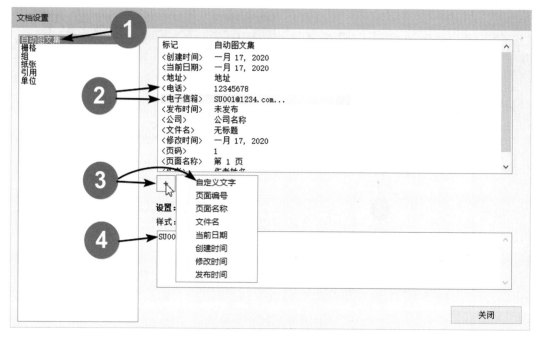

图 4.4.6　获取图文集

(1) 打开自动图文集 (图 4.4.6 ①)。

(2) 单击图 4.4.6 ③处的加号按钮，并选择"自定义文字"选项。

(3) 在图 4.4.6 ②位置输入"电子信箱"和"电话"。

(4) 分别单击"电话"和"电子信箱"，在图 4.4.6 ④处输入具体的值。

(5) 单击某个项，再单击图 4.4.6 ④处的减号按钮，可以删除不想要的项目。

(6) 选中某个项后，单击图 4.4.6 ④中间的按钮，可以复制这个项目。

假设我们现在已经做好了全部设置，关掉图 4.4.6 这个对话框，刚才的设置就自动生效了。现在，我们想要在设计文件的标题栏中插入一些标记，具体的操作如下。

(1) 保存设计文件，否则 LayOut 读不到文件名。

(2) 调用文本工具，在想要插入文字的位置单击。在实战中，单击的地方通常是标题栏上的相关位置。

(3) 到"文字标注"菜单里找到"插入自动图文集"命令，这里有刚才设置好的全部项目，想要插入什么项目直接选择就可以了。

(4) 如果想要对某个预置的项目进行修改，回到图 4.4.6 所示的对话框，修改会自动同步更新到相关的设计文件。

本节一共介绍了 3 种不同的文本输入方法，分别是键盘输入、外部导入和自动获取。刚才演示用的文件保存在本节附件里，课后请动手体验一下。

4-5 文本属性与采样复制

上一节，我们介绍了向 LayOut 文件中添加文本的 3 种方法；这一节，我们还是要讨论关于文本的问题。

1. 混乱的 CAD 字体

如果你经常接触别人绘制的 dwg 图样，恐怕已经碰到过一种极为尴尬的情况：很多文字被问号所代替，如图 4.5.1 所示。

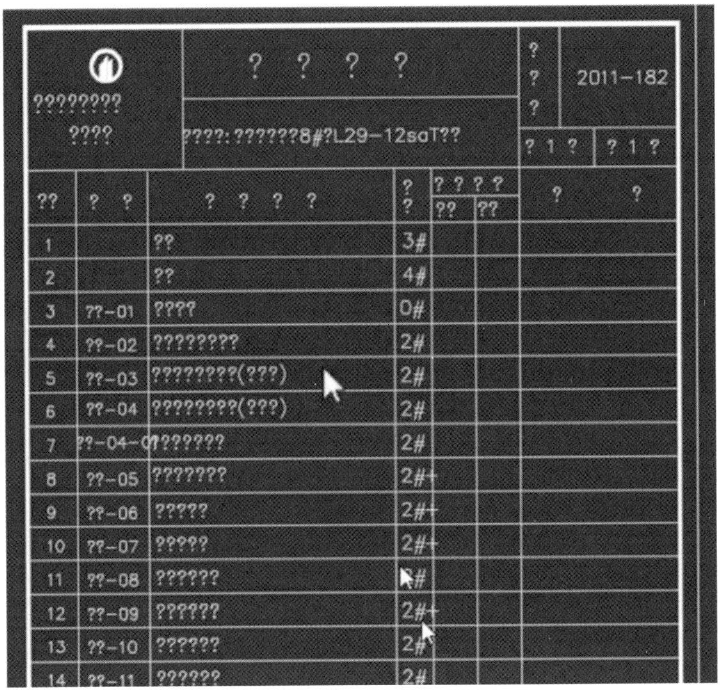

图 4.5.1 缺字体

出现这种情况的原因是：这个 dwg 文件的制作者，使用了不符合国家制图标准的字体。这种现象非常普遍，AutoCAD 所用的 shx 字体有 4000 多种，而你的电脑上没有安装制作者用到的这种字体；碰到这种情况，要么放弃这幅图，不然就用别的字体来代替。图 4.5.2 就是用其他字体代替的结果，文字大小不一，笔画粗细不一。

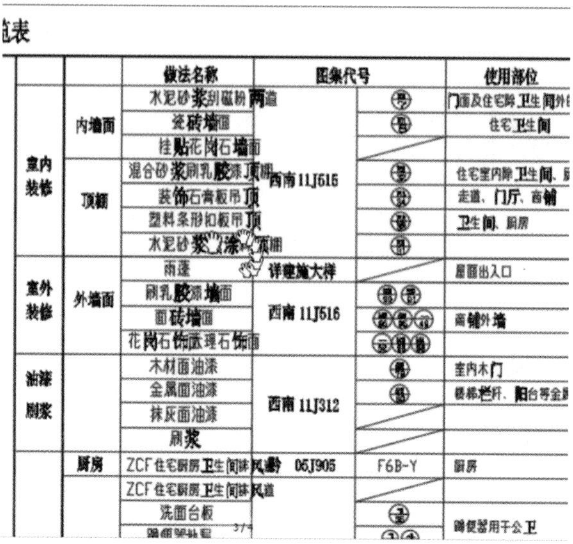

图 4.5.2　代用的字体

2. 制图国标对字体的限定

下面谈一下很多人虽然知道却没有认真执行的一个原则性问题。

这个系列教程的主要读者分布在建筑、规划、景观和室内设计这几大行业，这些行业都有国家规定的制图标准，各行业的制图标准在很多方面是一致的，如上述各行业制图标准中对于图样上文字、图线、比例、符号等方面的规定就非常一致，都是以《房屋建筑制图统一标准》(GB/T 50001—2017) 为基础制定的，而制定这个"统一标准"的依据又可追溯到《CAD 工程制图规则》(GB/T 18229—2000)，至于制图文字方面还可以追溯到《技术制图字体》(GB/T 14691—93) 等另外若干个国家标准，表 4.5.1 ～表 4.5.3 就是从《CAD 工程制图规则》(GB/T 18229—2000) 中摘取的关于"字体"的内容。

国家制图标准中的 CAD 是英文 Computer Aided Design (计算机辅助设计) 的缩写，SketchUp 和 LayOut 都是 CAD 工具，所以同样要执行这个标准。

表 4.5.1 所列是 CAD 工程图的字体与图纸幅面之间的大小关系，无论幅面大小，字母数字统一字高 3.5mm，汉字统一字高 5mm，当然，标题等特殊情况又当别论。

表 4.5.2 列出了 CAD 工程图中最小字距行距、字体与间隔线基准线间的最小距离。实战中，有些 CAD 软件可以调整字距行距，有些不能，如 LayOut 就不能调整字距，只能调整行距和段间距。

表 4.5.3 是 CAD 工程图中的字体选用范围。《CAD 工程制图规则》(GB/T 18229—2000) 规定：工程图纸中只允许使用"长仿宋""单线宋体""宋体""仿宋体""楷体""黑体" 6 种字体；其中"长仿宋"是沿用时间最长，最经典的图纸用字体，但是 Windows 或 Mac 操作系统里没有，需要另行安装，本节附件里赠送这种字体。

表 4.5.3 中的 6 种字体都是 shx 格式的字体，这是 AutoCAD 的专用字体，文字不如 Windows 系统提供的字体好看，但是使用 shx 字体后，dwg 图形文件较小 (文字越多越明显)，打开和刷新速度快，高度指定也较精准，易于编辑。本节附件里赠送这 6 种字体，可以在 AutoCAD 里用，最好不要用于 LayOut。

显然，如果我国所有 AutoCAD 的用户都遵守《CAD 工程制图规则》(GB/T 18229—2000) 中对于制图字体的规定，只使用规定的 6 种 shx 汉字字体，就永远不会出现图 4.5.1 和图 4.5.2 那样的尴尬了。

表 4.5.1 字体与图纸幅面的关系

单位：mm

字 体	图 幅				
	A0	A1	A2	A3	A4
字母数字	3.5				
汉字	5				

表 4.5.2 字体的最小行距与字距

单位：mm

字 体	最小距离	
汉 字	字距	1.5
	行距	2
	间隔线或基准线与汉字的间距	1
拉丁字母、阿拉伯数字、希腊字母、罗马数字	字符	0.5
	词距	1.5
	行距	1
	间隔线或基准线与字母、数字的间距	1
注：当汉字与字母、数字混合使用时，字体的最小字距、行距等应根据汉字的规定使用。		

表 4.5.3　字体的应用范围

汉字字型	国家标准号	字体文件名	应用范围
长仿宋体	GB/T 13362.4~13362.5—1992	HZCF.*	图中标注及说明的汉字、标题栏、明细栏等
单线宋体	GB/T 13844—1992	HZDX.*	大标题、小标题、图册封面、目录清单、标题栏中设计单位名称、图样名称、工程名称、地形图等
宋体	GB/T 13845—1992	HZST.*	
仿宋体	GB/T 13846—1992	HZFS.*	
楷体	GB/T 13847—1992	HZKT.*	
黑体	GB/T 13848—1992	HZHT.*	

3. 房屋建筑制图标准对字体的限定

在本书的附录里，你能找到 20 多个制图标准的名称与编号，其中有几个重要的标准对于字体的规定只有一句话："应符合现行国家标准《房屋建筑制图统一标准》(GB/T 50001) 的规定"。几乎所有跟房屋和建设有关的行业制图标准中都有同样的规定；那么这个《房屋建筑制图统一标准》(GB/T 50001)，对于制图字体到底有什么规定呢？

本书完稿时现行最新的 GB/T 50001 是 2017 版的《房屋建筑制图统一标准》(GB/T 50001—2017)。对于每天要绘制图纸的我们，这个标准非常重要，在后面的小节中还要不断提到其中的内容，它将伴随着我们完成 LayOut 的后续学习过程。现在我们就来看看这个标准里对于制图文字方面的一个小节 (全文摘取)。

5. 字 体

摘自于：《房屋建筑制图统一标准》(GB/T 50001—2017)

5.0.1　图纸上所需书写的文字、数字或符号等，均应笔画清晰、字体端正、排列整齐；标点符号应清楚正确。

5.0.2　文字的字高，应从表 4.5.4 中选用。字高大于 10mm 的文字宜采用 True type

(作者注：即 ttf 字体) 字体，如需书写更大的字，其高度应按 $\sqrt{2}$ 的倍数递增。

表 4.5.4　文字的字高

单位：mm

字体种类	汉字矢量字体	True type 字体及非汉字矢量字体
字高	3.5、5、7、10、14、20	3、4、6、8、10、14、20

5.0.3　图样及说明中的汉字，宜优先采用 True type 字体中的宋体字型，采用矢量字体时

应为长仿宋体字型 (本节附件里可以找到该字体)，同一图纸字体种类不应超过两种。矢量字体的宽高比宜为 0.7，应符合表 4.5.5 的规定，打印线宽宜为 0.25 ～ 0.35mm；True type 字体宽高比宜为 1。大标题、图册封面、地形图等的汉字，也可书写成其他字体，但应易于辨认，其宽高比宜为 1。

表 4.5.5　长仿宋字高、宽关系

单位：mm

字高	3.5	5	7	10	14	20
字宽	2.5	3.5	5	7	10	14

5.0.4　汉字的简化字书写应符合国家有关汉字简化方案的规定。

5.0.5　图样及说明中的字母、数字，宜优先采用 True type 字体中的 Roman 字型，书写规则应符合表 4.5.6 的规定。

表 4.5.6　字母与数字的书写规则

书写格式	字体	窄字体
大写字母高度	h	h
书写格式	字体	窄字体
小写字母高度（上下均无延伸）	$7/10h$	$10/14h$
小写字母伸出的头部或尾部	$3/10h$	$4/14h$
笔画宽度	$1/10h$	$1/14h$
字母间距	$2/10h$	$2/14h$
上下行基准线的最小间距	$15/10h$	$21/14h$
词间距	$6/10h$	$6/14h$

5.0.6　字母及数字，当需写成斜体字时，其斜度应是从字的底线逆时针向上倾斜 75 度，斜体字的高度和宽度应与相应的直体字相等。

5.0.7　字母及数字的字高不应小于 2.5mm。

5.0.8　数量的数值注写，应采用正体阿拉伯数字。各种计量单位凡前面有量值的，均应采用国家颁布的单位符号注写。单位符号应采用正体字母。

5.0.9　分数、百分数和比例数的注写，应采用阿拉伯数字和数字符号。

5.0.10　当注写的数字小于 1 时，应写出个位的 0，小数点应采用圆点，齐基准线书写。

5.0.11　长仿宋汉字、字母、数字应符合现行国家标准《技术制图字体》(GB/T 14691) 的有关规定。

4. 对于制图字体标准的解读

首先是常用文字的大小 (表 4.5.4) 用高度 (毫米) 来衡量：汉字的高度有 6 种，字母和数字有 7 种；再结合《CAD 工程制图规则》(GB/T 18229—2000) 对字体大小的规定：“无论图纸大小，字母数字统一字高 3.5mm，汉字统一字高 5mm。”其余尺寸的字体在图纸上就一定只是配角。

接着是对制图字体的规定，只提到了两种：TTF 格式的“宋体”和矢量字体的“长仿宋”都是已经实行了几十年的标准了。作者年轻时学制图，首先要练习手写仿宋体和手写 Roman 字母和数字，你们现在已经不用受那个苦了，但仍然要守这个规矩。

同一图纸中的字体种类不应超过两种。

在《CAD 工程制图规则》(GB/T 18229—2000) 里，除了宋体和长仿宋体，黑体和楷体也是允许的，但是作者还是强烈建议使用长仿宋体，这是经过长期设计实践，无数工程技术人员筛选出来的字体，美观并且认可度最高，最安全。你用了国家标准规定的字体，绝对不会有人笑话你因循守旧 (见图 4.5.3 右上)。

系统自带仿宋 安排文本位置的时候，如果能够在上下左右留出足够多的空白（术语留白）整个版面顿时就会显得典雅大方、高贵悦目；反之，选用过大的字体，多种不同的字体，把版面左右撑足，上下再顶天立地，一定会显得俗气，丑和蠢。	长仿宋体 安排文本位置的时候，如果能够在上下左右留出足够多的空白（术语留白）整个版面顿时就会显得典雅大方、高贵悦目；反之，选用过大的字体，多种不同的字体，把版面左右撑足，上下再顶天立地，一定会显得俗气，丑和蠢。
系统自带宋体 安排文本位置的时候，如果能够在上下左右留出足够多的空白（术语留白）整个版面顿时就会显得典雅大方、高贵悦目；反之，选用过大的字体，多种不同的字体，把版面左右撑足，上下再顶天立地，一定会显得俗气，丑和蠢。	系统自带微软雅黑 安排文本位置的时候，如果能够在上下左右留出足够多的空白（术语留白）整个版面顿时就会显得典雅大方、高贵悦目；反之，选用过大的字体，多种不同的字体，把版面左右撑足，上下再顶天立地，一定会显得俗气，丑和蠢。

图 4.5.3　制图标准允许使用的字体

请记住一个忠告：“工程图纸上的每种元素，每个字，甚至每条线都是受国家标准或行业规范约束的，不像美术创作那样可以任意发挥，千万不要试图在图纸上搞标新立异来吸引眼球，这是严肃的原则问题，直接体现了设计师和设计单位的基本素质。”这个原则将贯穿此后所有的章节。

5. 字体大小的单位换算

　　制图标准里衡量字体的大小，用的是字的高度，单位为公制毫米；可是在 LayOut 里，代表字体大小的单位是英制的 pt，这就需要进行换算了。LayOut 里的 pt 是打印和印刷时经常要遇到的单位，通常不读 pt，可以读成 "磅""Point"或者"点"。1pt(磅) 等于 1/72 英寸，也就是等于 0.3527mm；这是一个很重要，并且经常要用到的数字，请记住。

　　有了 1pt=0.3527mm 这个常数，可以进行简单换算，这里做好了一个换算表 (见图 4.5.4)，查表可知：制图标准里字母数字统一字高 3.5mm，大约相当于 10 磅左右 (五号字)。汉字统一字高 5mm，大约是 14 磅 (四号字)。其余不常用的字高：7mm 的字高大约是 20 磅；10mm 高的字体相当于 28 磅；14mm 的字高大约是 40 磅；20mm 就是 57 磅。

字体大小对照换算表

字号	磅数	毫米	英寸	像素	宋体	黑体	楷体
初号	42	14.8	0.58	56	宋体初	黑体初	楷体初
小初	36	12.7	0.50	48	宋体小初	黑体小初	楷体小初
一号	26	9.2	0.36	34	宋体一号	黑体一号	楷体一号
小一	24	8.5	0.33	32	宋体小一	黑体小一	楷体小一
二号	22	7.8	0.31	29	宋体二号	黑体二号	楷体二号
小二	18	6.3	0.25	24	宋体小二	黑体小二	楷体小二
三号	16	5.6	0.22	21	宋体三号	黑体三号	楷体三号
小三	15	5.3	0.21	20	宋体小三	黑体小三	楷体小三
四号	14	4.9	0.19	18	宋体四号	黑体四号	楷体四号
小四	12	4.2	0.17	16	宋体小四	黑体小四	楷体小四
五号	10.5	3.7	0.15	14	宋体五号	黑体五号	楷体五号
小五	9	3.2	0.13	12	宋体小五	黑体小五	楷体小五
六号	7.5	2.6	0.10	10	宋体六号	黑体六号	楷体六号
小六	6.5	2.3	0.09	8	宋体小六	黑体小六	楷体小六
七号	5.5	1.9	0.08	7	宋体七号	黑体七号	楷体七号
八号	5	1.8	0.07	6	宋体八号	黑体八号	楷体八号

pt　磅或点数，是 point 简称，1磅=0.03527厘米=1/72英寸
inch　英寸，1英寸=2.54厘米=96像素 (分辨率为96dpi)
px　像素，pixel 的简称 (本表参照显示器96dbi显示进行换算。像素不能出现小数点，一般是取小显示)

图 4.5.4　字体大小对照换算表

6. True type 和 Roman 字体

　　所有制图标准中，对于字母和数字，都要求使用 True type 和 Roman 字体。下面简单地解释一下这两种字体。

True Type 字体是苹果和微软共同开发的一种电脑轮廓字体，扩展名是 .ttf，区别于计算机初期的"点阵字体"。ttf 字体现在已经是电脑的标准配置了。

至于 Roman 字型，要稍微多用一点笔墨：西方拼音文字的字体有两大类，第一类叫作"衬线体"，在笔画始末的地方有额外的装饰，笔画粗细因直横的不同而有所区别，更适合阅读，适合作为正文字体；中文的仿宋等字体也是"衬线体"。

另一类叫作"无衬线体"，笔画粗细基本一致，容易造成相邻字母辨识的困扰，适合用作标题之类需要醒目但又不被长时间阅读的地方。中文里的黑体就是"无衬线体"。

制图标准里提到的 Roman，就是俗称的罗马字体，包含有"衬线体"和"无衬线体"两大类字型；在手工绘图的年代，字母和数字通常要写成单线"无衬线体"。

中文的仿宋体要写成笔画起始端有额外装饰的"衬线体"，现在都不用手写了，但是国家制图标准里仍然对字体的选用有具体的要求。在选用字体的时候需注意，首先要符合国家标准，然后才是美观大方、适合阅读，不易误读出错。

7. 图样文字原则

依作者看，图样上的文字标注或大段文本，必须遵循的原则是：清晰、准确、整齐、美观；大多数人对前三项都可以做到，最后一项"美观"存在的问题则较多，最最常见的毛病是：字体太大、左右撑足、顶天立地。这三者是有因果关系的：正因为选用的字体太大，所以上下左右就没有多余的空间了，看起来的感觉就是缺少美观。

希望初学者多观摩别人做的设计文件，找出优缺点。以作者个人的经验，在保证文本足够清晰的条件下，尽可能不要用太大的字体；以 A3 幅面的图纸为例，大段正文最常用的是 10 ~ 14 磅，也就是字高 3.5 ~ 5mm，小五号~四号字体。标题字高可以在 6 ~ 10mm 之间选用 (16 ~ 28 磅，三号到一号)。同一个页面上所用的字体一定要统一。

安排图形和文本位置的时候，如果能够在上下左右留出足够多的空白 (术语"留白")，整个版面就会显得典雅大方、高贵悦目；反之，图形大，再选用过大的字体、多种不同的字体，把版面左右撑足，上下再顶天立地，一定会显得俗气。

8. LayOut 的"文字样式"面板

现在回到 LayOut 的"文字样式"面板，这上面可以操作的项目很多，但大多数是不用专门介绍的，只有几个小细节说明一下。

如果文本框比较大，可以用图 4.5.5 ①处的 3 个按钮来确定其中文本所在的位置。定位到上部、中心或底部。

图 4.5.5 ②处的"无边框"按钮，相当于右键菜单里的"删除边框"命令。

"列表"标签里的"样式""分隔符"（图 4.5.5 ①②）可以用来设置段落编号格式。

考虑到文本编辑绝对不是 LayOut 的强项，建议你还是用专业文本工具做编辑，然后插入到 LayOut。需要重新编辑的时候，可以返回外部工具，编辑好再到 LayOut 里做更新。

9. "文字标注"菜单

前面说的很多内容都是围绕着图 4.5.5、图 4.5.6 所示的"文字样式"面板。

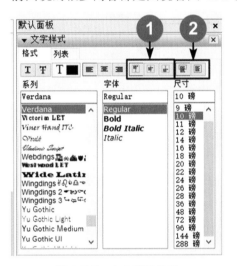

图 4.5.5　文字排列位置

图 4.5.6　段落编号

LayOut 里跟文本有关的还有一个"文字标注"菜单，菜单上有几个项目都是跟"文字样式"面板上的按钮重复的，用法也一样。

- 图 4.5.7 ⑥处的"更大"和"更小"两个菜单项，可以用来快速调整字体的大小，每按一次增加或减少一磅，但这个操作不如到面板上调整更加直观。
- 图 4.5.7 ③，这个功能里的上下标比较重要，可以设置如"$L_1\ L^2\ L_2^2\ L_5^3$"类似的上下标。
- 图 4.5.7 ④处的间距，用来调整行距和段间距，也是个比较重要的功能。
- 图 4.5.7 ⑤处的插入自动图文集，在上一节已经讨论过。
- 图 4.5.7 ①"对齐"里的"左视图""右视图"应纠正为"左对齐""右对齐"。
- 图 4.5.7 ②定位里的"顶视图""底视图"应纠正为"顶部"和"底部"。

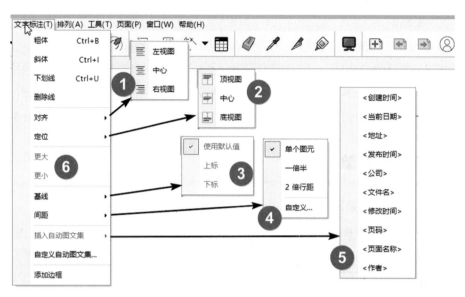

图 4.5.7 "文字标注"菜单

10. 文本属性的采样复制

本节要介绍 LayOut 的一个重要功能，我把它叫作"文本属性的采样复制"。如要把一段文字改成符合制图标准的 5mm 高的仿宋体，有一种每个人都会的方法。

(1) 选中想要编辑的文字或段落，到"文字样式"面板中选择字体。如按照国标的规定选用仿宋体或长仿宋体。

(2) 再选择这段文字的大小，如 14pt，也就是 5mm 高的仿宋体。

(3) 根据需要，还可以在正常字体、粗体、斜体、粗斜体之间做选择。

(4) 根据需要，还可以添加下划线、删除线，改变字体颜色、上下左右对齐。

(5) 如果还想把同一幅图纸甚至同一组图纸所有的文字段改成同样的属性，不用重复上面的步骤一个个去修改，只要调用工具栏上的"样式"工具 (吸管) 到已经设置好的文字上单击一下，获取它的属性；工具自动变成油漆桶后，再去分别单击想要修改的文字段就可以复制文本属性。

11. 文本剪贴簿

"属性复制" 是个非常方便的功能，可以免去很多重复操作；不过这个操作还不是最快捷、最准确的。接下来，我要为你介绍 LayOut 里的另外一个法宝，就是"剪贴簿"。

LayOut 安装完成后，默认面板上的"剪贴簿"里就有了一些常用的项目，如各种箭头、树木、车辆。此外，我已经把符合制图标准的字体做成了一个名为"国标字体"的剪贴簿，放在了本节的附件里 (见图 4.5.8)，剪贴簿的制作和安装在后文有介绍。

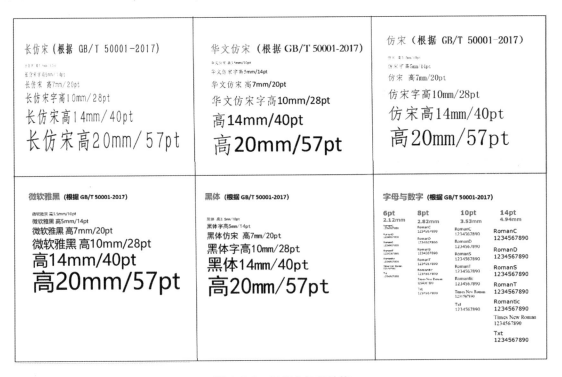

图 4.5.8　国标字体剪贴簿

在制图的过程中，把剪贴簿和属性复制结合起来运用，可以获得更加快捷、更加准确的效果。 假设要把当前图纸上的汉字文本改成 7mm 高的长仿宋体，可做如下操作。

(1) 在"剪贴簿"面板中找到"国标字体"并打开。

(2) 找到"长仿宋"页。

(3) 用吸管工具单击"长仿宋 高 7mm/20pt"(也可以把该字样拖到图纸上再单击)。

(4) 当样式工具变成油漆桶的时候，单击图纸上的文字或字段。

(5) 剪贴簿上的文本属性就复制给单击的对象了。

如果你不记得字体高度和 pt(磅) 的换算关系，在"国标字体"剪贴簿里还有一个"字高对照表"。

本节介绍了文本属性的调整和注意点以及对文本属性的采样复制；在本节的附件里有一个"长仿宋 .ttf"的字体，先安装它，然后才能使用相关的剪贴簿。这一节的内容比较重要，请动手练习一下。

4-6 图线属性与采样复制

一幅图纸的主要部分是由各种线条形成的图样组成的。这一节，我们要来关注一下各种各样的线条和它们的用途。

只要稍微关注一下你就会发现，各行业制图标准中都对图纸上的线条宽度有详细具体的规定，如建筑、景观、室内等行业最基础的制图标准是《房屋建筑制图统一标准》(GB/T 50001—2017)，下面我们会摘录该标准中对于"图线"的规定并给予解读。有些行业的制图标准中，对于"图线"还有些微小变化，也会分别列出。

1. 制图国标对线宽的限定

《房屋建筑制图统一标准》(GB/T 50001—2017)(后面简称为"标准") 4.0.1 节给出了图线的基本线宽(表4.6.1)，以字母 b 表示，宜按照图纸比例及图纸性质从 1.4mm、1.0mm、0.7mm、0.5mm 线宽系列中选取。每个图样，应根据复杂程度与比例大小，先选定基本线宽 b，再选用表 4.6.1 中相应的线宽组。

表 4.6.1 线宽组

单位：mm

线宽比	线宽组			
b	1.4	1.0	0.7	0.5
$0.7b$	1.0	0.7	0.5	0.35
$0.5b$	0.7	0.5	0.35	0.25
$0.25b$	0.35	0.25	0.18	0.13

注：1. 需要缩微的图纸，不宜采用 0.18mm 及更细的线宽。

2. 同一张图纸内，各不同线宽中的细线，可统一采用较细的线宽组的细线。

2. 标准对图框和标题栏线宽的规定

在"标准"的 4.0.4 节，对各种不同幅面图纸的图框和标题栏线列出了可采用的线宽(表4.6.2)。

表 4.6.2　图框与标题栏线的宽度

幅面代号	图框线	标题栏外框线 对中标志	标题栏分格线幅面线
A0、A1	b	0.5b	0.25b
A2、A3、A4	b	0.7b	0.35b

3. 制图国标对线型的规定

"标准"的 4.0.2 节对工程建设制图的线形也作出了具体的规定，如表 4.6.3 所示。

表 4.6.3　图线

名称		线型	线宽	用途
实线	粗		b	主要可见轮廓线
	中粗		0.7b	可见轮廓线、变更云线
	中		0.5b	可见轮廓线、尺寸线
	细		0.25 b	图例填充线、家具线
虚线	粗		b	见各有关专业制图标准
	中粗		0.7b	不可见轮廓线
	中		0.5 b	不可见轮廓线、图例线
	细		0.25 b	图例填充线、家具线
单点 长画线	粗		b	见各有关专业制图标准
	中		0.5 b	见各有关专业制图标准
	细		0.25 b	中心线、对称线、轴线等
双点 长画线	粗		b	见各有关专业制图标准
	中		0.5 b	见各有关专业制图标准
	细		0.25 b	假想轮廓线、成型前原始轮廓线
折断线	细		0.25 b	断开界线
波浪线	细		0.25 b	断开界线

4. 标准对图线的其他规定

- 同一张图纸内，相同比例的各图样应选用相同的线宽组。
- 相互平行的图例线，其净间隙或线中间隙不宜小于 0.2mm。
- 虚线、单点长画线或双点长画线的线段长度和间隔，宜各自相等。
- 单点长画线或双点长画线，当在较小图形中绘制有困难时，可用实线代替。
- 单点长画线或双点长画线的两端，不应采用点。点线与点画线交接或点画线与其他图线交接时，应采用线段交接。
- 虚线与虚线交接或虚线与其他图线交接时，应采用线段交接。虚线为实线的延长线时，不得与实线相接。
- 图线不得与文字、数字或符号重叠、混淆，不可避免时，应首先保证文字的清晰。

5. 各专业关于线型的补充规定

在"标准"里，规定了图纸上可以使用的线条和用途，在表 4.6.3 中，可用的线条只有 6 种：实线、虚线、单点画线、双点画线、折断线和波浪线。每一种线条还可以分成 4 种不同的宽度：粗线、中粗线、中线和细线；各种线型分别有不同的用途。

景观业的设计师请注意，在《风景园林制图标准》(CJJ/T 67—2015) 里，还增加了双实线，用来绘制宽度大于 8m 的景区道路。因为行业特点，还对各种线形指定了以 CMYK 色系标注的不同颜色，但是仅允许在"风景园林规划图"上使用 (设计图不能用)，这在所有行业制图标准里是唯一的。在《风景园林制图标准》(CJJ/T 67—2015) 里还规定可以在设计图上用 2b 的极粗线绘制地面剖断线，这也是所有行业制图标准里的"独一份"。

室内装修业设计师也请注意，在《房屋建筑室内装饰装修制图标准》(JGJ/T 244—2011)里，根据行业特点，线形方面的变化是：取消了双点长画线，增加了点线、样条曲线和云线。

上面介绍了不同行业制图标准里对线型的规定，看起来已经非常细致，其实还只是个粗略的框架；如果从线条用途的角度来看，还可以细分出更多的线条用途与名称，如图框线、标题栏线、定位轴线、中心线、轮廓线、原始轮廓线、投影轮廓线、遮挡轮廓线、假想轮廓线、红线、绿线、区界线、家具线、尺寸线、尺寸界线、索引符号线、标高符号线、引出线、地面线、对称线、高差分界线、运动轨迹线、剖面线、断开线……其中每一种用途的线还要对应各自不同的线型和宽度。所以，对于各行业的设计师们，掌握并且牢记这些线条的用途是"应知应会"的重要部分。

6. 图线换算和运用

以下将要提到的某些细节，甚至很多老手都可能出错，所以一定要注意。

1) 图线的宽度

也就是俗称的线条粗细是有严格规定的，正如你在表 4.6.1 中所看到的，一共分成四个不同的档次；在制图标准里叫作"线宽组"。每一个线宽组里最粗的线就是 b，每个线宽组里 b 的宽度就是这一组的基准，分别是 1.4mm、1mm、0.7mm 和 0.5mm。每一组里其余的线近似于 b 的四分之三，二分之一和四分之一。在某些行业的制图标准里还有两倍于 b 的特别粗的线。

2) 线宽 (mm) 与磅 (pt) 的换算

制图标准衡量线条宽度以 mm 为单位，LayOut 里以 pt(磅) 为单位，就像文字高度一样，同样有个换算的问题。作者制作了一个对照表，见表 4.6.4。表格里，有的 pt 值在"形状样式"面板上是找不到的，如 1.4 磅、0.7 磅。

表 4.6.4　线宽 (mm)/ 磅 (pt) 对照表

线宽比	线宽组			
b	1.4mm/4pt	1.0mm/3pt	0.7mm/2pt	0.5mm/1.4pt
$0.7b$	1.0mm/3pt	0.7mm/2pt	0.5mm/1.4pt	0.35mm/1pt
$0.5b$	0.7mm/2pt	0.5mm/1.4pt	0.35mm/1pt	0.25mm/0.7pt
$0.25b$	0.35mm/1pt	0.25mm/0.7pt	0.18mm/0.5pt	0.13mm/0.4pt

注：1. 需要缩微的图纸，不宜采用 0.18mm 及更细的线宽。

2. 同一张图纸内，各不同线宽中的细线，可统一采用较细的线宽组的细线。

3) 线宽的选用

具体到什么图纸选用什么线宽组，制图标准并没有作严格的规定，通常认为，幅面大的图纸，线条可以用得粗一点；小幅面的图纸就不适合用太粗的线条了。在 LayOut 里绘制图纸，A2 幅面似乎已经是很大的了，可以使用 $b=1.4mm$ 这一组。A3 幅面的图纸，建议考虑用 $b=1.0mm$ 这一组。

7. "形状样式"面板与图线

LayOut 的"形状样式"面板有很多用途和功能，调整图线的线型、线宽和颜色只是它的一部分功能，调整图线的要领如下。

(1) 选择需要设置的线段 (组)，在图 4.6.1 ①所指的位置选择线型 (默认是直线)。注意这里有 11 种虚线，只有 3 种 (虚线、单点画线、双点画线) 符合中国制图标准。

(2) 在图 4.6.1 ②位置选择线宽，可选择或输入需要的 pt 值。

(3) 如果是虚线，可以在图 4.6.1 ③所指处选择虚线的"节距"(疏密度)。

(4) 根据需要，单击图 4.6.1 ④处的色块，调整线条的颜色 (默认为黑色)。

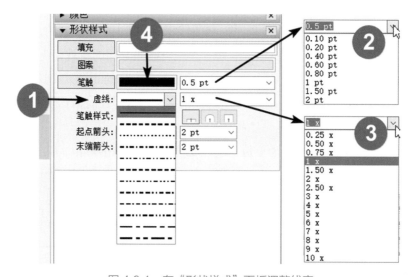

图 4.6.1　在"形状样式"面板调整线宽

"形状样式"面板上还有两个没有实际意义的功能：图 4.6.2 ①所示为 3 种不同的转角笔触"斜接角点、圆角点、倾斜角点"，还有图 4.6.2 ②处的 3 种线条的端点笔触。图 4.6.2 所示为放大了很多倍的"特写"，在绘图实战中，几乎看不出有什么区别，除非线条非常粗。

图 4.6.2　图线的转角与端点

8. 国标图线剪贴簿与应用

为方便实战中应用，作者制作了符合制图标准的全部图线样板可以在附件里找到"国标图线剪贴簿"，这个剪贴簿一共有 6 页，其中有 3 页跟本节直接相关，见图 4.6.3。

- 剪贴簿的第一页上有三组图线，分别是实线，虚线和单点画线，都是比较常用的。
- 第二页里有不太常用的双点画线，点线和折断线，还有表 4.6.4 所示的线宽对照表。
- 另外，还有一页是"各种图线的用途"和"图框与标题栏线宽"，方便随时查阅。

图 4.6.3　国标图线剪贴簿

把这些剪贴簿跟 LayOut 的样式工具结合起来，会大大减少制图工作量，还不容易出错，具体使用方法如下。

(1) 调用样式工具单击需要的线宽线型 (也可把该线型拖到图纸上操作)。

(2) 当样式工具变成油漆桶后，再去单击需要设置的线段 (组)。

(3) 剪贴簿上的线型与线宽属性就被复制到对象上。

剪贴簿用起来很方便，但也不是万能的，如虚线和点画线的密度不一定全都合适，必要时还要回到"形状样式"面板做调整。

9. 最容易犯的图线错误

图线虽然是制图过程中最基础最简单的东西，但是很多老手都经常在这上面犯错，所以千万不要因为它简单而掉以轻心。图 4.6.4 收集了图线方面最容易犯错的几个例子，你不妨看一下，避免以后犯同样的错误。

图 4.6.4 ①是两个直线段相交的情况，在 SketchUp 或 LayOut 里绘制的线段一般不会出现

这种情况，但是，如果你的模型是从导入 dwg 开始创建的，就很可能会产生这个问题，特别是最右边的这种线段脱离最为常见。

图 4.6.4 ②的例子是线条相切的时候，相切的线条位置应该严格重叠，不应变粗或错开。出现这种情况有两种可能，第一种是绘制切线的时候马马虎虎，没有对齐。还有一种情况也是导入 dwg 文件引起的，dwg 文件里最容易发生这种情况。此外，如果你在 LayOut 里面绘制类似切线有困难的话，多半是打开了"对齐网格"功能，可以暂时关闭它。

图 4.6.4 ③④⑤这三组实例，都跟虚线有关，前两组讲的是虚线与虚线，虚线与直线相交相接位置的常见毛病，这些毛病在手工绘图的年代比较容易避免，用电脑绘图就很难避免了。如果这一类相交相接位置比较重要的话，还是要尽量修复。

图 4.6.4 ⑤这一组实例，主要讲的是圆的中心线与圆的相交位置的问题，其中比较重要的是，水平与垂直的两条中心线相交的位置一定要在点画线的直线段上，这样，圆心的位置就不会搞错。像图 4.6.4 ⑤右侧的两种情况是绝对不允许出现的。还有，从传统的制图要求来讲，十字形的中心线跟圆周的虚线相交，应该在中心和圆周上有 5 处十字交点，虽然现在电脑绘图很难同时兼顾到 5 个位置，但必须保证圆心的位置符合要求，并尽量兼顾圆周上的 4 处。

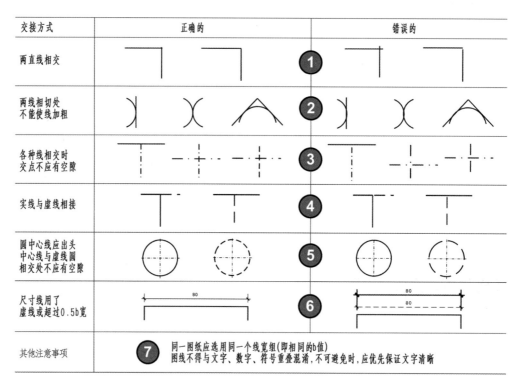

图 4.6.4 常见图线错误

图 4.6.4 ⑥展示的一组实例，犯错的老手也不少。根据制图标准，尺寸线应该用 0.5b 的实线，很多老手随心所欲，喜欢用虚线，这是明显不对的低级错误。还有一种情况，尺寸线用了过粗的线，大多是因为粗心，在 LayOut 里可以很方便地更正。交图之前务必好好检查一下。

图 4.6.4 ⑦中，还要注意的是：图线不得与文字、数字或符号重叠、混淆；不可避免时，应首先保证文字的清晰。同一张图上，同一种线型的宽度、虚线、点画线及双点画线的线段长度和间隔应保持一致。

上面讲了很多跟图线有关的事情；图线虽然简单，但也是最容易犯错误的。前面所用到的文件都保存在附件里，尤其是几个表格，务必仔细看一下并熟记。

扫码下载本章教学视频及附件

第 5 章

标签与标注

　　LayOut 的"标签"和"引线"相当于 SketchUp 里的"引线文字",但是其用途和内涵要比 SketchUp 的引线文字更加丰富,形式与操作也复杂了许多。

　　在图纸上做文字、尺寸、符号的标注,看起来都是一些简单琐碎的操作,但是很多老手照样在这上面犯错误,甚至闹笑话。如用虚线作为尺寸线或标注引线,用已赋材质或透视状态的模型创建施工图等都是常见的不符合制图标准的错误做法,极易造成读图困难,甚至误读错读。各种各样的标注都很重要,同时也是很容易犯错的地方。

5-1 标签(标注)与引线

我们知道,SketchUp 里有两种文字标注方式,一种叫作"屏幕文字",还有一种是"引线文字"。SketchUp 的"屏幕文字"是固定于屏幕的,只有用移动工具才能移动;"引线文字"可以随着模型转动。

LayOut 里也有两种不同的文字(文本)。在第 4 章讨论的内容相当于 SketchUp 里的"屏幕文字";LayOut 里少量的"屏幕文字"可以用来做标题或简单说明,大段的文字通常用来描述设计创意或详细的技术要求。

这一节要介绍的"标签"和"引线"相当于 SketchUp 里的"引线文字",但是其用途和内涵要比 SketchUp 的引线文字更加丰富,形式与操作也复杂了许多。

1. 标签工具

我们想要在 LayOut 图纸上创建一个标签,可以在工具栏上单击"标签"按钮,也可以从"工具"菜单调用(图 5.1.1)。想要在图纸上创建一些标签相当容易,但是也隐藏着不少技巧。下面简单介绍创建标签过程中的这些技巧。

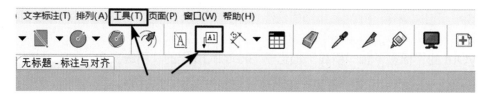

图 5.1.1　创建标签

2. 标签的 3 个部分

● 图 5.1.2 ①所指的是"引线",可能是直线、折线或曲线。

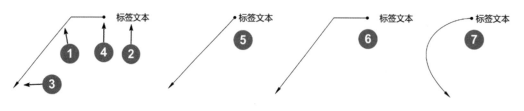

图 5.1.2　标签与细节

- 图 5.1.2 ②所指的是"标签文字"，文字可多可少，简称"标签"或"文字"。
- 图 5.1.2 ③所指的是标签的端部，指向要标注的目标，可以是箭头、圆点或直线。
- 图 5.1.2 ④所指的是标签的另一个端部，可以有或没有圆点。

端部、引线、文字这三者组合起来才是一个完整的"标签"。

3. 3 种不同的标签

- 图 5.1.2 ⑤是直线型的标签，其特征是引线为一条直线。
- 图 5.1.2 ⑥是折线型的标签，其特征是引线部分有一个转折，使斜线折成水平线。
- 图 5.1.2 ⑦是曲线型的标签，其特征是引线部分是曲线。

4. 创建标签 3 法

1) 直线型标签的画法 (图 5.1.2 ⑤)

(1) 调用标签工具。

(2) 单击想要放置引线端点的位置，通常是图样上的某个对象。

(3) 移动鼠标拉出引线，通常沿 30°、45°、60° 或 90° 方向。

(4) 到达终点后双击鼠标左键 。

(5) 出现蓝色文本框，立即输入标签文本。

(6) 如果什么都不输入，文本框里会留下"标签文本"四个字，可以在全部标签都创建完后再回来填写标签文本。

2) 折线型标签的画法 (图 5.1.2 ⑥)

(1) 调用标签工具。

(2) 单击想要放置引线端点的位置，通常是图样上的某个对象。

(3) 移动光标拉出引线的斜线部分，通常沿 30°、45°、60° 或 90° 方向。

(4) 到达转折处后单击鼠标左键，沿水平方向继续移动光标。

(5) 到达终点后单击鼠标左键。

(6) 出现蓝色文本框，立即输入标签文本。

(7) 也可以在全部标签都创建完后再回来填写标签文本。

3) 曲线型标签的画法 (图 5.1.2 ⑦)

(1) 调用标签工具。

(2) 单击想要放置引线端点的位置后不要松开左键。

(3) 移动光标拉出引线。

(4) 到终点后松开左键，继续移动光标产生曲线。

(5) 满意后单击左键，出现蓝色文本框，立即输入标签文本。

(6) 也可以在全部标签都创建完后再回来填写标签文本。

5. 编辑标签十法

上面，我们介绍了如何绘制这 3 种不同的标签，但是，绘制好的标签免不了有不满意的地方，需要进行调整；这里面也有不少诀窍，大致可归纳成十个调整的方法。

(1) 整体移动：单击标签组，看到四方向箭头图标后就可以对标签组做整体移动。

(2) 移动起点：单击标签组后，光标移动到引线起点位置，会出现 4 种不同的图标，其中 3 种是双向的箭头图标，分别是水平的、垂直的和平行于引线的，当不同的图标出现的时候，就可以对引线的起点位置和长度做 3 种不同的改变。还有一种四方向箭头图标出现时，可以对端部做自由移动。移动起点一共介绍了 5 种方法。

(3) 第六种调整方法是：选中标签，把工具移动到引线的转折点上，按住鼠标左键可以对转折点的位置做改变。

(4) 第七种调整方法是：选中标签，把工具移动到靠近标签文字的位置，按住鼠标左键再移动，可以改变引线水平部分的长度和标签文本的位置。

(5) 第八种调整方法是：双击引线，再次双击引线，看到的是全新的界面，在引线上，凡是可以移动调整的位置都会出现一个蓝色的圆点，可以通过移动这些圆点来任意改变引线的形状。

(6) 现在再告诉你第九种方法：当你感觉 LayOut 自动生成的文本框不够大的时候，双击引线，然后就可以调整文本框了。

(7) 最后介绍第十种改变标签和引线的方法：单击标签的引线，在右键菜单里一定可以找到两个"转换为××××"的选项，对于单段引线的标签，右键菜单可以选择把它变换成两段引线或者曲线；对于已经是两段的引线，右键菜单可以把它转换成单段的引线或曲线；对于本来就是曲线的引线，可以变换成单段或双段引线。

6. 制图国标对引线的规定

下面摘录《房屋建筑制图统一标准》(GB/T 50001—2017)7.3 节关于引出线的相关规定：

7.3.1　引出线线宽应为 0.25*b*，宜采用水平方向的直线，或与水平方向成 30° 、45° 、

60°、90° 的直线,并经上述角度再折成水平线。文字说明宜注写在水平线的上方图 5.1.3 左),也可注写在水平线的端部 (图 5.1.3 中)。索引详图的引出线,应与水平直径线相连 (图 5.1.3 右)。

图 5.1.3 引线

7.3.2 同时引出的几个相同部分的引出线,宜互相平行 (图 5.1.4 左),也可画成集中于一点的放射线 (图 5.1.4 右)。

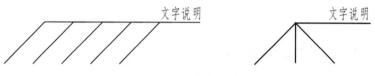

图 5.1.4 集中引线

7.3.3 多层构造或多层管道共用引出线,应通过被引出的各层,并用圆点示意对应各层次。文字说明宜注写在水平线的上方,或注写在水平线的端部,说明的顺序应由上至下,并应与被说明的层次对应一致;如层次为横向排序,则由上至下的说明顺序应与由左至右的层次对应一致,如图 5.1.5 所示。

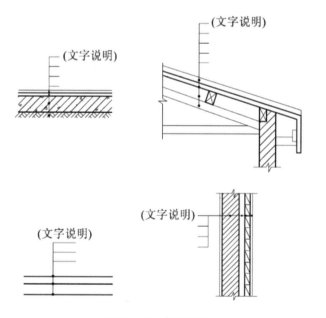

图 5.1.5 多层引线

7. 引线线宽和换算

《房屋建筑制图统一标准》(GB/T 50001—2017) 7.3.1 节规定了引线线宽应为 0.25b。

前文介绍过国标基准线宽 b 只有 4 种 (b=1.4mm、1mm、0.7mm、0.5mm)，表 5.1.1 列出了 4 种不同基准线宽时的引线宽度和换算成 pt 的值，你可以在"形状样式"面板中输入该 pt 值。

表 5.1.1   引线的线宽

基准线宽 b	1.4mm	1mm	0.7mm	0.5mm
国标引线宽 = 0.25b	0.35mm	0.25mm	0.175mm	0.125mm
对应的 pt 值	1pt	0.7pt	0.5pt	0.35pt

8. 国标引线与标签操作剪贴簿

前文介绍的"创建标签三法"和"编辑标签十法"为我们在图纸上创建标签提供了莫大的方便，但是有点复杂，初学者恐怕不容易记住，我已经把上面介绍的三种标签的画法和编辑标签的十种方法，以及制图标准中的"国标引线"(图 5.1.6 左) 与相关规定 (图 5.1.6 右) 做成了一个剪贴簿，名称是"国标引线标签"保存在本书的附件里，供您在练习和实战的时候参考调用。

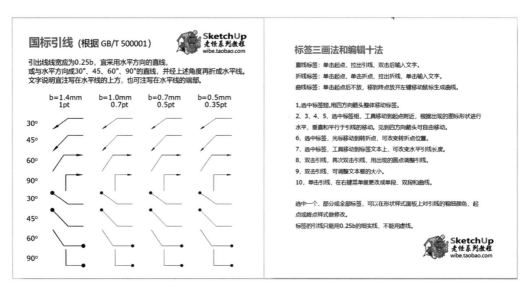

图 5.1.6   国标引线剪贴簿

绘制引线的时候，可以用样式工具和油漆桶复制、粘贴属性；也可以直接把需要的引线拖到图样中，双击后调整引线各部分长度。

该剪贴簿上的引线带有箭头或圆点，如不需要，可以用"形状样式"面板取消；折线的方向也可以用 LayOut 右键菜单里的"镜像"命令做变换。

9. 有普遍意义的提示

在 SketchUp 建模的时候，最好对组件或群组起个有意义的、唯一的名字，已经有名字的对象到了 LayOut 里，就会自动继承 SketchUp 模型里的名称，既省事又不会出错；这是我们创建模型的时候，从一开始就要注意的事情，只有把建模的基础工作做好了，后续的出图工作才能省心省事。

为了让标签排列得整齐一些，可以把辅助的网格功能打开。

为了防止在创建标签的过程中不小心引起对象移动，可以暂时或者永久锁定对象。

单击对象、创建标签后出现蓝色文本框时，旁边可能还有个蓝色的向下三角形小箭头，单击它后会弹出一个选择面板，在这里可以看到当前所有可自动插入的文本选项，选择其中的一个，它就会自动出现在标签的文本框里。

即使一个完整的标签已经形成，只要双击标签的文本部分，仍然可以重新选择自动文本或重新输入新的内容。

对于已经生成的标签，想要让它们排列得整齐一些，可以用右键菜单里的对齐功能。

还能对 LayOut 的引线宽度，也就是线条的粗细、颜色、起点和终点的形状做出修改，任何修改都要符合制图标准。

需要指出，小小标签引线也是受到国家绘图标准严格约束的，最重要的有三条：①引出线线宽应为 $0.25b$；②宜采用水平方向的直线，或与水平方向成 $0°$、$45°$、$60°$、$90°$ 的直线，并经上述角度再折成水平线；③文字说明宜注写在水平线的上方，也可注写在水平线的端部。

必须重点指出：引线的粗细规定是 $0.25b$，还必须是实线。作者见过很多人用虚线或过粗的线做标签引线，这是不符合国家绘图标准的。如果你还是初学者，在图纸上画每一条线，写每一个字，都要遵守国家制定的绘图标准，从一开始就养成好习惯。不能马虎，更不能标新立异或打擦边球。

制图标准对标签引线的规定中："……宜采用水平方向的直线，或与水平方向成 $30°$、$45°$、$60°$、$90°$ 的直线，并经上述角度再折成水平线。"这也是很多初学者难以做到的；作者在图 5.1.6 左所示的剪贴簿里提供了各种不同角度、粗细、端部形状的引线，可以直接取样复制。

如果用"形状样式"面板自行制作或调整引线，请一定按制图标准做规范的操作。

10. 特殊的引线和标签

在图纸上创建一些标签，看起来是极为简单的操作，但如果你认真看完了上面的介绍，就会知道在 LayOut 里创建标签和引线是需要练习的，并且有不少需要注意的地方。在后面的篇幅里，还要介绍关于引线和标注的更多信息。

下面用一个真实的小模型来实践一下上面介绍过的方法和规矩。

如果你遇到类似图 5.1.7 ①这样分开单独标注有困难的时候，可以用一条共用的引出线，依次引出各层对象，并用圆点示意对应的层次。

多个同样的标注，也可以用 (图 5.1.7 ②③) 所示的两种样式的引线。

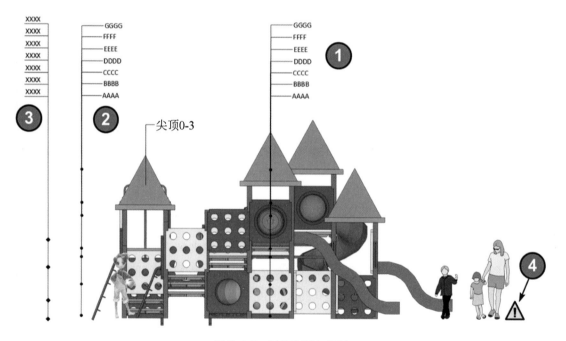

图 5.1.7　特殊引线与标注

标注用的文字可以像图 5.1.7 ②那样安排在引线的端部，也可以像图 5.1.7 ③那样安排在引线的上部。

遇到如图 5.1.7 ④所示的"三角形感叹号警告标志"，大多是因为原始的 SketchUp 模型已经更改，而这里显示的还是更改之前的视口。只要在右键菜单里更新一下，警告标识会自动消除。

图样中如果要采用"集中标注"方式，说明文字的顺序应与被说明的层次对应一致；图 5.1.8 中列出了层次为竖向、横向和倾斜方向时候的标注排序规律。

- 垂直方向的集中标注，其层次应自左向右，标注应自下而上。
- 水平方向的集中标注，层次与标注文字一样，按自下而上的顺序排列。
- 倾斜对象的集中标注，层次顺序类似于水平方向的集中标注。

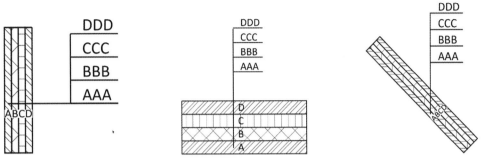

图 5.1.8　3 种特殊引线标注形式

11. 另两种提示信息

当创建的标签如图 5.1.9 左那样以红色高亮显示时，是 LayOut 提醒该标签与模型视图的连接可能是不正确的。若要修复显示红色警报的标签，请执行以下步骤。

(1) 双击显示警报的标签。图中显示的红色点表示标签在模型视图中连接到模型的位置。

(2) 单击并将红色点拖出模型，然后返回模型视图中正确的位置。

(3) 单击标签之外的任何地方，退出标签的编辑模式。

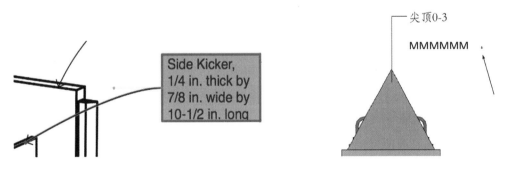

图 5.1.9　标注的提示信息

如标签的蓝色文本框旁边出现一个红色的箭头 (图 5.1.9 右)，则是提示文本框太小，显示的文本不完整。处理的方法如下。

- 手动调整文本框的大小以放得下全部文字。
- 在右键菜单里选择"调整到合适大小"命令获得自动调整。

好了，关于标签和引线的内容就介绍这么多了，你看到的剪贴簿在附件的 LayOut 文件里，注意这个文件有多个页面，你可以用它参考做练习。

5-2 图幅图框与标题栏

这一节要介绍和讨论的主题是"图幅图框与标题栏"，虽然这些内容在国家制图标准里都是有明文规定约束，但它们也是最多被无视而违反的。每一位设计师都该知道：凡是在制图标准里有规定的，就必须严格执行，这是一个合格设计师必须遵守的职业底线。

下面看一下制图标准对于图框和标题栏都有些什么具体的规定。

《房屋建筑制图统一标准》(GB/T 50001) 是包括建筑、规划、景观、室内和进一步细分的结构、暖通、电气、消防、给排水、市政道路、照明、土木、古建等很多专业制图的基础标准。此外的其他行业，如机械、电子等行业对于图幅图框与标题栏的规定也几乎相同。

下面摘录该标准中关于图幅图框和标题栏的重要内容，并对最容易被无视违反的部分加以解读。

1. 关于图纸幅面与图框的规定

制图国标对于图纸幅面及图框尺寸的规定如表 5.2.1 所示，并应符合该标准中规定的格式 (图 5.2.3 ～图 5.2.5)。

- 图框线是每一张图纸必须有的，它和幅面线 (即图纸边缘) 之间的距离可以从表 5.2.1 查到。
- 图框线应按表 5.2.2 所示的线宽绘制，通常是图纸上最粗的线 b。
- 图纸只有 5 种标准幅面，从 A4 到 A0，它们的尺寸就在表 5.2.1 里。
- 因为受到 LayOut 功能方面的限制，最适合 LayOut 应用的幅面，最好不要超过 A2。
- A4 幅面常用来做表格或零件图，绘制图样最常用的就是 A2 和 A3 两种，建筑和景观行业用 A2 较多，室内设计用 A3 较适宜 (方便工人带到现场查阅)。

- 表 5.2.1 以图框离开图纸边缘的距离，间接规定了图框的尺寸。

- 无论图纸幅面的大小，横向的图纸都要在左边留出 25mm 作为装订之用，竖向的图纸装订部分要留在顶部，也是 25mm 宽。

- A4 幅面的图样，几乎全是竖式的，装订部分在左边。

- 图框和标题栏用线的宽度，标准中有具体规定，见表 5.2.2，请遵照执行。

表 5.2.1　幅面及图框尺寸

单位：mm

尺寸代号	幅 面 代 号				
	A0	A1	A2	A3	A4
$b×l$	841×1189	594×841	420×594	297×420	210×297
c	10			5	
a	25				

注：表中 b 为幅面短边尺寸，l 为幅面长边尺寸，c 为图框线与幅面线间宽度，a 为图框线与装订边间宽度。

表 5.2.2　图框和标题栏线的宽度

单位：mm

幅面代号	图框线	标题栏外框线对中标志	标题栏分格线幅面线
A0、A1	b	$0.5b$	$0.25b$
A2、A3、A4	b	$0.7b$	$0.35b$

2. 米制尺度与对中标志

　　需要微缩复制的图纸，其一个边上应附有一段准确米制尺度，4 个边上均应附有对中标志。米制尺度的总长应为 100mm、分格应为 10mm；对中标志应画在图纸内框各边长的中点处，线宽应为 0.35mm，并应伸入内框边，在框外应为 5mm 对中标志的线段，应于图框长边和图框短边尺寸范围取中。

　　现在很多单位，特别是政府部门或大的设计院，在工程完工或重要阶段，需要把图纸做成缩微胶卷存档。为了适应缩微工艺的需要，要在图框线的四边画出对中标志。

　　凡需对图纸缩微存档的，一定要在图纸上按该要求绘制"米制尺度"，为缩微复制提供方便。

　　小型的设计项目，如普通家装，就不必绘制。

3. 关于图纸加长的规定

图纸的短边尺寸不应加长，A0 ～ A3 幅面长边尺寸可加长，但应符合表 5.2.3、表 5.2.4 和图 5.2.1 的规定。

需要对图纸加长时，以长边的四分之一为单位按倍数加长。GB/T 50001 只允许对图纸的长边加长，图纸的短边不允许加长。另据《技术制图图纸幅面和格式》(GB/T 14689—2008) 规定：图纸的短边也可以以 210mm 为单位按倍数加长；长边可以 297mm 为单位按倍数加长。可参见图 5.2.2(该图的信息仅供参考)。

表 5.2.3　图纸长边加长尺寸 (以 A0 为例)

单位：mm

幅面代号	长边尺寸	长边加长后的尺寸			
A0	1189	1486(A0+1/4l)	1783(A0+1/2l)	2080(A0+3/4l)	2378 (A0+l)

表 5.2.4　图纸长边加长后的尺寸

单位：mm

幅面代号	长边尺寸	长边加长后的尺寸
A0	1189	1486(A0+l/4) 1635(A0+3l/8) 1783(A0+l/2) 1932(A0+5l/8) 2080(A0+3l/4) 2230(A0+7l/8) 2387(A0+l)
A1	841	1051(A1+l/4) 1261(A1+l/2) 1471(A1+3l/4) 1682(A1+l) 1892(A1+5l/4) 2102(A1+3l/2)
A2	594	743(A2+l/4) 891(A2+l/2) 1041(A2+3l/4) 1189(A2+l) 1388(A2+5l/4) 1486(A2+3l/4) 1635(A2+7l/4) 1783(A2+2l) 1932(A2+9l/4) 2080(A2+5l/2)
A3	420	630(A3+l/2) 841(A3+l) 1050(A3+3l/2) 1261(A3+2l) 1471(A3+5l/2) 1682(A3+3l) 1892 (A3+7l/2)

注：有特殊需要的图纸，可采用 $b×l$ 为 841mm×891mm 与 1189mm×1261mm 的幅面。

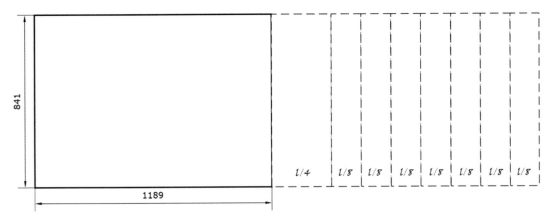

图 5.2.1 图纸加长（以 A0 为例）

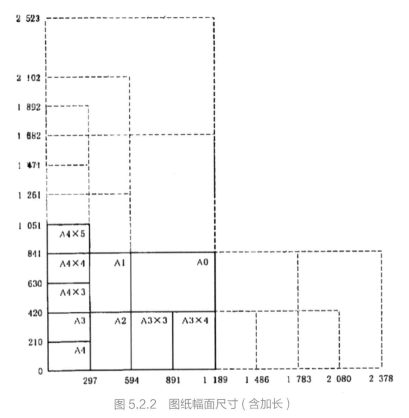

图 5.2.2 图纸幅面尺寸（含加长）

注意，A4 幅面基本用于文件目录或零部件表格、说明文本等，通常不加长。

4. 横式与竖式图纸

图纸以短边作为垂直边应为横式，以短边作为水平边应为立式。A0 ～ A3 图纸宜横式使用，必要时也可立式使用。设计实践中，很少会把大幅面的图纸竖起来用。横式的图纸更适合人类横着长的眼睛。A4 幅面的图纸通常用于文件目录或零部件表格、说明文本等，A4 图样只有竖式，没有横式 (图 5.2.3 ～图 5.2.5)。

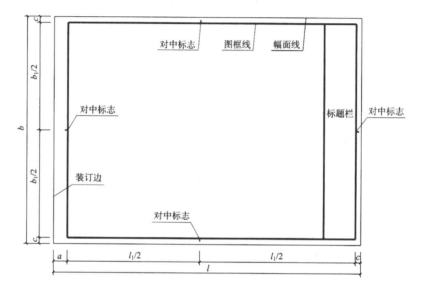

图 5.2.3　A0 ～ A3 横式幅面图框标题栏

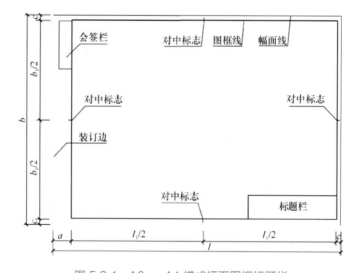

图 5.2.4　A0 ～ A1 横式幅面图框标题栏

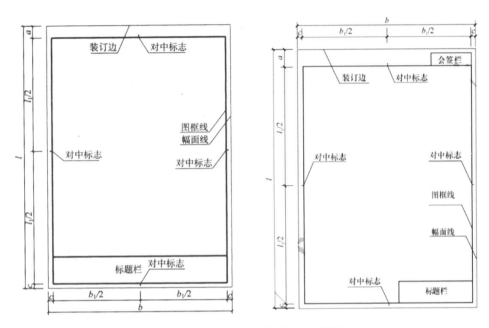

图 5.2.5　竖式图纸的图框和标题栏

5. 成套图纸的不同幅面

一个工程设计文件中，每个专业所使用的图纸，不宜多于两种幅面 (不含目录及表格所采用的 A4 幅面)，也就是说：除了用于文件目录或零部件表格、说明文本等用途的 A4 幅面之外，最好不要用多于两种不同的幅面。

6. 对标题栏位置的规定

图纸中应有标题栏、图框线、幅面线、装订边线和对中标志。图纸的标题栏及装订边的位置，应符合下列规定：

- 横式使用的图纸，应按图 5.2.3 和图 5.2.4 规定的形式布置。
- 竖式使用的图纸，应按图 5.2.5 规定的形式进行布置。
- A4 幅面的图纸统一为竖式。

7. 对标题栏格式的规定

GB/T 50001 第 3 节对于标题栏与其格式作出如下具体规定：

- 应根据工程的需要确定标题栏、会签栏的尺寸、格式及分区。
- 标题栏在图纸上的位置，应符合图 5.2.3 ～图 5.2.5，分别布置在右侧、底部或右下角。
- 为了查阅图纸的方便，图号一定要安排在右下角，这样就可以从右下角快速找到需要的那一张而用不着翻开每一张图纸。
- 标题栏的大小，如图 5.2.6 ①所示，宽 40 ～ 70mm，与图框同高。
- 标题栏的大小，如图 5.2.6 ②所示，高 30 ～ 50mm，与图框同宽。
- 当采用 (图 5.2.6 ③④) 布置时，标题栏高 30 ～ 40mm，宽 200 ～ 240mm。
- 大幅面的图纸，标题栏尺寸可以选上限，小幅面的图纸标题栏可以适当小一些。
- 标题栏所包含的内容与位置可参考图 5.2.6 ①②③④。
- 签字栏应按图 5.2.6 ⑤所示布局。
- 为防止手签潦草不好辨认，签字栏应包括打印的实名列和签名列。

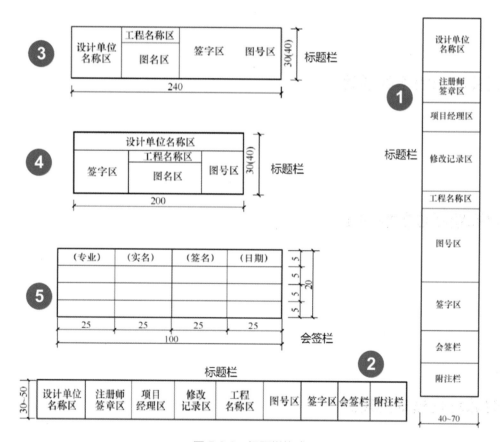

图 5.2.6　标题栏格式

8. 涉外工程图纸的标题栏

涉外工程的标题栏内，各项主要内容的中文下方应附有译文。设计单位的上方或左方，应加"中华人民共和国"字样。在计算机辅助制图文件中使用电子签名与认证时，应符合《中华人民共和国电子签名法》的有关规定。当由两个以上的设计单位合作设计同一个工程时，设计单位名称区可依次列出设计单位名称。

9. 关于幅面线和会签栏

GB/T 50001 第 3 节还提到"幅面线"，这是图纸最外面裁切图纸用的线，要说明一下：以前用晒图机生产出来的蓝图是成卷的，需要人工裁切，裁切线（也就是幅面线）就非常重要；不过，现在的图纸大多使用专业的打印机打印或绘制，纸张都是标准的，所以幅面线就无所谓了。不过，如果公司仍然用晒图机和人工裁切，那么，幅面线一定不能省略，要画出来。

传统图纸还有一个单独的会签栏，放在图纸的左上角图框线外侧的装订区。现在大多已经把会签的部分集中到标题栏，已经很少见到这样的安排了。

10. 关于标题栏的细则

标题栏上有几部分内容是必须有的：设计单位，工程名称和编号，图纸名称，图纸编号，设计和修改的时间，各等级的签字区，等等。每个公司因规模与性质的不同，这些内容会有比较大的差别；特别是签字批准方面，如做家装的小公司，设计师做好设计，业主同意，老板或者主要负责人核准就可以了，根本不需要注册设计师签名，更不需要"审定""审核""校核""项目负责""专业负责""工程负责"等一系列签名栏。所以，标题栏里的内容，在保证上述基本项目外，有比较大的变通空间。通常，各单位都会根据自身的情况制定自己统一的标题栏。

11. 送你 8 种国标模板

作者已经为你制作好了 8 种不同图样的模板（图 5.2.7），包括 A2、A3、A4 的横式和竖式，新式与传统的标题栏，下面介绍一下它们之间的区别和用途。

A2 和 A3 两种横向的图纸是最常用的，尤其是 A3 幅面的打印机，无论激光的还是喷墨的，都比较廉价，打印耗材也便宜，即便小公司也用得起。一个更重要的好处是：A3 幅面的图纸，非常方便装订并且在条件恶劣的工地上可以随时查阅。

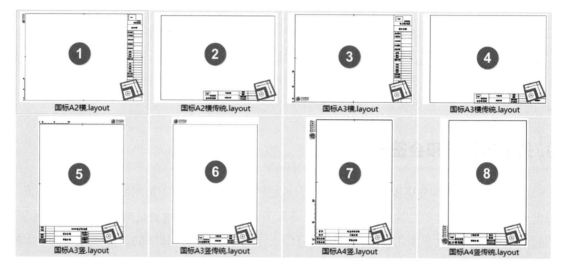

图 5.2.7　8 种国标模板

12. 关于图纸模板的说明

以上图纸模板的标题栏内容，参考了《景观园林制图标准》(CJJ/T 67—2015) 的规定，同时也包含了 GB/T 50001 指定的所有要素，适合建筑、景观与室内设计等大多数相关行业直接应用，也可自行删除或添加、修改部分栏目。

标题栏上越是重要，越是需要经常查阅的栏目，就越要布置得靠近右下角。

这样做就是为了查阅图纸方便，只要掀起整套图纸的右下角就可以快速找到需要的那一张图纸。所以所有图纸模板，右下角都是图纸名称与编号，方便查阅。

A2 幅面的横式图样模板，是作者推荐的最大幅面。想要在 LayOut 里做更大幅面的图纸，操作起来有点辛苦，实在想要用，可以自行改造成更大幅面。

布置与填写标题栏的时候，请注意中文方块字与拼音文字的区别，通常中文两三个方块字所能表达的意思，用拼音文字就要一大串单词和字母，所以很多国外的图纸，标题栏里的内容只能被迫改变排列的方向，读图需要把图纸转 90 度或歪着头，很不方便。中文方块字有言简意赅的优势，完全不需要改变排版方向；但经常看到有些公司的图纸标题栏盲目学习国外图纸标题栏的排版，把公司名称、工程名称等重要内容也转个 90 度竖在图纸上，既不符合制图标准，读图时也不方便，不值得提倡。

A2、A3 幅面的竖版，不常用，也不推荐常用。

A4 幅面的竖版，常用来做表格，如图纸目录、材料清单、汇总表，等等。

请注意图 5.2.7 ②④⑥⑧这 4 幅图纸模板，标题栏稍微小一些，包含的栏目内容也有所调整，但是它们仍然符合 GB/T 50001 的全部要求；它们是我国已经沿用了几十年的传统标题栏，来源于 20 世纪 50 年代的苏联，优点是简单清晰，节约版面，包含了全部主要内容。传统的标题栏更适合大多数中小企业和中小工程应用。

13. 创建一个图纸模板

上面列出的 8 种不同的图纸模板，可以直接使用，也可以修改后使用。下面列出创建一个图纸模板的过程和要点。假设要创建一个最常用的 A3 幅面、横式的，符合国家制图标准的图纸模板 (图 5.2.8)。

(1) 新建一个文件，从默认模板里选用 A3 横向的白纸。

(2) 在"文档设置"对话框、勾选"页边距"，然后输入页边距，左边 25mm，其余 3 面 5mm。

(3) 勾选栅格、显示网格，把次网格细分改成 10。

(4) 绘制图框：画一个矩形，在"形状样式"面板上取消填充，在右键菜单里勾选"对齐网格"，把矩形调整到跟四周的页边距对齐，形成图框 (图 5.2.8 ①)。

(5) 距图框右侧约 60mm 处画一条垂线 (图 5.2.8 ②)，这是标题栏的内框线。

(6) 从剪贴簿里拖出一个国标图线的实线模板，用样式工具取样 b 复制给边框，取样 $0.5b$ 复制给标题栏框线。

(7) 创建一个图层，命名为"图框加标题栏"。全选图框，使用右键菜单移动到新建的图层，后面所画的线条都要放在这个图层 (或事后移动到该图层)。

(8) 在标题栏内画一条水平线，线宽 $0.25\,b$，按 8mm 的间隔复制出 30 多条。

(9) 根据需要，删除一部分水平线，形成想要的大小不同的方格 (图 5.2.8 ③)。

(10) 再画一条垂直方向的线，线宽 $0.25\,b$，把栏目名称和栏目内容分隔开。

(11) 根据需要绘制缩微用的"标尺"和"对中标志"(图 5.2.8 ⑤⑥)。

(12) 全选新画的线，创建群组并且移动到"图框加标题栏"图层。

(13) 锁定这个图层，防止后续的操作中移动它们。

(14) 输入栏目标题文字，完成全选所有文字，创建群组。

(15) 从剪贴簿拖进一个字体模板，用样式工具采样并复制给所有文字。

(16) 微调文字位置，新建一个图层，命名为"标题栏文字"。

(17) 选择所有文字，移动到该图层。

(18) 锁定图框和文字这两个图层，一个新的图纸模板就创建完成了。

(19) 在"文件"菜单里另存为模板，起名为"国标 A3 横"。

(20) 如设定为默认模板，在新建 LayOut 文件的时候就会自动打开这个模板。

(21) 如果需要修改模板里的部分栏目，请先解锁相关图层。

(22) 修改后要立即加锁这两个图层，免得其他操作造成误移动。

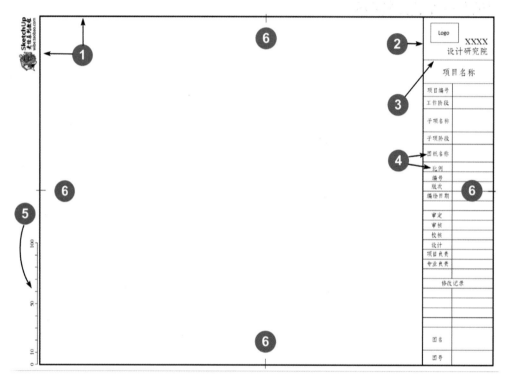

图 5.2.8　国标 A3 横式模板

本节介绍了制图标准中关于图框和标题栏的规定，还制作了一个图样模板。

本节附件里有前面提到的 8 个模板文件，可以直接使用，也可以修改后再用。

5-3　比例轴线和尺寸标注

　　本节的内容比较多，包括"图样比例""定位轴线"和"尺寸标注"三大部分，这些内容都很重要。为了强化这一部分的学习效果，我们还准备了一个模型，要对它做实际的操作演示，其间还要提及绘制和标注图样的时候最容易犯的几种错误。

1. 建筑业制图标准对比例的规定

前文我们曾简单介绍了 LayOut 的比例和比例尺的设置，这一节还要再深入点讨论比例的问题。先看一下跟我们有关的几个制图标准里，对图纸比例都有些什么规定。

表 5.3.1 是《房屋建筑制图统一标准》(GB/T 50001) 对于图纸比例的规定，这个标准是所有跟建筑、建设有关行业制图标准的基础；标准文本中关于图样比例方面的文字不多，但每个字都很重要。这里要特别提出需要注意的 3 处。

(1) 表 5.3.1 中有"常用比例"和"可用比例"两栏，标准文本中明确说明"应优先采用表中的常用比例"；换句话讲，没有非常特殊的情况，尽量不要用表格里的"可用比例"。

(2) 一般情况下，一个图样应只选用一种比例；根据专业制图需要，同一图样可选用两种比例。也就是说，当需要在图样中用副图形式突出放大或缩小某一部分的时候，时常会用第二种比例，但是需要注明副图使用的比例。

(3) 制图标准给特殊情况留下了一个"自选比例"的可能，但是必须在注明比例之外，绘制对应的比例尺。

表 5.3.1 绘图所用的比例

常用比例	1：1、1：2、1：5、1：10、1：20、1：30、1：50、1：100、1：150、1：200、1：500、1：1000、1：2000
可用比例	1：3、1：4、1：6、1：15、1：25、1：40、1：60、1：80、1：250、1：300、1：400、1：600、1：5000、1：10000、1：20000、1：50000、1：100000、1：200000

2. 室内装饰装修业图样比例

室内装饰装修业的图样，要接受《房屋建筑室内装饰装修制图标准》(JGJ/T 244—2011) 的约束。下面列出相关规定要点。

该标准 3.4.1 节明确指出："图样的比例表示及要求应符合现行国家标准《房屋建筑制图统一标准》(GB/T 50001) 的规定。"

第 3.4.2 节列出了可用的常用比例："图样的比例应根据图样用途与被绘对象的复杂程度选取。常用比例宜为 1：1、1：2、1：5、1：10、1：15、1：20、1：25、1：30、1：40、1：50、1：75、1：100、1：150、1：200。"

Q 注意

其中，1∶15、1∶25、1∶40、1∶75 四种比例是为适应行业需要增加的。

标准文本的第 3.4.3 节做出了更加具体的规定："绘图所用的比例，应根据房屋建筑室内装饰装修设计的不同部位、不同阶段的图纸内容和要求确定，并应符合表 5.3.2 的规定。对于其他特殊情况，可自定例。"

表 5.3.2　各种图纸适用的比例

比　例	部　位	图纸内存
1∶200~1∶100	总平面、总顶面	总平面布置图、总顶棚平面布置图
1∶00~1∶50	局部平面，局部顶棚平面	局部平面布置图、局部顶棚平面布置图
1∶00~1∶50	不复杂的立面	立面图、剖面图
1∶50~1∶30	较复杂的立面	立面图、剖面图
1∶30~1∶10	复杂的立面	立面放大图、剖面图
1∶10~1∶1	平面及立面中需要详细表示的部位	详图
1∶10~1∶1	重点部位的构造	节点图

3. 风景园林业图样比例

风景园林业的图样，要接受《风景园林制图标准》(CJJ/T 67—2015) 的约束。表 5.3.3 和表 5.3.4 是风景园林制图标准对于比例的规定，分成"方案设计"和"初步设计与施工图"两大类不同用途的图样，不同用途的图样要用不同的比例。

"方案设计"(表 5.3.3) 还细分成小于 5000 平方米和大于 5000 平方米两种不同规模项目所用图样的比例。初步设计与施工图设计部分就分得更加细致 (表 5.3.4)，学习和实战中请注意对照行。

表 5.3.3　方案设计常用比例

图纸类型	绿地规模（hm²）		
	≤50	>50	异形超大
总图类（用地范围、现状分析、总平面、竖向设计、建筑布局、园路交通设计、种植设计、综合管网设施等）	1∶500、1∶1000	1∶1000、1∶2000	以整比例表达清楚或标注比例尺
图纸类型	绿地规模（hm²）		
	≤50	>50	异形超大
重点景区的平面图	1∶200、1∶500	1∶200、1∶500	1∶200、1∶500

表5.3.4 初步设计与施工图设计图纸常用比例

图纸类型	初步设计常用比例	施工图设计图纸常用比例
总平面图	1：500、1：1000、1：2000	1：200、1：500、1：1000
分区（分隔）图	—	可无比例
放线图、竖向设计图	1：500、1：1000	1：200、1：500
种植设计图	1：500、1：1000	1：200、1：500
园路铺装及部分详图索引平面图	1：200、1：500	1：100、1：200
园林设备、电气平面图	1：500、1：1000	1：200、1：500
建筑、构筑物、山石、园林小品设计图	1：50、1：100	1：50、1：100
做法详图	1：5、1：10、1：20	1：5、1：10、1：20

4. 总图比例

《总图制图标准》(GB/T 50103—2010)适用于城乡规划、建筑和景观等专业的总图设计，对于比例方面的规定同样分得很细，见表5.3.5。

表5.3.5 总图比例

图　名	比　例
现状图	1：500、1：1000、1：2000
地理交通位置图	1：25000、1：200000
总体规划、总体布置、区域位置图	1：2000、1：5000、1：10000、 1：25000、1：50000
总平面图、竖向布置图、管线综合图、土方图、铁路、道路平面图	1：300、1：500、1：1000、1：2000
场地园林景观总平面图、场地园林景观竖向布置图、种植总平面图	1：300、1：500、1：1000
铁路、道路纵断面图	垂直：1：200、1：200、1：500 水平：1：1000、1：2000、1：、1：5000
铁路、道路横断面图	1：20、1：50、1：100、1：200
场地断面图	1：100、1：200、1：500、1：1000
详图	1：1、1：2、1：5、1：10 1：20、1：50、1：100、1：200

除了表 5.3.5 列出的规定之外，该标准的 2.2.2 节有个附带说明："一个图样宜选用一种比例；铁路、道路、土方等的纵断面图，可在水平方向和垂直方向选用不同比例。"

上面分别从总图、建筑、景观、室内 4 个方面介绍了图样比例方面的规定和特殊补充、修正条款。可见，"图样比例"对于所有行业的设计师都是一个必须重视的环节，下面列出各行业通用的关于图样比例的概念与标注原则。

比例是表示图样尺寸与物体实际尺寸的比值，在工程制图中注写比例是为了能在图纸上反映物体的实际尺寸。

图样的比例，应为图形与实物相对应的线性尺寸之比。比例的大小，是指其比值的大小，如 1 : 50 大于 1 : 100。

比例的符号为英文的冒号"："，比例应以阿拉伯数字表示，如 1 : 1、1 : 2、1 : 100 等。

比例宜注写在图名的右侧，字的基准线应取平；比例的字高宜比图名的字高小一号或二号。

必要时，如采用了非标准的比例或需要强调尺寸概念时，可以采用比例尺图示法来表达，并专门绘制一个比例尺，如图 5.3.1 比例尺的文字高度为 6.4mm(约 18pt，所有图幅一样)，字体均为"简宋"或"仿宋"。

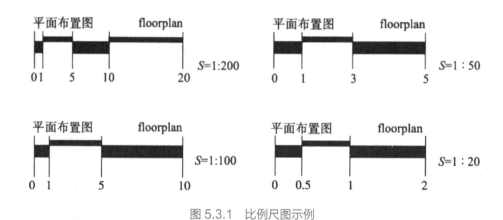

图 5.3.1　比例尺图示例

5. 几个行业对于定位轴线的规定

《房屋建筑室内装饰装修制图标准》(JGJ/T 244—2011)3.11 节对于"定位轴线"的规定只有一句话："定位轴线的绘制应符合现行国家标准《房屋建筑制图统一标准》(GB/T 50001) 的规定"。

因行业特点《风景园林制图标准》(CJJ/T 67—2015) 中没有对定位轴线做具体规定，但是在第 4.7 节说明："计算机制图规则应符合现行国家标准《房屋建筑制图统一标准》(GB/T 50001) 中的相关规定。"另外,《总图制图标准》(GB/T 50103—2010) 的"引用标准"只有一个,同样是《房屋建筑制图统一标准》(GB/T 50001)。

综上所述,建筑业和室内设计业绘制"定位轴线"的依据都是《房屋建筑制图统一标准》GB/T 50001;此外,风景园林或规划设计中凡有涉及房屋建筑,包括定位轴线的部分同样要受 GB/T 50001 的约束。

6. 定位轴线的绘制和编写

确定房屋中的墙、柱、梁和屋架等主要承重构件位置的基准线,称为定位轴线,它使房屋的平面位置简明有序。

定位轴线应用 0.25b 线宽的单点画线绘制。

定位轴线应编号,编号应注写在轴线端部的圆内。圆应用 0.25b 线宽的实线绘制,直径宜为 8 ~ 10mm,定位轴线圆的圆心应在定位轴线的延长线上或延长线的折线上。

除较复杂图样需采用分区编号或圆形、折线形外,平面图上定位轴线的编号,宜标注在图样的下方及左侧,或在图样的四面标注。

横向编号应用阿拉伯数字,从左至右顺序编写;竖向编号应用大写英文字母,从下至上顺序编写,如图 5.3.2 所示。

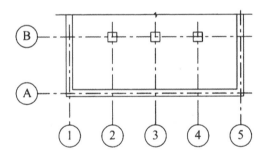

图 5.3.2　轴线编号

英文字母作为轴线号时,应全部采用大写字母,不用同一个字母的大小写来区分轴线号。英文字母的 I、O、Z 不得用作轴线编号。当字母数量不够使用时,可增用双字母或单字母加数字注脚。定位轴线的编号方法适用于较大面积和较复杂的建筑物,一般情况下没有必要采用分区编号。

图 5.3.3 所示是一个分区编号的例图,具体如何分区要根据实际情况确定。

图 5.3.3 ①②指出了两处一根轴线分属两个区的情况,这种情况也可编为两个轴线号。

组合较复杂的平面图中，定位轴线可采用分区编号。编号的注写形式应为"分区号 - 该分区定位轴线编号"。分区号宜采用阿拉伯数字或大写英文字母表示。

多子项的平面图中，定位轴线可采用子项编号，编号的注写形式为"子项号 - 该子项定位轴线编号"，子项号采用阿拉伯数字或大写英文字母表示，如"1-1""1-A""A-1""A-2"，当采用分区编号或子项编号，同一根轴线有不止 1 个编号时，相应编号应同时注明。

附加定位轴线的编号应以分数形式表示，并应符合规定：两根轴线的附加轴线，应以分母表示前一轴线的编号，分子表示附加轴线的编号，编号宜用阿拉伯数字顺编写。如：

(1/2) 表示 2 号轴线之后附加的第一根轴线。

(3/C) 表示 C 号轴线之后附加的第三根轴线。

1 号轴线或 A 号轴线之前的附加轴线的分母应以 01 或 0A 表示：

(1/01) 表示 1 号轴线之后附加的第一根轴线。

(3/0A) 表示 A 号轴线之后附加的第三根轴线。

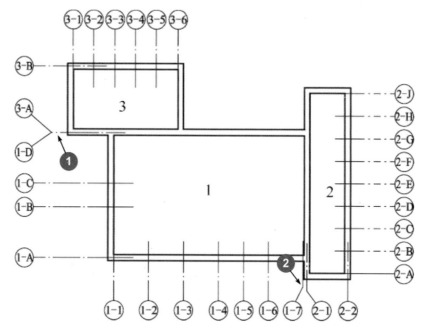

图 5.3.3 定位轴线分区编号

一个详图适用于几根轴线时，应同时注明各有关轴线的编号，方法如图 5.3.4 所示。

通用详图中的定位轴线，应只画圆，不注写轴线编号 (为减少出图量和统一方法， 如把多栋建筑、多个位置都适用的大样集中画在通用详图内，由于引用位置多,轴线编号无法表述,因而不注轴线)。

图 5.3.4　详图的轴线编号

　　圆形与弧形平面图中的定位轴线，其径向轴线应以角度进行定位，其编号宜用阿拉伯数字表示，从左下角或 -90 度 (若径向轴线很密，角度间隔很小) 开始，按逆时针顺序编写；其环向轴线宜用大写英文字母表示，从外向内顺序编写，如图 5.3.5、图 5.3.6 所示。

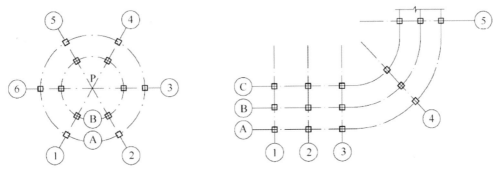

图 5.3.5　圆形平面轴线编号　　　　　　图 5.3.6　弧形平面轴线编号

　　圆形与弧形平面图的圆心宜选用大写英文字母编号 (I、O、Z 除外)，有不止一个圆心时，可在字母后加注阿拉伯数字进行区分，如 P1、P2、P3。

　　折线形平面图中定位轴线的编号可按图 5.3.7 的形式绘制编写。

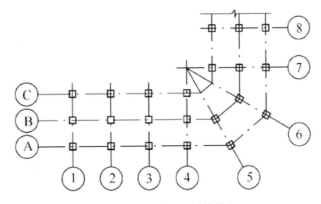

图 5.3.7　折线平面轴线编号

7. 尺寸标注的规定

在绘制工程图样时，图形不仅表达物体的形状，还必须标注完整的尺寸数据并配以相关文字说明，才能作为施工等工作的依据。

1) 尺寸界线、尺寸线及尺寸起止符号

图样上的尺寸，包括尺寸界线、尺寸线、尺寸起止符号和尺寸数字四大要素 (图 5.3.8)。

尺寸界线应用细实线绘制，一般应与被注长度垂直，其一端应离开图样轮廓线不小于 2mm，另一端宜超出尺寸线 2 ～ 3mm。图样轮廓线可用作尺寸界线 (图 5.3.9)。

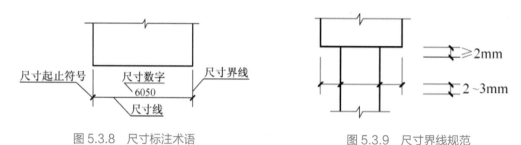

图 5.3.8　尺寸标注术语　　　　　图 5.3.9　尺寸界线规范

尺寸线应用细实线绘制，应与被注长度平行，两端宜以尺寸界线为边界，必要时可超出尺寸界线 2 ～ 3mm。图样本身的任何图线均不得用作尺寸线。

尺寸起止符号用中粗斜短线绘制，其倾斜方向应与尺寸界线成顺时针 45° 角，长度宜为 2 ～ 3mm。轴测图中也可用小圆点表示尺寸起止符号，小圆点直径 1mm (图 5.3.10)。半径、直径、角度与弧长的尺寸起止符号，宜用箭头表示，箭头宽度 b 不宜小于 1mm (图 5.3.11)。

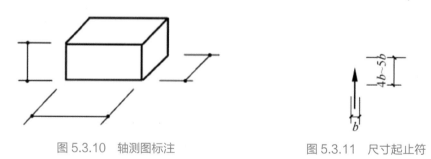

图 5.3.10　轴测图标注　　　　　图 5.3.11　尺寸起止符

2) 尺寸数字

图样上的尺寸，应以尺寸标注的数字为准，不应从图上直接量取。图样上的尺寸单位，除标高及总平面以米为单位外，其他必须以毫米为单位。尺寸数字的方向，应按图 5.3.12 左所示的规定注写在尺寸线的左侧或上方。若尺寸数字在 30 度斜线区内，也可按图 5.3.12 右的形式注写在水平方向。

计算机辅助设计中，以图 5.3.12 左为默认的首选注写方式。

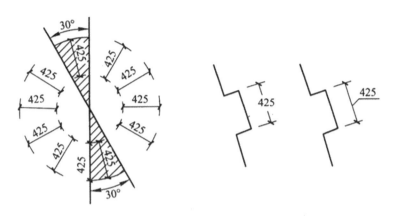

图 5.3.12　倾斜标注的规范

尺寸数字应依据其方向注写在靠近尺寸线的上方中部 (图 5.3.13 ①)。如没有足够的注写位置，最外边的尺寸数字可注写在尺寸界线的外侧 (图 5.3.13 ②)，中间相邻的尺寸数字可上下错开注写 (图 5.3.13 ③)；还可用引出线表示标注尺寸的位置 (图 5.3.13 ④)。

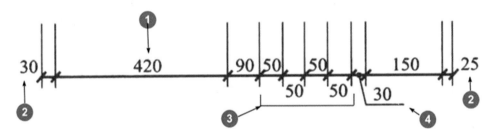

图 5.3.13　尺寸标注位置规范

3) 尺寸的排列与布置

尺寸标注分为总尺寸、定位尺寸、细部尺寸 3 种。

绘图时，应根据设计深度和图纸用途确定所需注写的尺寸。原则上尺寸应标注在图样轮廓以外；当需要标注在轮廓线以内时，不应与图线、文字及符号等相交或重叠 (图 5.3.14 左)；如尺寸标注在图样轮廓线内 (图 5.3.14 右)，尺寸数字处的图线 (包括剖面线) 应断开，此时图样轮廓线也可作为尺寸界限。

互相平行的尺寸线，应从被注写的图样轮廓线由近向远整齐排列，较小尺寸应离轮廓线较近，较大尺寸应离轮廓线较远 (图 5.3.15)。轮廓线以外的尺寸界线距图样最外轮廓间的距离不宜小于 10mm(图 5.3.15 ①)。平行排列的尺寸线的间距宜为 7 ～ 10mm，并应保持一致 (图 5.3.15 ②③)。总尺寸的尺寸界线端部应靠近所指部位 (图 5.3.15 ④)。中间的分尺寸的尺寸界线可稍短，但其长度应相等 (图 5.3.15 ⑤)。

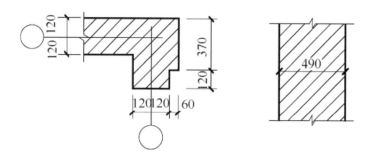

图 5.3.14　尺寸标注排列布置 1

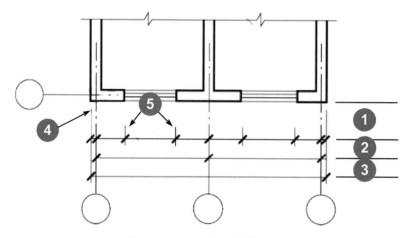

图 5.3.15　尺寸标注排列布置 2

　　总尺寸应标注在图样轮廓以外。定位尺寸及细部尺寸可根据用途和内容注写在图样外或图样内相应的位置。

　　在下一节中将结合 SketchUp 模型和在 LayOut 里的操作讨论其实际运用。

5-4　比例轴线和尺寸标注例

　　上一节介绍了制图国标中对 "图样比例" "定位轴线" 和 "尺寸标注" 三方面的规定，这些规定都是每一位设计师需要熟记并严格执行的重要内容。为了增强理解和记忆，这一节我们准备了一个 SketchUp 模型，要在 LayOut 里对它做实际的操作，其间还要提及绘制和标注图样的时候最容易犯的几种错误。因为以图文的形式很难表达实际操作中的细致过程，所以建议你结合视频教程对照学习。图 5.4.1 所示是一个室内装修设计用的模型，由一位同学提供并经作者修改。

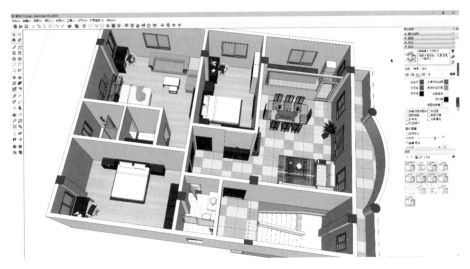

图 5.4.1　SketchUp 模型

1. 第一种错误（彩色施工图）

这里要特别提出一个很多人正在犯的错误：有人用赋完材质后的 SketchUp 模型在 LayOut 里生成施工用的图样，看完下面列出的三个理由，你就会知道，这样做有害无益并且违反制图标准，应该绝对避免。

理由一：完整的图纸上，各种线条、标签、引线、符号、标注非常复杂，表达的信息重要又丰富，有些图线和引线非常细；就算在没有彩色材质干扰的条件下，想要准确辨认和理解都比较麻烦；如果对象已经赋了材质，标注引线符号等很细的线条就更加难以辨认，会给现场施工人员的读图带来不必要的困扰和麻烦，还容易出错。所以，做施工图用的模型一定不要带颜色和材质（插入成套文件里的整幅或局部效果图除外）。

理由二：施工图最终是要打印出来提供给现场施工人员的，如果打印成彩图，成本要高很多倍，效果还不一定好；若是把彩色打印成黑白图，彩色变成了深浅不一的灰色，就更容易造成线条与符号难以辨认的结果。所以，作为设计师，不管是为节约打印成本考虑还是为避免施工人员读图麻烦考虑，或者为图纸清晰美观考虑，请一定不要把施工图样做成彩色的。

理由三：翻遍我国相关行业的制图标准，除了《风景园林制图标准》(CJJ/T 67) 对风景园林规划制图允许对地块用途、图例等使用指定的 CMYK 颜色之外，其他所有行业的制图标准都没有允许使用彩色的线条或填充；即便是《风景园林制图标准》(CJJ/T 67) 里，允许使用 CMYK 彩色的也只有规划图，而"设计图"就不再允许使用彩色。

所以，即使你的 SketchUp 模型已经做完了材质和贴图，可以用来导出辅助用的彩图或留作渲染。如果要用这个模型制作施工图，请一定提前在 SketchUp 里把它调整成"单色"或"消隐"显示模式(用样式工具或"视图"菜单)，以免细图线与尺寸线、标注线等看不清楚。如果你实在想要展示模型的"姿色"，可以单独另附一幅彩图。

2. 第二种错误（透视施工图）

第二个很多人正在犯的错误是：在 LayOut 里用透视状态的模型生成施工图，这种做法大量见诸网络帖子，最早见于国外，现在国内也在流行这种做法，但是这绝对不是正确的，更不是好习惯；虽然这样做在一定程度上可以看到墙面上更多的模型细节，可惜这是舍本求末的想法。

每一位绘制图样的人必须知道并且要严格遵循的是：施工用的图样，最重要的并非是你的图纸有多好看，多么新颖，多么与众不同，能展示多少细节；图纸上需要的仅仅是精确的尺寸，简单明确并且严谨的标注，元素间的位置关系等信息。图纸上与主题无关的细节和信息越少越好，太多的细节和无关信息一定会干扰读图，这是所有设计师要努力避免的。

还有，透视状态下的模型，在 LayOut 里无法应用真实的比例。仅仅这一点就从根本上决定了这样做无法画出符合国家制图标准的图样；换个说法，在透视状态下绘制的施工图样一定不符合国家制图标准并且影响读图，所以一定要避免。

如果必须用透视的形式来展示模型的全部或一部分，可以在图样的一角附上一个透视图，或者干脆在各种平立剖面图之外另附一页透视图，专门用来展示在平、立、剖图样上无法展示的重点。

3. 创建剖面的要点

室内设计通常把剖面设置在窗台以上(指平面图)，这样既能反映门窗的实际情况，又不至于破坏室内其他要素的位置，如把剖面设置在窗台以上 200 ～ 300mm 的位置。

建筑业的剖面可设置在能够观察全局的位置或需要突出表达的位置。

如果是多层建筑，每一层的剖切位置要尽可能相同。

◐ 注意

SketchUp 默认的剖面填充色太深，会影响尺寸线、引线、标注等的设置和读取，一定要提前在 SketchUp 里调整成浅灰色。

SketchUp 的剖面填充色可在创建默认模板的时候预置好，以后不用重复设置。

4. 模型准备

以前曾经提到过，SketchUp 模型与 LayOut 关联有两种方法：SketchUp "发送"到 LayOut；从 LayOut 一侧"插入"，建议用后者以获得自动的关联。模型关联到 LayOut 之前，还要提前做以下准备。

(1) 查看有没有正反面的问题，如果有要及时翻面纠正。

(2) 清理模型里的垃圾。

(3) 新增加一个"建筑施工文档样式"或"木工样式"(因为它们没有背景)。

(4) 取消"天空""地面"设置。

(5) 调整成"单色"或"消隐"显示模式。

(6) 设置剖面 (窗台以上 300mm)，注意剖面填充色要调成浅灰色。

(7) 模型调成"俯视图"和"平行投影"。

(8) 用"发送"或"插入"方式建立关联，如图 5.4.2 所示。

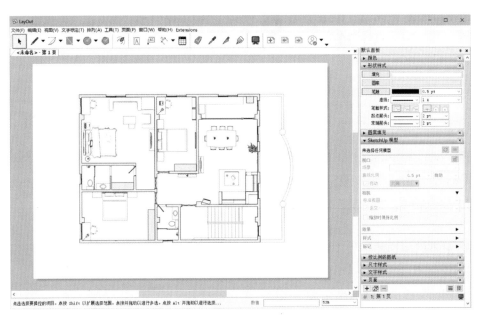

图 5.4.2　导入 LayOut 后

5. 设置比例

现在模型已经关联到了 LayOut(图 5.4.2)，接着还有一系列的工作要做。

(1) 首先要新建一个图层，命名为"视口"或者"模型"，全选模型后在右键菜单里移动到这个新的图层中。

(2) 为了进行下一步的各种标注，需要对模型指定一种制图国标允许的比例。

(3) 在"常用比例"中挑选相近的合适比例——1∶50 或 1∶100，试用后发现前者太大，后者又太小，考虑再三，只能到不是常用的"可用比例"序列里去找一个，最后确定用 1∶80 的比例 (需自行添加)。

(4) 图 5.4.3 ①所示为当前比例 1∶57.1747，单击图 5.4.3 ②处的"添加自定比例"选项，弹出"LayOut 系统设置"对话框，然后在图 5.4.3 ③处添加 1∶80 的新比例，图 5.4.3 ④处是新添加的比例。

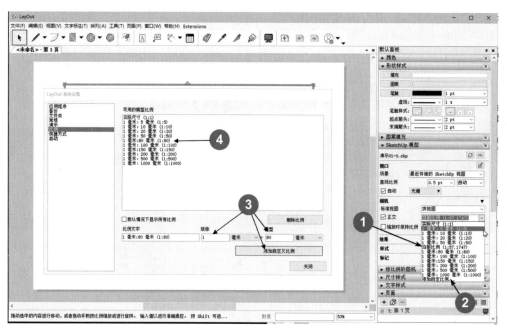

图 5.4.3　设置合适并符合国标的比例

(5) 如果不想用这种不太常用的比例，换用更大或更小幅面的图纸，就可以用 1∶50 或 1∶100 的比例了。

(6) 比例确定以后，还要锁定这个图层，免得误移动。

6. 绘制按比例的图纸

上面的篇幅中介绍了 SketchUp 模型关联到 LayOut 后设置比例的操作；设计实践中还有一种常见的操作是按严格的比例直接绘制图样 (不是插入模型)，可以按照以下的顺序进行操作。

(1) 新建一个文件或者在原有文件里新建一个页面。

(2) 调出默认面板的"按比例的图纸"面板。

(3) 单击图 5.4.4 ①处的"绘制按比例的图纸"按钮。

(4) 在图 5.4.4 ②所示位置选择想要使用的比例。

(5) 图 5.4.4 ③所示是已经选择了 1∶100 的比例，单位是十进制的毫米。

图 5.4.4　按比例绘图

(6) 接着就可以在新建的图纸上绘制"按比例的图样"了。

7. 绘制定位轴线

接下来要把定位轴线确定下来，我已经提前做好了轴线相关的剪贴簿，如图 5.4.5、图 5.4.6 所示 (在"09 国标定位轴线"剪贴簿里)。图 5.4.5 所示是最常用的定位轴线，图 5.4.6 所示是分区定位轴线。图 5.4.5 中字母数字外的圆圈直径约 10mm，符合国标要求，不必改动。轴线是单点画线，宽 0.7pt / 0.25mm，虚线节距 1.5X，也不必改动。

使用方法如下。

(1) 逐一单击剪贴簿里的轴线，不要松开鼠标拖曳到图样上。

(2) 移动到符合制图标准的位置，通常是柱子的中心或楼板支撑位。

(3) 双击进入定位轴线群组，可以任意调节轴线的长度。

(4) 剪贴簿附上更多带圈的字母、数字，方便你自行增加。

这个实例的定位轴线数量可以根据柱子的数量确定，根据柱子的中心来设置；竖向的柱子有两处，分别命名为 A 和 B；横向有四处，分别命名为 1、2、3、4(图 5.4.9)。

新增一个图层，命名为"轴线"；把所有轴线移动到这个新图层，并锁定。

关于轴线的绘制与应用，制图标准里有具体的规定，我已把几个重点写下来放在本节末尾的"附录一"里供查考。

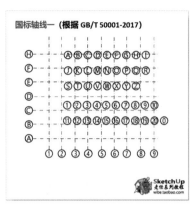

图 5.4.5　国标轴线剪贴簿 1

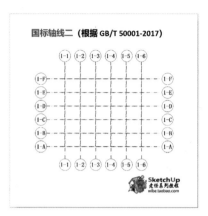

图 5.4.6　国标轴线剪贴簿 2

8. 尺寸标注

在正式标注尺寸之前，要根据当前的比例，提前做好几个设置。

(1) 新增一个图层，命名为"尺寸"，并设置成当前图层，所有尺寸标注都在这个图层里 (或事后移动到这个图层)。

(2) 在"尺寸样式"面板上做好相关的设置 (标注位置、取消显示单位、比例、精度、引线样式、延长线和间隙尺寸等)。

(3) 在"文字样式"面板上指定标注尺寸用的字体和大小。

每一次都要做这么多的设置非常麻烦，不过有便捷的好方法：用我的剪贴簿，"03 国标比例"里面有一个常用国标比例 (图 5.4.7) 和一个非常用国标比例 (图 5.4.8)。

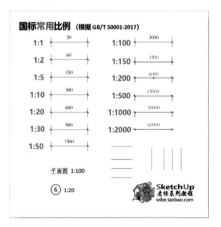

图 5.4.7　国标常用比例剪贴簿

图 5.4.8　国标非常用比例剪贴簿

你现在要做的事情是，只要把前面已经确定的 1∶80 的这一组比例拉到绘图窗口里面来，然后用样式工具对它采样，接着再做尺寸标注就可以了，免除了很多重复的设置，还不容易出错。

为了节约篇幅，我已经提前做好了部分外部尺寸的标注，见图 5.4.9。 关于尺寸标注，GB/T 50001 制图标准里已经有详细的规定， 这里再把 GB/T 50001 中说得不够细致的地方补充说明一下。

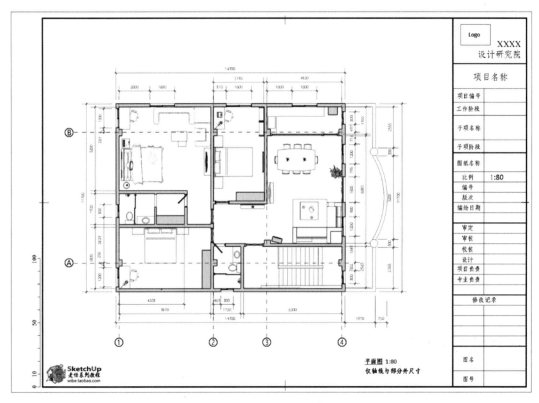

图 5.4.9　尺寸标注例

- 尺寸标注可分为外部尺寸和内部尺寸两类，标注在轮廓线之外的是外部尺寸，标注在轮廓线以内的是内部尺寸，为方便读图，尽量减少内部尺寸。

- 为便于读图和施工，平面图中的外部尺寸规定标注三道。

- 最外面的一道为总尺寸，标明房屋的总长度和总宽度，一般标注至建筑的墙外皮，也叫作外包尺寸。

- 第二道为定位尺寸，主要是标注轴线之间的尺寸，一般为房间的开间或进深尺寸。

- 第三道为细部尺寸，一般需要标出各组成部分的位置及大小，如外墙上门窗洞口的形状和定位尺寸，以及与轴线相关的尺寸。

- 除以上三道尺寸外，还应标注外墙以外的花台、台阶、散水等尺寸，称为局部尺寸。
- 最里面一道尺寸线离轮廓线不小于 10mm，相邻尺寸线之间相隔 7 ～ 10mm。
- 内部尺寸：如房间的净空大小、内墙上的门窗洞位置和宽度、楼梯的主要定位和定位尺寸、主要固定设施的形状和位置尺寸等。如果尺寸太密、重叠太多表示不清楚，可另用大比例的局部详图表示，在建筑平面图中则不必详细注明该部分的细部尺寸。
- 按制图国标，尺寸线和尺寸界线都应该用细实线绘制，所以用虚线绘制尺寸线是错误的。尺寸起止符号用 45 度，2 ～ 3mm 的中粗斜短线，也可以用直径 1mm 的圆点。半径、直径、角度、弧长的起止符用箭头。
- 一个总尺寸和几个小尺寸容易形成"封闭尺寸链"，最好注意避免 (附录二)。

回到图 5.4.9，再补充说明一下。

- 图上有一些门窗的尺寸，必要的时候也可以放在内部尺寸里去标注。
- 有些门窗的位置是从轴线开始测量标注的，符合制图标准的要求；当然也可以从内部墙角或其他基准面做测量标注，前提是方便与准确。
- 标注过分小的尺寸，LayOut 会自动生成一个弯曲的引线，可以双击后移动数字的位置。
- LayOut 线性尺寸标注的默认快捷键是字母 D，可以连续标注。
- 室内装修用的图，没有特殊需要，墙体的厚度就不用标注了，这样可以省掉大量麻烦的小尺寸。
- 因为建模时候的误差，以及标注尺寸时候捕捉标注点的误差，会造成标注好的尺寸可能是个尴尬的数字，可以酌情四舍五入或修改。

9. 倾斜的尺寸标注

大多数尺寸标注都是在类似图 5.4.10 所示的，横平竖直的理想条件下完成的，不会有什么难度，对于这种对象做尺寸标注的要领是：

- 尺寸标注的默认快捷键是 D，这是要常用的快捷键，请记住。
- 调用尺寸标注工具后单击图 5.4.10 ①，再单击图 5.4.10 ②。
- 移动出现的尺寸线到图 5.4.10 ③的位置，第三次单击确认标注。

但是，换了个情况就不一定了，如对图 5.4.11 所示的倾斜对象做尺寸标注就有点麻烦。

用 LayOut 的尺寸标注工具对倾斜的对象做标注，工具会非常不听话：单击图 5.4.11 ①②两处没有问题，但是尺寸和尺寸线生成后，再想要把尺寸线移动到图 5.4.11 ③的位置，就不会轻易实现了，尺寸线一直在水平和垂直之间滑来滑去，就是不肯就位。碰到这种情况时，慢慢移动光标，一旦见到符合要求的标注，果断单击鼠标左键确认。

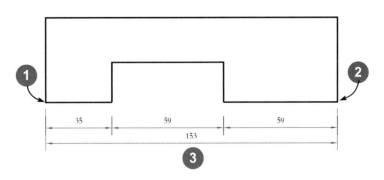

图 5.4.10　尺寸标注程序

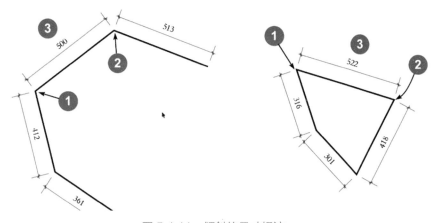

图 5.4.11　倾斜的尺寸标注

不过还有个办法可以试试：先后单击图 5.4.11 ①②两处后，按住 Alt 键再移动光标，这时可以同时旋转和移动尺寸线的角度，能部分解决上述难题。

做标注的时候，还有一个需要注意的地方是：想要捕捉的点，不一定正好在网格的交点上。所以为了顺利标注，请提前在右键菜单里取消"对齐网格"的勾选，以便工具能精准捕捉到尺寸标注点而不是标注点附近的网格交点。

以上说了一些尺寸标注中容易出错的问题，关于尺寸和标注，还有很多内容，下一节还要介绍尺寸标注里的"标高""角度""弧度""弧长""弦长""坡度""非圆曲线"等内容。

附录一：制图国标对定位轴线的规定

(1) 定位轴线是确定房屋中的墙、柱、梁和屋架等主要承重构件位置的基准线，要用细的单点画线绘制。次要的墙体和柱子可以编为分轴线号，没有基础的墙体一般不进行编号。

(2) 定位轴线应编号，编号应注写在轴线端部的圆内。圆应用细实线绘制，直径为 8 ～ 10mm。定位轴线圆的圆心，应在定位轴线的延长线上或延长线的折线上。

(3) 平面图中的轴线分为横竖两个方向，横向编号应按从左到右的顺序进行编写，分别是1、2、3……，竖向编号按从下至上的顺序进行编写，分别是 A、B, C……。注意：字母 I、O、Z 不能用作轴线的编号，以防跟数字 1、0、2 混淆。

(4) 轴线在墙体和柱子中的平面位置是根据其上部构件的支撑长度来确定的。比如砌体结构中的楼板的支撑长度一般是 120mm，所以 240mm 厚的墙体轴线就位于墙体正中的位置，360mm 厚的墙体轴线就位于靠近墙体内缘线 120mm 的位置。绘图和读图的时候必须要注意到轴线与墙体的位置关系。施工时，测量放线均以轴线的位置为准。

附录二：关于"封闭的尺寸链"

每个尺寸链中一定会有重要的尺寸和允许出现误差的尺寸，施工时要优先保证重要尺寸的准确、设计师就要在尺寸链中为施工者留出一个允许出现误差的位置；如 (图 5.4.8) 右上角有个尺寸 4820mm 的总长度，(请打开附件中的图纸查看) 其中已经标出了含窗洞 1600，窗洞左边的墙 1600，等于告诉施工者这两个尺寸是要保证准确的，剩下一段没有标注尺寸的长度通过简单计算知道是 1620，这个尺寸叫作"名义尺寸"，也就是允许出现误差的位置，施工完成后测量，这一段就算是比 1620 大或小几毫米到几十毫米，但是只要做到三段加起来的总长度等于 4820 就合格，这是合理的做法。

如果总长度是 4820，再把三个小尺寸全都标出来，分别是 1600、1600、1620，这样的尺寸标注就是"封闭的尺寸链"。施工者拿到这样的尺寸，不知道哪些尺寸必须是准确的，积累的误差可以分配到哪些段；严格讲，这种要求是无法完成的，原因是设计者不允许施工者出现任何误差，这样的要求谁都做不到。

建筑工程图纸上标注的尺寸很多都不考虑尺寸链封闭的问题，这样的做法已成为一种行业潜规则，这样，所有的小尺寸都成了允许产生误差的"名义尺寸"或"自由尺寸"，只要保住大尺寸就合格；从理论的角度考虑，这种设计者与施工者之间的默契并不合理，出了问题，设计者也要承担责任，也许还是主要责任。所以，把所有可以标注尺寸的位置一个不缺地全部标注，严格讲是画蛇添足。

附录三：LayOut 出图应注意避免的毛病

(1) 带颜色材质的模型创建施工图不符合制图国标并会造成读图困难，应避免。

(2) 用透视状态的模型创建施工图，不符合制图标准且无法应用比例。

(3) 带阴影和雾化的模型影响读图，同样不适合制作施工图。

(4) 带有天空、地面等背景的 SketchUp 模型不适合用来制作施工图，要提前取消。

(5) 最好使用"建筑工程图纸样式"或"木工样式"(因它们都没有背景)。

(6) SketchUp 默认的剖面填充为黑色，应调成浅灰色或国标规定的图案。

所以，请在把模型关联到 LayOut 之前调整到平行投影和单色显示模式，取消天空地面背景，取消阴影和雾化，剖切面调整成浅灰色。

5-5　半径直径角度弧度等标注

前面两个小节，我们比较详细地讨论了在 LayOut 文档里"设置比例""绘制定位轴线"和"尺寸标注"方面的内容。

在图纸上做文字和尺寸、符号的标注，看起来都是一些非常简单琐碎的操作，但是作者看到过很多不对，甚至是错误的做法；很多老手会在这上面犯错误甚至闹笑话。前几节里提到的用虚线作为尺寸线或标注引线、用已经赋材质或透视状态的模型创建施工图等都是常见的不符合制图标准的错误做法，极易造成读图困难甚至误读错读，都是不对的，这里再重复一次，请注意避免。

这一节，要介绍在 LayOut 里做"特殊情况下的尺寸标注""半径与直径的标注""角度标注""弧长和弦长的标注"等四类内容。首先还是要摘录一些制图国标中的相关规定。

1. 半径、直径、球的尺寸标注

半径的尺寸线应一端从圆心开始，另一端画箭头指向圆弧。半径数字前应加注半径符号R（图 5.5.1）。

较小圆弧的半径，可按 图 5.5.2 的形式标注。

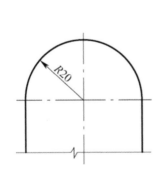

图 5.5.1　半径标注

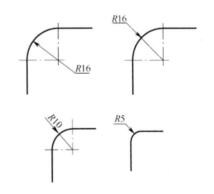

图 5.5.2　小圆弧标注

较大圆弧的半径，可按 图 5.5.3 的形式标注。

标注圆的直径尺寸时，直径数字前应加直径符号 Ø。在圆内标注的尺寸线应通过圆心，两端画箭头指至圆弧，见 图 5.5.4(直径符号的键盘输入见本节附录一)。

较小圆的直径尺寸，可标注在圆外，见 图 5.5.5。

标注球的半径尺寸时，应在尺寸前加注符号 SR(Shpere Redius)。

标注球的直径尺寸时，应在尺寸数字前加注符号 SØ，注写方法与圆弧半径和圆直径的尺寸标注方法相同。

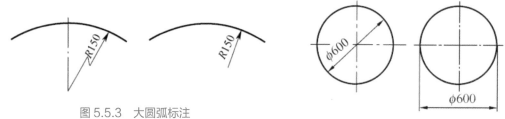

图 5.5.3　大圆弧标注

图 5.5.4　直径标注

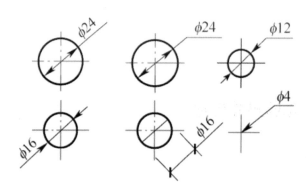

图 5.5.5　小直径标注

2. 角度、弧度、弧长的标注

角度的尺寸线应以圆弧表示。该圆弧的圆心应是该角的顶点，角的两条边为尺寸界线。起止符号应以箭头表示，如没有足够位置画箭头，可用圆点代替，角度数字应沿尺寸线方向注写，如 图 5.5.6 所示。

标注圆弧的弧长时，尺寸线应以与该圆弧同心的圆弧线表示，尺寸界线应指向圆心，起止符号用箭头表示，弧长数字上方或前方加注圆弧符号"⌒"，如图 5.5.7 所示。

标注圆弧的弦长时，尺寸线应以平行于该弦的直线表示，尺寸界线应垂直于该弦，起止符号用中粗斜短线表示，如图 5.5.8 所示。

圆弧符号"⌒"的键盘输入方法见附录二。

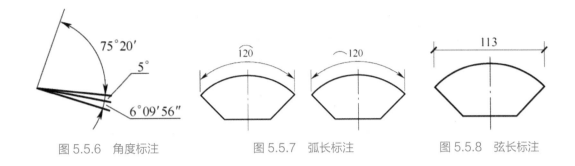

图 5.5.6　角度标注　　　图 5.5.7　弧长标注　　　图 5.5.8　弦长标注

3. 薄板厚度、正方形、坡度、非圆曲线等尺寸标注

在薄板板面标注板厚尺寸时，应在厚度数字前加厚度符号——斜体 t，如图 5.5.9 所示。

标注正方形的尺寸，可用"边长 × 边长"的形式，也可在边长数字前加正方形符号"□"，如图 5.5.10 所示。符号"□"的输入方法见附录一。

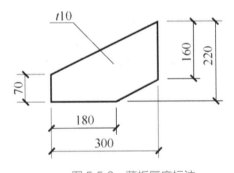

图 5.5.9　薄板厚度标注

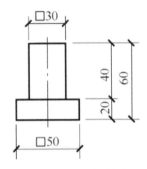

图 5.5.10　正方形标注

标注坡度时，应加注坡度符号"→"或"←"，如图 5.5.11 所示，箭头应指向下坡方向。坡度也可用直角三角形的形式标注，如图 5.5.12 所示。

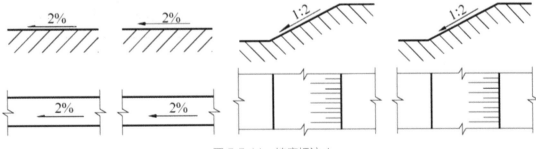

图 5.5.11　坡度标注 1

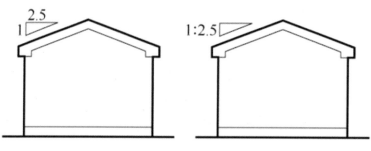

图 5.5.12　坡度标注 2

4. 特殊形状的标注

外形为非圆曲线的构件，可用坐标形式标注尺寸，如图 5.5.13 所示。

复杂形状的图形，可以用网格形式标注，如图 5.5.14 所示。

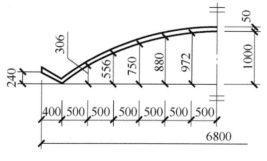

图 5.5.13　坐标形式标注

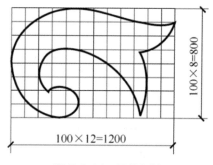

图 5.5.14　网格标注

5. 尺寸的简化标注

杆件或管线的长度，在单线图（桁架简图、钢筋简图、管线简图）上，可直接将尺寸数字沿杆件或管线的一侧注写，如图 5.5.15、图 5.5.16 所示。

连续排列的等长尺寸，可用"等长尺寸 × 个数 = 总长"（图 5.5.17 左）或"总长（等分个数）"（图 5.5.17 右）的形式标注。

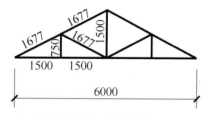

图 5.5.15　简易标注 1

构配件内的构造要素（如孔、槽等）如相同，可仅标注其中一个要素的尺寸，如图 5.5.18 所示。

对称构配件采用对称省略画法时，该对称构配件的尺寸线应略超过对称符号，仅在尺寸线的一端画尺寸起止符号，尺寸数字应按整体全尺寸注写，其注写位置宜与对称符号对齐，如图 5.5.19 所示。

两个构配件如个别尺寸数字不同，可在同一图样中将其中一个构配件的不同尺寸数字注写在括号内，该构配件的名称也应注写在相应的括号内，如图 5.5.20 所示。

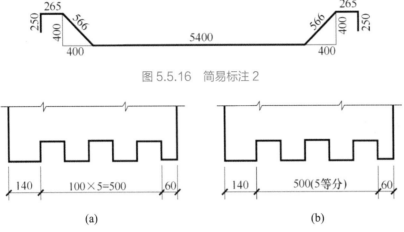

图 5.5.16　简易标注 2

图 5.5.17　简易标注 3

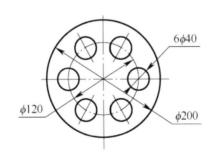

图 5.5.18　简易标注 4

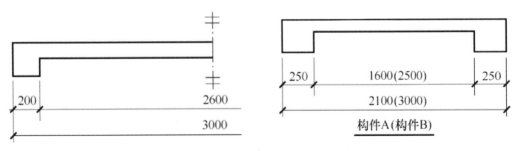

图 5.5.19　对称平分标注　　　　图 5.5.20　同图不同尺寸标注

数个构配件如仅某些尺寸不同，这些有变化的尺寸数字，可用拉丁字母注写在同一图样中，另列表格写明其具体尺寸，如图 5.5.21 所示。

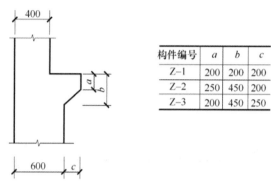

图 5.5.21　表格标注

构件编号	a	b	c
Z–1	200	200	200
Z–2	250	450	200
Z–3	200	450	250

6. 标高的标注

标高符号应以等腰直角三角形表示，并应按图 5.5.22(a) 所示形式用细实线绘制。

如标注位置不够，也可按图 5.5.22(b) 所示形式绘制。

标高符号的具体画法如图 5.5.22(c)(d) 所示。

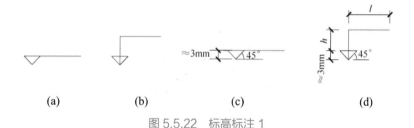

(a)　　　　　(b)　　　　　(c)　　　　　(d)

图 5.5.22　标高标注 1

总平面图室外地坪标高符号宜用涂黑的三角形表示，具体画法如图 5.5.23(a) 所示。

标高符号的尖端应指至被注高度的位置。尖端宜向下，也可向上。标高数字应注写在标高符号的上侧或下侧，如图 5.5.23(b) 所示。

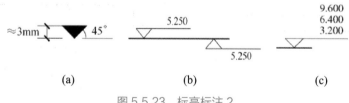

(a)　　　　　(b)　　　　　(c)

图 5.5.23　标高标注 2

标高数字应以米为单位，注写到小数点以后第三位。在总平面图中，可注写到小数点以后第二位。

零点标高应注写成 ±0.000，正数标高不注"+"，负数标高应注"–"，如 3.000、–0.600。

在图样的同一位置需表示几个不同标高时，标高数字可按图 5.5.23(c) 的形式注写，在同一位置注写多个标高数字。

上面介绍了国家制图标准中对半径、直径、角度、弧度几方面的规定，这些是每一位设计师需要熟记并严格执行的重要内容。在下一节中将结合 LayOut 里的操作讨论其实际运用。

5-6 半径直径角度弧度标注实例

上一节重点介绍了《房屋建筑制图统一标准》(GB/T 50001) 对于半径、直径、角度、弧度标注的要求；这一节要用一些实例来介绍如何在 LayOut 里完成符合 GB/T 50001 标准的标注；不过，在 LayOut 里完成这些标注并不容易， 完成某些标注需要一些技巧，所以，请用附件里的实例跟着练习，如果你有配套的视频教程，跟着练习操作效果会更好。

1. 半径标注

1) 国标对半径标注的几个要求

● 半径尺寸线要从圆心开始，另一端以箭头指向圆弧。

● 半径尺寸线宽是 0.5b，箭头宽不小于 1mm，箭头长是宽的 3 ～ 4 倍。

● 半径数字前要加注大写字母 R，如图 5.6.1 左所示。

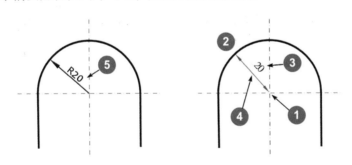

图 5.6.1　半径标注

2) 半径标注全过程

(1) 用 LayOut 的线性尺寸工具做半径标注，显然没有标注长度尺寸那么方便。令人遗憾的是，想要让图纸上的标注符合制图标准，就不得不对标注好的每个半径都进行改动，要手工输入大写字母 R 。

(2) 以单点画线画出水平垂直中心线，交点处应是"线段交叉"。

(3) 用快捷键 D 调用尺寸工具的线性标注，单击图 5.6.1 ①所指交点。

(4) 移动尺寸工具到图 5.6.1 ②处再次单击，确定终点。

(5) 注意不要移动尺寸工具，继续双击，结束这次标注。

(6) 双击图 5.6.1 ③所指的数字进入编辑状态，添加半径符号字母 R。

(7) 单击图 5.6.1 ④处，选中该标注后到"形状样式"面板调整线宽和箭头大小。

(8) 如果图样上有不止一处半径标注，可以用样式工具获取已调整好线宽、箭头等参数的标注，如图 5.6.1 ⑤所示，工具变油漆桶后复制给其他标注。

3) 半径标注常见的错误

● 制图国标规定的半径符号是大写字母 R 不是小写字母 r。

● 制图国标规定的半径尺寸是字母 R 后紧跟数字，中间没有等号。

● 这 4 种标注是错误的：r20，R=20，r=20，或缺少半径符号 R。

4) 小圆弧的半径标注

制图标准对小圆弧做半径标注的范例如图 5.6.2 所示，但是用 LayOut 的线性尺寸工具是无法直接做出符合制图标准要求标准的，只能退而求其次，一个个手工完成绘制。第一种方法是用标签工具和文本工具。

(1) 提前用尺寸工具测量出半径。

(2) 用引线工具或直线工具绘制箭头和引线、折线。

(3) 用文本工具标注半径符号和半径尺寸，移动到位。

图 5.6.2 小圆弧半径标注

除了上面用引线工具的办法，我还制作了一个剪贴簿，如图 5.6.3 所示，它保存在"07 标签与引线"剪贴簿里，操作方法如下。

(1) 打开"国标引线"剪贴簿，单击需要的引线图标，拖曳到图样上。

(2) 移动引线到合适的位置，如方向不对，可在右键菜单里选择"镜像"命令。

(3) 双击该引线，进入群组内调整线条各部分的长度和方向。

(4) 用文本工具标注半径符号和半径尺寸，移动到位。

5) 大圆弧的半径标注

对于半径特别大的圆弧，制图标准里可以用图 5.6.4 所示的简化形式来标注，这样的标注在 LayOut 里面也只能单独绘制，操作要领如下。

(1) 提前用单点画线绘制好中心线。

(2) 用直线工具画出标注形状，注意图 5.6.4 右的画法要从中心线开始。

(3) 用形状样式工具调整箭头形状，设置线宽为 0.5b。

(4) 用文本工具输入半径符号 R 和半径，旋转到位。

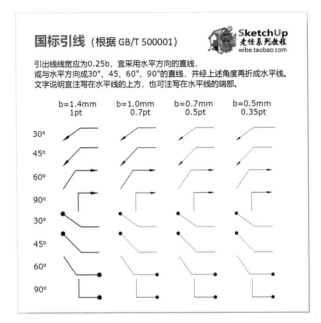

图 5.6.3　国标引线剪贴簿

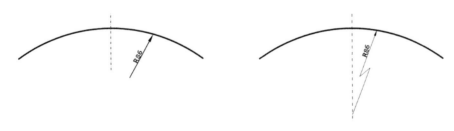

图 5.6.4　大圆弧半径标注

2. 直径标注

制图标准里对于直径的标注大致有 4 个要点：

● 直径数字前面要加一个希腊字母 Ø 作为直径符号，如图 5.6.5 ④所示。

● 在圆内部做直径标注时的尺寸线应通过圆心。

● 尺寸线两端的箭头要一直指到圆周。

- Ø 这个字母可以用键盘输入，大多数输入法中，只要按住 Alt 键在小键盘上输入 216，松开 Alt 键就可以得到大写 Ø；按住 Alt 键输入 248，松开 Alt 键可得到小写的 ø。

1) 大直径标注

(1) 用单点画线绘制水平垂直中心线，交点处必须是"线段相交"（图 5.6.5 ③）。

(2) 用快捷键 D 调用线性尺寸标注工具，单击圆周相对的两点（图 5.6.5 ①②）生成尺寸线。

(3) 移动尺寸线，与中心线相交点重合，如果有困难可按住 Alt 键配合。再次双击确认并退出标注。

(4) 双击尺寸线上的数字，加上直径符号 Ø。

(5) 若标注位置正好在图线上影响清晰度，可删除自动产生的数字后用文本工具另行输入一个直径符号和尺寸，旋转并移动到位，如图 5.6.5 ④所示。

(6) 绘制图 5.6.5 右所示的直径标注则比较简单，先后单击圆周上相对的两点，如图 5.6.5 ⑤⑥所示，再移动尺寸线到合适位置即可；最后双击尺寸数字（图 5.6.5 ⑦）加上直径符 Ø。

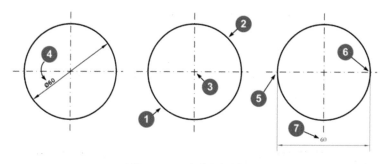

图 5.6.5　大直径标注

2) 小直径标注

用 LayOut 的尺寸工具做大直径形态的直径标注还算简单，除了缺一个直径符号之外，其他基本符合制图标准的要求。不过，对于图 5.6.6 所示的几种小直径的标注，LayOut 的尺寸标注工具就显得捉襟见肘了，想要标注这种小直径，要用直线工具、标签工具、文本工具等配合。具体操作可参考前文小圆弧半径标注。

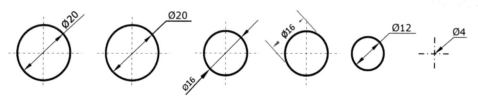

图 5.6.6　小直径标注

3) 标注球体的半径与直径

● 标注球体的半径尺寸时，应在尺寸前加注符号 SR。

● 标注球体的直径尺寸时，应在尺寸数字前加注符号 SØ。

● 书写方法与圆弧半径和圆直径的尺寸标注方法相同。

4) 直径标注常见错误

GB/T 50001 规定的直径符号是 ø 或 Ø，不是 φ 和 Φ，也不是字母 d 或 D。（注：ø 或 Ø 是 AutoCAD 中的规范写法，大小写分别为 Ø 和 ø）

制图国标规定的直径尺寸是字母 Ø 后紧跟数字，二者之间没有 "="。

下面所列出的直径符号都是错误或不规范的：φ80、Φ80、d80、D80、ø=80，或缺少直径符号 Ø。

3. 角度标注

制图标准对角度标注的要求非常简单，全部文字连标点符号只有 80 字，文字虽然不多，但每个字都很重要，不过都比较容易满足，要点如下。

● 角度的尺寸线以圆弧表示。

● 角的顶点就是角度尺寸线圆弧的圆心。

● 角度标注的起止符号是箭头，也可以用圆点。

● 角度数字沿尺寸线方向注写。

1) 角度标注操作要领

(1) 在工具栏调用角度标注工具。

(2) 单击图 5.6.7 ①后移动工具到边线图 5.6.7 ②再次单击，出现蓝色虚线。

(3) 确定两条边线后，会出现角度标注，移动到合适位置后单击确定。

(4) 单击图 5.6.7 ①后移动工具到图 5.6.7 ③再次单击，出现另一条蓝色虚线。

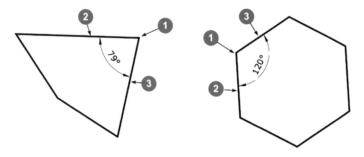

图 5.6.7　角度标注

(5) 绘制一个角度标注，一共要用角度标注工具单击 5 次。

2) 几种特殊情况

角度标注中还有一些特殊情况，列出供参考。

● 图 5.6.8 ①②所示的两种角度标注形式都是制图国标允许的。

● 当遇到小角度时，可以用引线标注，如图 5.6.8 ③④所示。

● 制图国标要求角度标注用"度分秒"，见图 5.6.8 ⑤而 LayOut 只能以十进制小数形式标注，解决的方法请参见后文。

● 当遇到图 5.6.8 右所示的情况 (两条边没有共同的角点)，标注角度操作要领如下：
单击 (图 5.6.8 ⑥) 角点后移动工具到边线 (图 5.6.⑧⑦) 单击，出现一条蓝色虚线；
单击 (图 5.6.8 ⑧) 角点后移动工具到 (图 5.6.⑧⑨) 单击，出现另一条蓝色虚线；
确定两条边线后，会出现角度标注，移动到合适位置后单击确认 (共单击 5 次)。

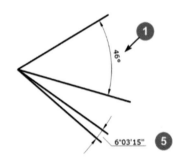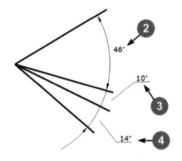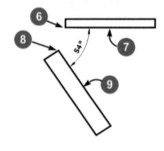

图 5.6.8　特殊角度标注

3) 两个问题

在 LayOut 里做角度标注有两个需要格外注意的问题。

(1) 制图国标要求角度标注用"度分秒"(图 5.6.8 ⑤)，而 LayOut 只能以十进制小数形式标注。如果你正在做的文件不能接受十进制的角度，必须提前把十进制换算成 60 进制的"度分秒"然后重新标注。对于不经常做这种转换操作的人来说有点麻烦，为此，我专门找到一个"角度换算工具"保存在本节附件里，如图 5.6.9 所示。

只要在图 5.6.9 ①输入 LayOut 测量所得的十进制角度数据，如 66.31 度，单击图 5.6.9 ②，转换后的结果在图 5.6.9 ③所示的位置，等于 66 度 18 分 36 秒。

(2) 另一个问题是如何输入"度"的符号"°"？在大多数汉字输入法中输入"度"的拼音"du"都可以翻页找到度的符号"°"。

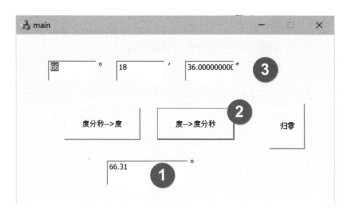

图 5.6.9　解决两个标注问题

4. 弦长的标注

弦长的标注跟长度的标注方法相同，如图 5.6.10 所示。

(1) 用快捷键 D 调用线性尺寸标注工具。

(2) 单击弦长的起点，再单击弦长的终点。

(3) 把出现的长度标注移动到合适的位置后单击确认。

↻ 注意

制图标准对弦长标注与长度标注的要求是一样的 (两端不用箭头)。

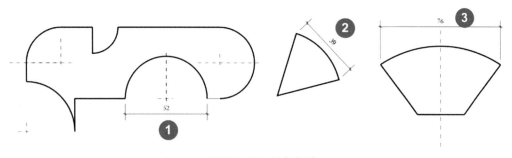

图 5.6.10　弦长标注

5. 弧长的标注

1) 标注弧长的难点

(1) LayOut 的标注工具没有测量弧长的功能。

(2) LayOut 没有直接标注弧长的工具。

(3) 中文或英文输入法很难得到圆弧符号 (眉毛号)。

2) 标注一个弧长的全过程

(1) 一个符合制图国标的弧长标注如图 5.6.11 左所示。

(2) 用直线工具画出弧长所用的尺寸界线，如图 5.6.11 ①所示。

(3) 用圆弧工具画出弧长尺寸线和两端箭头，如图 5.6.11 ②所示。

(4) 测量或计算出弧的半径与角度。

(5) 代入图 5.6.11 ③所示弧长公式，计算出弧长。

(6) 用文本工具输入弧长符号和数据并移动到位，如图 5.6.11 ④所示。

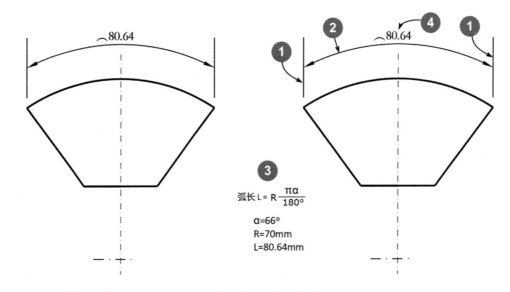

图 5.6.11　弧长的标注

3) 弧长标注的两个问题

像眉毛一样的圆弧符号如何输入？我早就为你想好了：图 5.6.12 所示的剪贴簿里有现成的眉毛号，拖一个到图样上就能用。

有了角度和半径，计算弧长也可以用附件里的"圆弧计算器"完成 (图 5.6.13)。

这一节，我们讨论了在 LayOut 里面如何完成半径、直径、角度、弦长和弧长的标注；通过上面的介绍可知，其中半数以上的标注不能用 LayOut 的现有工具直接生成，就算勉强生成也不符合我国的制图标准，所以很多标注需要全部或部分手工绘制；这样做虽然麻烦一些，但是这正体现了我们对国家制图标准的敬畏，也是我们对工作应有的认真态度。

做练习的时候，请特别关注以下 3 点：

(1) 参阅制图标准对于半径直径、角度弧度等方面的要求和范例。

(2) 特别注意用 LayOut 的尺寸和角度工具不能直接完成的标注。

(3) 学会手工绘制特大特小的半径直径、圆弧、角度等。

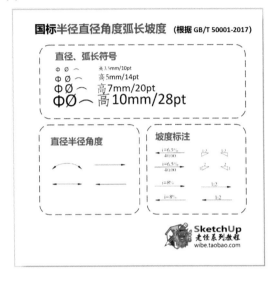

图 5.6.12　相关剪贴簿

图 5.6.13　圆弧计算器

附录一　符号"Ø""⌒""□"的输入方法

直径符号 Ø 是一个希腊字母,读 fài,很多输入法中都有这个字母,只是很难把它打印出来,所以在各种出版物中就会出现很多不同的 Ø,常见的大概有 ø、Ø、φ、Φ 等,其中只有 Ø 是比较接近制图标准的规范形状。

输入方法一:按住 Alt 键不放,小键盘输入 0216,松开 Alt 键可得大写的 Ø。

输入方法二:按住 Alt 键不放,小键盘输入 0428,松开 Alt 键可得小写的 ø(不规范,不推荐)。

输入方法三:按住 Alt 键不放,小键盘输入 42677,松开 Alt 键可得小写的 Φ(不规范,不推荐)。

输入方法四:智能 ABC 输入法 (或 QQ 输入法) 中,按字母 V 和数字 6,在弹出的特殊字符中翻页查找:在第三页可以找到 Φ(不规范,不推荐),翻到第五页可以找到圆弧符号"⌒"。

右键单击 QQ 输入法或搜狗输入法的图标,在快捷菜单里选择"符号输入"命令然后寻找。

还可以到赠送的"08 特殊字符剪贴簿"里去复制。

5-7 坡度与标高

上一节介绍了半径直径、角度弧度、弦长弧长等绘图要素的标注；本节要讨论两部分内容——"坡度"与"标高"。

对于某些行业，"坡度"部分的内容比较冷门，可能不是所有读者都感兴趣，所以我要努力讲得有趣点；如果你很忙，可以暂时放过坡度部分，等有空的时候再回来看看。"标高"的内容，恐怕这本书的大多数读者都会接触到，就算无趣你也要看。

1. 坡度标注

不知道当年你的老师有没有告诉过你：一个"斜坡"或"角度"居然有4种不同的表示方法，分别是角度法、坡度法（也叫作斜率法）、密位法、百分比法。

1) 密位法

先说一下不大常见的"密位法"，"密位"也是一种重要的角度单位。

把一个圆分为6000等份，每个等份就是1密位(mil)。

因为整个圆周(360°)等于6000密位，所以1密位等于0.06度（欧美国家也有把圆周分成6400份的）。

要把密位换算为角度，密位乘以0.06就可以了。

要把角度换算为密位，角度除以0.06或者乘以16.667(1/0.06)。

有趣的来了：1密位可以粗略地看作1000米外，正对观察者的1米宽（高）的物体形成的角度。密位在军队里有广泛用途，特别是炮兵与狙击手。在没有激光测距的时代，用带有"密位"刻度的望远镜就可以测量距离。

图5.7.1所示是用望远镜的密位刻度估算距离的示意图，观察已知尺寸的目标（如坦克或车辆）所占的密位数，就可以估算出距离。

图5.7.2所示是两种狙击步枪瞄准镜里的密位刻度，当然也是用来测距和弹道修正的。

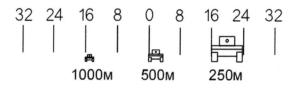

图 5.7.1 军用望远镜的密位刻度

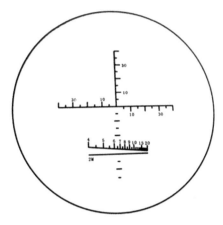 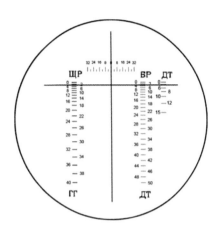

图 5.7.2　瞄准镜里的密位刻度

2) 角度、坡度 (斜率) 和百分比法

上面介绍的"密位"，我们搞设计的知道一下就可以了。下面要介绍另外 3 种"斜坡"的表示方式，搞设计的都可能遇到 (图 5.7.3)，它保存在赠送的剪贴簿里，名称是"04 角度坡度 (斜率) 百分比对照"。这幅图可以分成 3 个部分，既独立又互为对照。

(1) 图 5.7.3 ①就是我们常见的量角器的一部分，0 ～ 45 度。

(2) 图 5.7.3 ②是用百分比形式表示的坡度。

(3) 图 5.7.3 ③是用比值 (分数) 表示的坡度，也叫作斜率表示法。

如果我们把直角三角形的横边看成工程中的长度 L，把竖边看成工程中的高度 H，那么坡度，也就是斜率 i 等于高度 H 除以长度 L(i=H ∶ L)。

图 5.7.3 ②标注的百分比，本身也是一种角的表示方式 (高度与长度之比)，以百分数的形式来表示，两直角边相同时就是 100%。

图 5.7.3 ③处当高度与长度相同的时候，坡度也就是斜率是 1 ∶ 1，相当于 45 度。

当高度是长度的一半时，坡度是 1 ∶ 2，高度是长度的 50%。

当高度只有长度的 10% 的时候，坡度就是 1 ∶ 10。

这个示意图比较清楚地表达了"斜坡"的 3 种不同表示方法。

图上还有 4 条红色的弧线画出了不同屋面适合使用的坡度。

3) 一个问题

很多同学都问过的一个问题是：为什么工程设计和施工中常用"坡度"为单位而不用我们最熟悉的"角度"呢？

简单回答如下：设计阶段，无论在纸上或者显示器上作业，都有"量角器"可用，所以用"角度"就比较方便直观。可是到了工地现场，动不动就是几十米，几百米甚至更大，哪里来这么大的量角器?

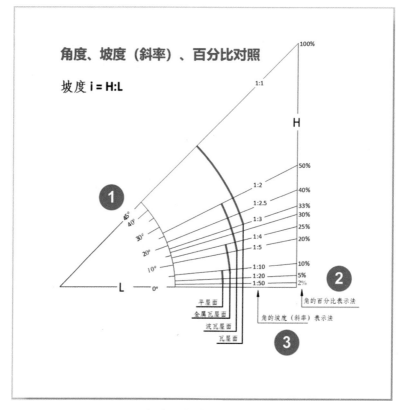

图 5.7.3　角度 、坡度、百分比对照剪贴簿

施工现场最简单可靠的方法就是测量出指定长度处的高度，且只要皮尺就可以完成。这就是工程上普遍使用"坡度"而不用角度的原因。这是长期生产实践中形成并且被普遍认可的方法。

百分比表示法的道理差不多，只是表达的形式不同，从某种意义上讲，百分比表达方法比斜率法 (坡度) 更为直观精确好用，后面还要提到。

上面的这些内容是跟 LayOut 坡度标注无关的背景资料，是为没有学过相关知识的朋友准备的。下面就可以讨论在 LayOut 里标注坡度的问题了。

4) 制图标准对坡度标注的规定

摘录几个要点如下：

(1) 坡度标注要加注箭头状的坡度符号，坡度符号的箭头指向下坡方向 (图 5.7.4)。

(2) 箭头上标注坡度 (斜率) 值 (图 5.7.4)。

(3) 坡度符号也可以是直角三角形，上面标注坡度值 (图 5.7.5)。

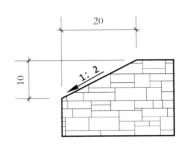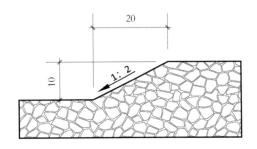

图 5.7.4　坡度标注 1

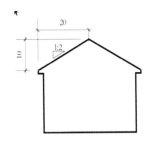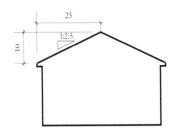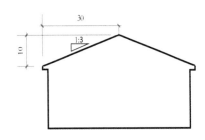

图 5.7.5　坡度标注 2

有些行业的制图标准，对于坡度标注还可能会有一些特别的要求，如《风景园林制图标准》CJJ/T 67 里，对于坡度的标注跟建筑行业就有比较大的区别。

(1) 坡度标注像一个分数式，箭头相当于分数线，箭头指向下坡方向 (图 5.7.6)。

(2) 坡度 i 要用百分数标注，放在箭头引线的上面。

(3) 还要同时标注出两点间的距离，放在箭头引线的下面。

一个完整的坡度标注如图 5.7.6 所示：起点到终点的长度是 40 米；两点间的高程差是 40 米的 6.5%，相当于 2.6 米，所以要标注 $\dfrac{i=6.5\%}{40.00}$。

这种形式的标注比起单标注一个坡度，概念更清晰直观，数据更明确，更容易修改。

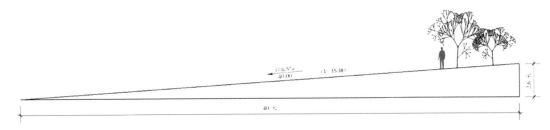

图 5.7.6　坡度标注 3

上面这些实例一看就懂，在 LayOut 里的操作也很简单，要领如下。

(1) 用直线工具画条线。

(2) 在"形状样式"面板上指定一种箭头。

(3) 用文本工具输入一个坡度值，移动到位。

(4) 也可以从剪贴簿"04 号"里拖一个现成的符号到图纸上，加注坡度数据。

5) 常见坡度范围

(1) 汽车道路坡度：常用 0.3% ～ 6.0%，最大 8%。

(2) 消防车道坡度：常用 0.3% ～ 6.0%，最大 9%（登高面 2%）。

(3) 轮椅坡道：常用 0.3% ～ 6.0%，最大 8%。

(4) 自行车专用道坡度：常用 0.3%0 ～ 1.5%，最大 5%。

(5) 步行道坡度：常用 0.3% ～ 8.0%，超过 8% 改为台阶。

(6) 停车场坡度：常用 0.3% ～ 1.0%，最大 5%。

(7) 广场坡度：常用 0.3% ～ 1.0%，最大 2%。

(8) 运动场坡度：常用 0.2% ～ 0.5%，最大 1.5%。

(9) 中、高乔木种植：57%（30 度）。

(10) 草坪修剪作业面：33%。

(11) 草皮坡面最大坡度：100%（45 度）。

6) 坡度分级与名称

下面列出国际地理学会地貌调查和野外制图专业委员会对坡度的分级和称呼。

(1) 0 ～ 2°：平原至微倾斜坡。

(2) 2 ～ 5°：缓倾斜坡。

(3) 5 ～ 15°：斜坡。

(4) 15 ～ 25°：陡坡。

(5) 25 ～ 35°：急坡。

(6) 35 ～ 55°：急陡坡。

(7) >55°：垂直坡。

(8) 中国大陆规定 >25% 不能耕种。

(9) 西北黄土高原地区 15% 和 25% 分别为坡面流水面状侵蚀的下限和上限临界坡角。

2. 标高

这个系列教程的读者所在的行业有几十种，其中建筑设计、城乡规划、水利交通、园林景观、消防矿山、室内设计等行业的设计图样都离不开标高，并且跟尺寸标注同样重要；假若你对此还不太熟悉，后面的内容一定有用。

读者中有舞台影视、展览广告、木业石业等行业的朋友可以跳过后面的内容，因为你们的行业几乎不大会遇到标高的问题。

1) 绝对和相对标高

下面讨论关于"标高"方面的问题；在此之前，先简单介绍一下什么是绝对标高与相对标高。

绝对标高就是俗称的"海拔高度"，是国家统一规定的基准零点标高。我国把青岛附近黄海的平均海平面定为绝对标高的零点，全国各地的标高均以此为基准；任一地点相对于这一点的高差，就是绝对标高。这个标准仅适用于中国境内。

确定总平面中的建筑标高需要考虑道路、排水、土方等很多因素，总平面图上的等高线所注数字代表的高度为绝对标高。在建筑总平面图说明上，一般都含有"本工程一层地面为工程相对标高 0.000 米，绝对标高为 ××.×××× 米"。国家标准规定总平面图上的室外标高符号宜用涂黑的三角形。

相对标高是以建筑物的首层室内主要房间的地面为零点，标注为 0.000 米；建筑物的某一部位与该点的高差，称为该部位的标高。本小节主要介绍相对标高的标注，后面还要用实例来说明。

2) 标高符号

标高符号应以等腰直角三角形表示，并应按图 5.7.7(a) 所示形式用细实线绘制。

如标注位置不够，也可按图 5.7.7(b) 所示形式绘制。标高符号的具体画法如图 5.7.7(c)(d) 所示。总平面图室外地坪标高符号宜用涂黑的三角形表示，具体画法如图 5.7.8(a) 所示。

标高符号的尖端应指至被注高度的位置。尖端宜向下，也可向上。标高数字应注写在标高符号的上侧或下侧，如图 5.7.8(b) 所示。

在图样的同一位置需表示几个不同标高时，标高数字可按图 5.7.8(c) 所示的形式注写，在同一位置注写多个标高数字。

标高数字应以米为单位，注写到小数点以后第三位。在总平面图中，可注写到小数点以后第二位。

零点标高应注写成 ±0.000，正数标高不注"+"，负数标高应注"−"，如 3.000、−0.00。

图 5.7.9 所示的剪贴簿里有现成的标高符号，文件"04 国标径角弧坡标高"使用方法如下。

(1) 把需要的标高符号拖曳到图样上，移动到适当位置。

(2) 双击进入群组内调整线条长度。

(3) 再次双击进入文字群组内修改文字。

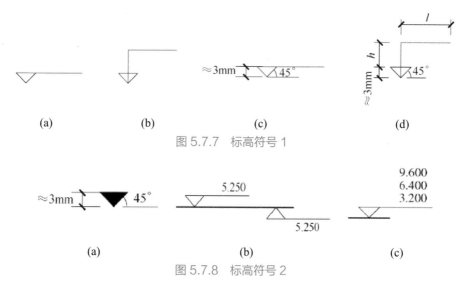

图 5.7.7　标高符号 1

图 5.7.8　标高符号 2

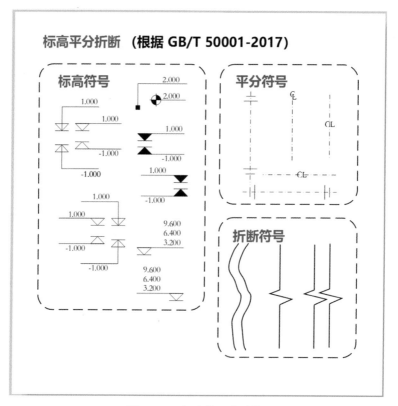

图 5.7.9　标高符号剪贴簿

3) 标高实例点评

下面的讨论要用到一套三层住宅楼的图样，已整理出十幅主要的视图并做成了一个

LayOut 文档，保存在本节的附件里 (文件名 "演示用二")。请打开该文件。

有句话说：制图要从读图开始，现在我们就先从读图开始，真正读懂了图，在 LayOut 里制图就不太困难了。下面的讨论仅限于对标高方面的内容做介绍与必要的点评。

底层平面图 (图 5.7.10) 上有两处标高，已经用红色虚线标出。

以下六幅图像引用于李素英、刘丹丹主编的《风景园林制图》，中国林业出版社，2016 年。

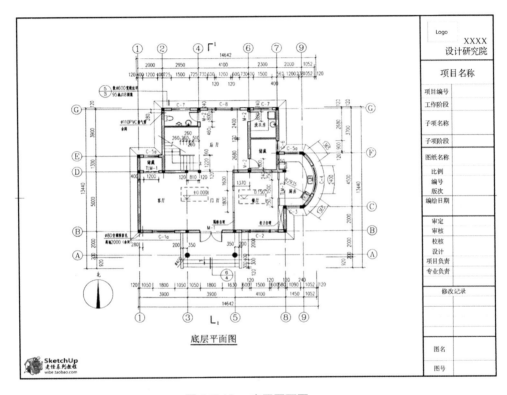

图 5.7.10　底层平面图

门厅、客厅、后厅、储藏室、洗衣房是同一个标高，是这个建筑的基础标高：0.000m；后面在立面图上还可以看到这个最重要的标高。

餐厅和厨房是另一个标高，比客厅高了 0.15m，正好是一级台阶的高度。

请注意，图纸上其他尺寸标注单位都是毫米，但是标高的单位一定是米，所有标高都要精确到小数点后的三位，这是制图标准规定的。

如果你爱动脑筋，一定会发现，其实这里的卫生间和洗衣房最好要比客厅的地面更低一些，如标高为 -0.030m 更为合理；理由是万一卫生间和洗衣房漏水，可以就近排出。厨房也有同样的问题，标高为 0.120m 更为合理。

二层平面 (图 5.7.11) 的标高有个标注错误：室内平面标高 3.800m；阳台地面比室内标高

还高70mm(3.870),显然是错误的。阳台地面准确的标高应该比室内地面低30mm,即3.770m。

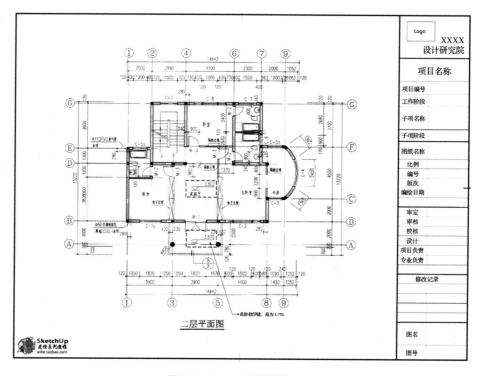

图5.7.11　二层平面图

3 个卫生间最好也要比客厅与卧室稍微低一点，避免漏水灾难。

三层平面上一共有 3 处标高，南边的阳台比室内地面低 30mm。

东边和东北角有一个露台，注意这里的标高跟室内相差 100mm。为什么需要预置这么大的高度差？有生活经验的人都知道，我国很多地区，特别是南方的长江中下游地区，有个说法叫作"东北风、雨祖宗"，说的是夏天的暴雨通常会伴随着东北方向来的狂风，露台上面没有遮盖，直接承受的和墙面流下的雨水量会很大，这里安排 100mm 的高度差就是预防暴雨时雨水往室内倒灌。

南边的二层、三层阳台，因为上面多少有一些遮盖，并且南风伴随暴雨的机会要小得多，所以阳台地面跟室内有 30mm 的高度差就够了。

三层有一大一小两个卫生间，地面标高同样需要稍微低一点 (图 5.7.12)。

图 5.7.13 是屋顶平面图，上面有 5 处标高，都是坡屋面的屋脊最高处，后文在立面图上还能看到相同的标高。

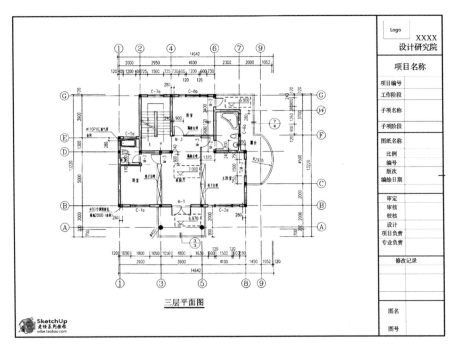

图 5.7.12　三层平面图

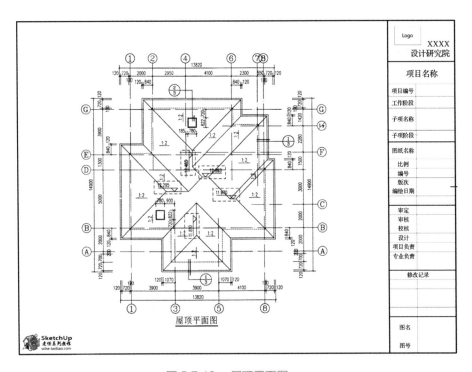

图 5.7.13　屋顶平面图

下面安排了前后左右四个方向的立面，都有标高的内容。请先看前视图①-⑩立面（图 5.7.14）。

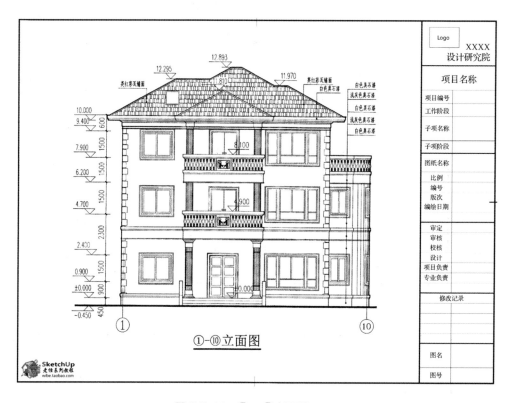

图 5.7.14 ①-⑩立面图

要注意零点标高的位置，还有它与真实地面标高的差是 0.45m，正好是三级台阶的高度。

底层窗台下沿离零点标高 900mm，窗高 1.5m。

底层窗户的上沿到二层窗户的下沿高度差是 2.3mm。

这幅图中没有直接给出每一层的层高，不过在另外的图纸上可以查到。

除了左边一组连续的标高外，在底层的地面、二层三层的阳台围栏上有一组辅助的标高，屋脊上还有 3 处标高。这些辅助的标高跟其他图纸是重复的，是为读图方便而注，并非必需。

左视图⑥-Ⓐ立面图 (图 5.7.15) 从另一个角度给出了同样的标高，连同屋脊的 4 个标高，全部跟右视图的标注重复。

右视图Ⓐ-⑥立面图 (图 5.7.16) 上有两组标高，左边的一组跟上面的左视图相同，右边的一组跟前视图相同。

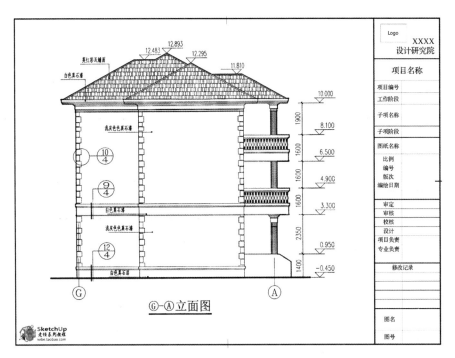

图 5.7.15 Ⓖ－Ⓐ立面图

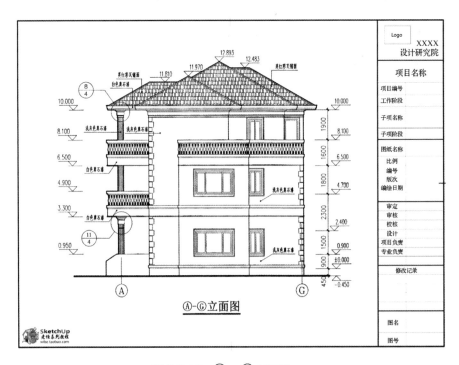

图 5.7.16 Ⓐ－Ⓖ立面图

后视图⑩-①立面(图 5.7.17)的这一组标高出现过 3 次，分别是在前视图和右视图上，重复出现的信息在方便读图的同时也可能造成困惑；如果你也打算像这样做标高，请一定多核对几次，不要因为互相矛盾而出错。屋顶有 3 处标高。还有 3 处在窗台的位置，这 3 个标高比较重要，虽然我们可以通过其他图样推算出这 3 处的标高，但直接标注出来则更为直观。

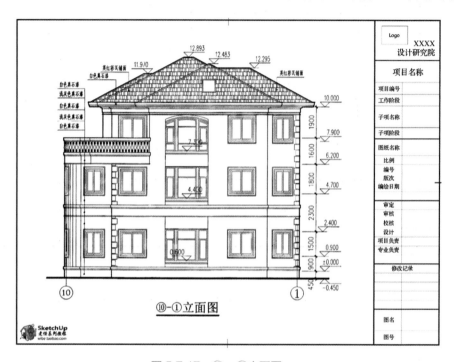

图 5.7.17　⑩-①立面图

图 5.7.18 是剖面图(1-1 剖面图)，回到底层平面图可以查看剖切符号在平面上的位置。

剖面图上有绝大多数立面图样中主要的标高和尺寸，如果在阅读前面的立面图样时还有什么疑问，看了这幅图就有一目了然的感觉。

如前面四个方向的立面图样上都没有直接给出层高与对应的标高，在这里就可以看得很清楚：底层总高 3.8m；二层总高 3.2m；三层总高 3m；屋顶总高 2.89m。

几个关键的标高分别是 0.000m、3.8m、7m、10m 和 12.9m。

最后，这里还有一幅外墙身和檐口的详图(图 5.7.19)，上面的标高和尺寸标注得更为精细，供您对照参考。

在这一节的附件里有上面看到的十幅图样；还留了一个 LayOut 文件，是一个三层的小楼房，请为它标注必要的标高。

注意在全套剪贴簿里，有一个编号为 04 的"国标径角弧坡标高"文件，里面有些标高符号，直接拖到工作窗口里就可以使用了。

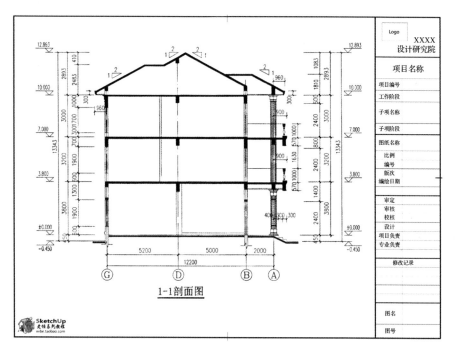

图 5.7.18　1-1 剖面

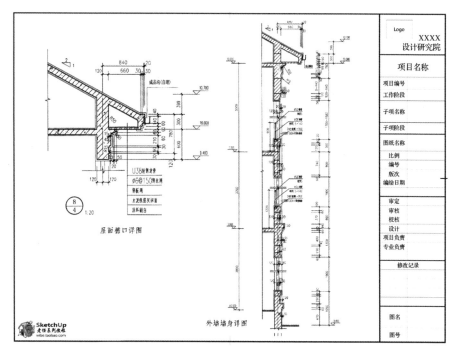

图 5.7.19　外墙墙身详图

5-8　6种特殊标注

前面几个小节的内容都是介绍制图过程中的标注问题，这一节仍然要继续这个话题，介绍五种比较特殊的标注；它们虽然特殊却并不少见，所以要集中起来用一节的篇幅来介绍它们。

所谓特殊的标注，大概可以分成6个不同的类型，它们是坐标形式、表格形式、网格形式、公式形式和简化形式。这里针对上述特殊标注收集了一些实例，在制图过程中万一出现类似情况，可以借鉴套用。

1. 坐标形式标注曲线

在图板作业的时代，绘制的大多数对象都可以用丁字尺、三角板、圆规、量角器等简单工具来完成；现在用电脑绘图当然也可以。当年偶尔要用到一个比较特殊的工具叫作"曲线板"，其用途大致相当于现在电脑绘图软件中的"贝塞尔曲线工具"。

中国传统建筑，亭子顶部的屋脊曲线就属于这种特殊的情况，如图5.8.1所示。在电脑上画的时候，只要用贝塞尔工具拉出一条曲线，非常简单；但是我们绘制的所有图样都是为了给施工人员提供依据，要考虑在施工现场如何"放大样"的问题，所以就有了这种用坐标形式来标注特殊对象的方法。现场工人没有贝塞尔曲线工具可用，但是只要有这些坐标，即使用最简单的直尺也可以完成"放大样"，让你的创意成真。

请注意这幅图有几个重点，对于绘图和施工的人都很重要。

(1) 最左边有一条垂直的单点画线 (图5.8.1 ①)，所有中心线都是这样的，间接说明看到的只是中心线右侧的一半，左边一半省略了，中心线也可以称为"平分符号"。

(2) 图5.8.1 ②所指向的"17 @ 250"代表的意思是，这里一共有17个间隔单位 (18 条坐标线)，每个间隔单位是250毫米。 这里的符号 @，在英文里有单价、单位的意思。这个标注也可以用"17×250"或"17-250"来代替。

(3) 在施工现场，工匠们画完这18条垂直的坐标线以后，再根据图样上标注的长度，可以获取图5.8.1 ③所指的坐标点，连接这些坐标点就得到了想要的曲线。很明显，坐标点越密集，曲线的精度就越高。

(4) 左侧图5.8.1 ④所指处有个200，右侧图5.8.1 ⑤所指处有150和300两个数字，它们都是单独的尺寸，没有包括在17个坐标间隔之内。

(5) 图5.8.1 ⑥所指处有一对剖切符号，图5.8.1 ⑦就是对应的剖面。

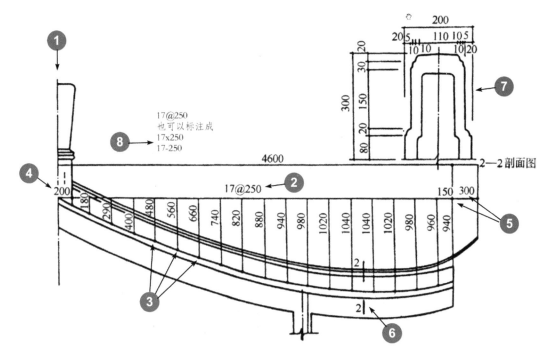

图 5.8.1　坐标形式标注曲线

附件里还有两个例子，是两个亭子的顶部，标注的方法跟上一个类似。这 3 个例子都是用一组坐标来标注一条曲线的方法，这种方法在古建筑设计、园林景观设计中用得比较多。

2. 表格标注

图 5.8.2 所示是用表格来配合标注相似对象的例子，左边的小图上 (图 5.8.2 ①②) 400 和 600 两个尺寸是固定的；另外 3 个尺寸 (图 5.8.2 ③④⑤) 随着规格的不同而变化；从右边的表格里可以查到 3 种不同规格的对象 a、b、c 三个尺寸的变化。

有了这种用表格辅助标注的方式，可以简化绘制相似对象图样时的工作量，尺寸的表达也更为清晰，所以这也是制图实践中用得较多的标注方式。

3. 坐标加表格标注

图 5.8.3 是一个坐标加表格标注的例子，集中了前面介绍的坐标与表格两种方式的优点，可以清晰地标注出比较复杂的数据。

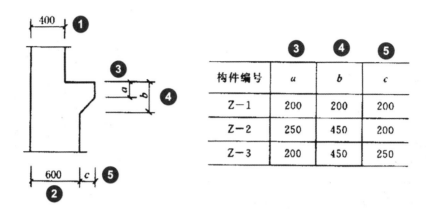

图 5.8.2　表格标注

构件编号	a	b	c
Z—1	200	200	200
Z—2	250	450	200
Z—3	200	450	250

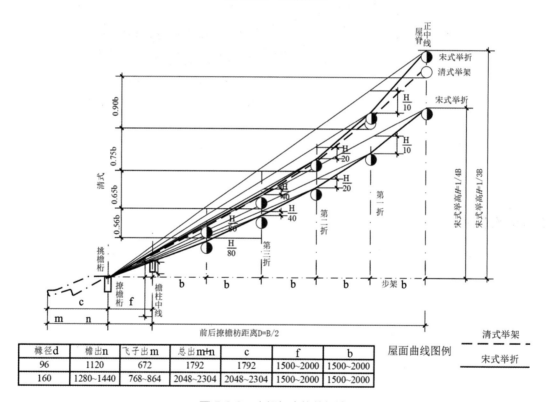

椽径d	檐出n	飞子出 m	总出 m+n	c	f	b
96	1120	672	1792	1792	1500~2000	1500~2000
160	1280~1440	768~864	2048~2304	2048~2304	1500~2000	1500~2000

图 5.8.3　坐标加表格的标注

4. 公式标注

图 5.8.4 是另一个坐标加表格的标注方式，同时还以简单公式的形式比较清楚地表达了不同变量之间的关系，通过简单换算就可以得到具体的尺寸。

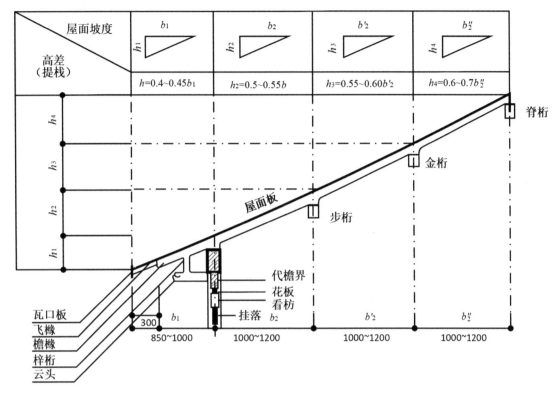

屋面坡度	b_1	b_2	b'_2	b''_2
高差（提栈）	h_1	h_2	h_3	h_4
	$h=0.4\sim0.45b_1$	$h_2=0.5\sim0.55b$	$h_3=0.55\sim0.60b'_2$	$h_4=0.6\sim0.7b''_2$

脊桁

金桁

步桁

屋面板

代檐界
花板
看枋
挂落

瓦口板
飞椽
檐椽
梓桁
云头

300
850~1000 1000~1200 1000~1200 1000~1200

图 5.8.4　公式标注

5. 网格标注

　　设计师在绘制图样的过程中，会碰到大量无法以简单方法标注形状尺寸的难题，如之前提到的贝塞尔曲线、抛物线，等等。虽然可以通过相关的高阶方程去表达和标注，但是这种方式到了施工现场必定成为难题；所以，制图的人一定要多为施工现场着想，为施工人员提供方便，网格标注方法就是一种很好的解决方法。

　　有了这种方法，设计师在方案推敲阶段尽管天马行空，画出你想要的稀奇古怪、曼妙迷人的曲线，只要在施工图阶段套上一个合适的网格，图 5.8.5(苏州沧浪亭大门右侧的 "平升三级") 和图 5.8.6(苏州拙政园花窗) 所示，工匠们只要在网格上依葫芦画瓢，就能搞得八九分像；网格的密度越高，相像的程度也越高。

6. 对称标注和平分符号

　　像前文的亭子顶部图样一样，只要绘制和标注出一半，对称的另外一半可以省略，这种标注手法叫作"对称标注"，要在对称的中心线上使用"平分符号"。

平分符号有好多种，但是表示平分中心的都是单点画线。

也可以直接用单点画线标注出对称中心，省略掉对称的一半，图 5.8.1 就是这样标注的。

在赠送的剪贴簿里有几种现成的对称符号可直接使用，见图 5.8.7 右上角"平分符号"。

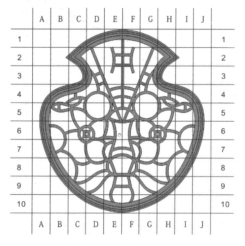

图 5.8.5　网格标注 1

图 5.8.6　网格标注 2

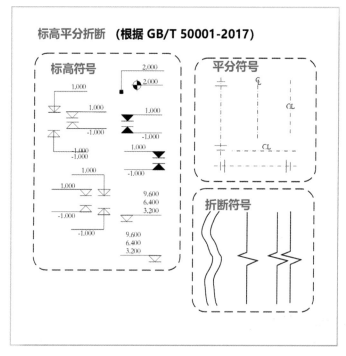

图 5.8.7　相关剪贴簿

7. 简化标注

在前文曾经介绍过制图标准里的所谓的简化标注，这里再简单补充一下。

- 相同直径、平均分布的 6 个孔，只要在直径符号 Ø 之前加注相同对象的数量就可以了。这种标注方式在机械行业的图纸上随处可见 (图 5.8.8)。
- 图 5.8.9 是等分标注，这里中间有五段的尺寸是一样的，都是 100mm，总长度为 500mm。遇到这种情况，不用把每一个尺寸都标出来，随便选用这两种标注形式中的一种都符合制图标准的要求。

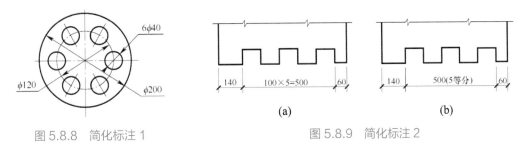

图 5.8.8　简化标注 1　　　　　　　　　　图 5.8.9　简化标注 2

- 图 5.8.10 是一个型材的桁架，不用画出详细的型材外观，师傅们看到这种简化的标注，会首先满足总长度 6m，然后满足总高度 1.5m，再焊接两侧的斜边，其余的尺寸就迎刃而解了。
- 图 5.8.11 是一个型材构件的简化标注，同样不用画出型材的详图 (可以在材料表里指定材料)，施工人员一看就明白你要的是什么。

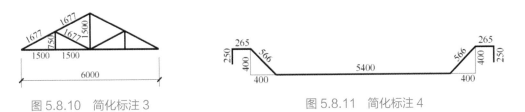

图 5.8.10　简化标注 3　　　　　　　图 5.8.11　简化标注 4

扫码下载本章教学视频及附件

第 6 章

表格与剪贴簿

　　任何行业的全套设计文件都无法避免表格。LayOut 跟表格相关的操作有用表格工具直接创建并输入文本数据和编辑，也有用外部专业表格工具创建和编辑表格后插入 LayOut。

　　剪贴簿就是重复使用的 LayOut 要素文件，如公司 Logo，符合制图标准的字体、图线、符号，常用的表格、图案等；剪贴簿的性质像 AutoCAD 里的图块，也像 SketchUp 里的组件，不过有很大的区别。

　　把 LayOut 的 剪 贴 簿 比 喻 为 SketchUp 的 组 件，那 么 LayOut 的 填 充 图 案 就 是 SketchUp 里的材质和贴图。

　　注意，LayOut 自带的剪贴簿和填充图案大多不符合我国的制图标准，需要自行绘制。

6-1 创建表格与编辑

无论你是什么行业，创建全套设计文件时都无法避免跟表格打交道。在 LayOut 里跟表格相关的操作有两种，一种是用 LayOut 的表格工具直接创建并且输入文本数据和做后续的编辑；另一种是用外部的专业表格工具创建和编辑表格，然后插入 LayOut，如用微软的 Excel，或者 WPS。

本节只讨论用 LayOut 表格工具创建表格；下一节将讨论插入外部的专业表格。

1. 设计文件的常见表格

全套设计文件里，有几种表格一定是少不了的，如图 6.1.1 所示的"图纸目录"就非常重要，在整套设计文件里是一定会有的，通常安排在整套文件的最前面。还有图 6.1.2 所示的材料清单也是整套设计文件中必不可少的。

图 纸 目 录

序号	图纸名称	图号	图幅	备注	序号	图纸名称	图号	图幅	备注
	封面				17	一层A区03立面图	IE-01A-03	A4	
01	图纸目录	ML-01	A3		18	一层A区04立面图	IE-01A-04	A4	
02	材料表	CL-01	A4		19	一层A区05立面图	IE-01A-05	A4	
—	施工说明	——	—	施工说明未作范例	20	一层A区06立面图	IE-01A-06	A4	
	一层				21	一层A区07立面图	IE-01A-07	A4	
	总平面图					A区剖面图			
03	一层平面图	FF-01	A4		22	一层A区剖面图	SC-01A-01	A4	
	A区放大平面图				23	一层A区剖面图	SC-01A-02	A4	
04	一层A区平面图	FF-01A	A4		24	一层A区剖面图	SC-01A-03	A4	
05	一层A区顶棚平面图	RC-01A	A4		25	一层A区剖面图	SC-01A-04	A4	
06	一层A区顶棚装饰灯具布置图	RC-01A-01	A4			A区大样图			
07	一层A区墙体定位图	AR-01A	A4		26	一层A区大样图	LS-01A-01	A4	
08	一层A区地面铺装图	FC-01A	A4		27	一层A区大样图	LS-01A-02	A4	
09	一层A区立面索引图	ID-01A	A4		28	一层A区大样图	LS-01A-03	A4	
	二层				29	一层A区大样图	LS-01A-04	A4	
	A区放大平面图				30	一层A区大样图	LS-01A-05	A4	
10	二层A区平面图	FF-02A	A4		31	一层A区大样图	LS-01A-06	A4	
11	二层A区顶棚平面图	RC-02A	A4		32	一层A区大样图	LS-01A-07	A4	
12	二层A区顶棚装饰灯具布置图	RC-02A-01	A4		33	一层A区大样图	LS-01A-08	A4	
13	二层A区墙体定位图	AR-02A	A4		34	一层A区大样图	LS-01A-09	A4	
14	二层A区地面铺装图	FC-02A	A4						
	A区立面图								
15	一层A区01立面图	IE-01A-01	A4						
16	一层A区02立面图	IE-01A-02	A4						

总 工	设计负责人	审核-日期	校对-日期	审定-日期	设 计	制 图	比例—	日期2010.08	专业 装饰	阶段施工图
							图纸名称	图纸目录		
工程名称 某温泉度假酒店	建设单位		备注				图号ML-01	序号01	编辑版本	第 1 张

图 6.1.1 图纸目录

主要材料表

类别	NO	编号	使用位置	材料名称	备注
涂料	01	PT-01	墙面及顶棚	白色乳胶漆	
	02	PT-01*	湿区墙面及顶棚	白色防潮乳胶漆	
	03	PT-02	墙面（公共区）	艺术涂料	
石材	01	ST-01	大堂地面（土材）	镜面米黄洞石石材	
	02	ST-02	大堂地面	镜面银线米黄石材	
	03	ST-03	大堂地面	镜面金线米黄石材	
	04	ST-04	公共区墙面	米黄洞石石材（镜面/机刨面）	
	05	ST-05	公共区墙面	剁齐面米黄石材	
	06	ST-06	大堂服务台主背景	砂岩石材	
	07	ST-07	大堂服务台	深色镜面热带雨林石材	
	08	ST-08	大堂服务台	砂岩石材（雕花平板）	
	09	ST-09	一层大堂公共卫生间地面	镜面银线米黄石材	
	10	ST-10	二层服务中心地面	800×800镜面银线米黄石材	
	11	ST-11	二层走廊地面	400×800镜面银线米黄石材	
瓷砖	01	CT-01	后勤区地面	600×600地砖	
木材	01	WD-01	公共区顶棚及墙面	橡木木饰面	
	02	WD-02	门	橡木木饰面	
	03	WD-03	二层楼梯前厅	橡木实木地板	
玻璃	01	GL-01	大堂造型墙面	雕刻玻璃	
	02	GL-02	门	8厚钢化清玻璃	
	03	GL-03	大堂服务台	10厚钢化清玻璃	
金属材料	01	MT-01	公共区墙面及顶棚	木纹铝合金方通	
	02	MT-02	大堂服务台	黑色镜面不锈钢	
墙纸	01	MT-03	大堂顶棚	编织壁纸	

	总工	设计负责人	审核-日期	校对-日期	审定-日期	设计	制图	比例—	日期2010.08	专业 装饰	阶段 施工图
								图纸名称	材料表		
工程名称 某温泉度假酒店	建设单位			备注				图号CL-01	序号02	编辑版本	第2张

图 6.1.2　材料表

上面列举的两种表格是所有行业的设计文件里都会有的，并且内容都比较多，有些工程可能多达十几页，并且在整个设计阶段还可能频繁编辑更改，所以用专业的表格软件处理就比较方便。

还有一些表格，幅面不大，内容也比较简单，如图 6.1.3 左下所示是室内设计行业的灯具图例，用表格形式展示，一目了然方便查阅；家具行业常见的五金配件表，园林景观业的苗木图例，建筑业的钢筋清单、门窗规格表，等等，都属于这一类比较简单的表格。

这些表格，规模不大，输入完文字和数据以后，基本不会再频繁更改，所以更适合用 LayOut 自带的表格工具来完成。顺便说一下，像这一类经常要用且变化不大的表格，可以做成剪贴簿，一劳永逸。

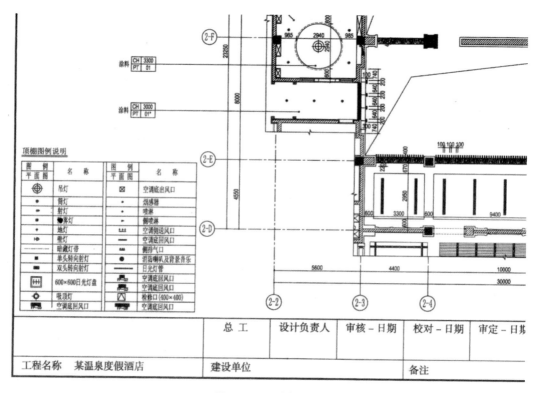

图 6.1.3　图例列表

2. 用表格工具创建表格

创建表格要用到表格工具，工具栏和"工具"菜单里都有这个工具。

1) 表格实例的特点

图 6.1.4 是一个建筑设计案例中关于门板与门框的数据表。这个表格涉及的元素较多、结构也相应复杂一点，创建这样的表格要用到很多技巧，所以拿来当作演示的素材（已翻译成中文），也可以用来当作课后练习。先看一下这个表格的总体结构和特点：

- 整个表格一共有 11 列、7 行。
- 浅灰色和白色两个区域非常醒目，浅灰色的部分是栏目要素名称，主要是文字。白色的部分是对应的数据，主要是数字，也有少数文字。
- 栏目名称区域与数据区域之间有一条较粗的横线相隔。
- 门板与门框之间也由一条较粗的线条隔开。
- 最左边的编号与右边的数据区之间有一条较粗的垂直线。其余的线条宽度都比较细。

DOOR #	DOORS					FRAMES				
	TYPE	MAT.	SIZE			TYPE	MAT.	DETAILS		
			WIDTH	HEIGHT	THICK			JAMB	HEAD	SILL
222	1	WD	3'- 0"	7'- 0"	1 3/4"	1	HM	A	A	5/A&S
1508	3	WD	Pair 2'- 0"	7'- 0"	1 3/4"	3	HM	A	A	5/A&S
142	1	WD	3'- 0"	7"- 0"	1 3/4"	1	XC	B2	B2	5/A&S
143	1	WD	3'- 0"	7'- 0"	1 3/4"	1	HM	B2	B2	5/A&S

编号	门板					门框				
	型号	材料	尺寸			型号	材料	细部		
			宽度	高度	厚度			边框	眉头	门槛

7行 · 11列

图 6.1.4 表格实例

2) 表格实例的元素

再来进一步看看这个表格所包含的元素：

- 左边第一列，给出了表格中4种门板和门框组合的编号，每个编号的门板、门框组合都可以在横向的一行里找到。
- 最上面一行，分为门板和门框两大要素，用较粗的垂直线分开。
- 门板部分分成3个小栏，分别是型号、材料、尺寸；尺寸一栏又细分成宽度、高度和厚度。
- 门框部分也分成3个小栏，分别是型号、材料和细部；细部又细分成边框、眉头和门槛。

可以看到这个表格包含的内容较多，虽然头部结构比较复杂，但因为表格设计的思路清晰，所以仍然可以一目了然。

3) 绘制表格

绘制这样的表格有很多种方法，最简单的方法是：调用表格工具，就像用矩形工具绘制矩形一样，从表格的一个角向对角移动，如从左上角往右下角移动；也可以反过来，结果是一样的。在移动过程中，可以看到表格的雏形，整个表格其实是由很多小小的蓝色的矩形组成的；移动的时候，光标的右下角还显示当前行和列的数量。看到行列数量满足要求后停止移动，双击确定，一个表格的雏形就有了。

第二种方法跟前一种方法类似，前面操作是一样的：调用表格工具，从表格的一个角向对角移动，绘出表格。当看到光标右下角行和列的数量满足要求后，不要双击确定，改成单击；然后再移动光标，就可以直接调整单元格的大小。这样能把画表格与调整表格合并在一起操作，但是很难保证操作的精确度，不推荐。

4) 增删行或列

如果画好的表格行和列的数量不符合要求，还可以进一步做增加或删除操作，直到满意。双击鼠标进入群组，选择需要删除的单元格，在右键菜单里选择"删除"命令。想要增加行或列，双击进入表格群组，选择想要增加的行或列的位置，在右键菜单里选择相关操作。同时选择多行或多列就可以同时删除或插入多行或多列。

5) 指定行列数量生成表格 (下面均以图 6.1.4 中的表格为例)

用上述的方式操作起来比较麻烦，而用直接输入行、列数量的方法来创建表格，又快又准确，具体的方法如下。

(1) 首先确定创建表格的行和列的数量，如要创建的表格是 11 列、7 行。

(2) 输入数据的时候，用英文字母 C 代表列，用英文字母 R 代表行，中间用逗号隔开。

(3) 调用表格工具，从表格的一个角往对角移动，绘出表格。

(4) 产生表格雏形的时候，输入"11C,7R"，然后回车，就能得到一个准确的表格。

注：C 和 R 分别是英文 Column(列) 和 Row(行) 的首字母。

6) 调整表格尺寸

刚创建的表格还需要做很多细节方面的调整，内容比较多，有些方法跟我们熟悉的 Excel 不同，也不容易记住，请注意下面的提示。

调整前我们需要考虑：这个表格是否还要增添项目，如果需要，需留出空白的行和列。

要确定表格内文字的大小，通常是以字体的高度来表示；如果对此不熟悉，赠送的剪贴簿里有一个对照表和字体样板。假设表格内的文字高度为 3.5 毫米 (10 磅)，这是大多数报纸和书籍正文的字高，单元格的高度调整到五六毫米比较合适。为了方便调整，最好先打开网格。

调整表格的尺寸有两种方式。单击表格，周围会出现一个蓝色边框。拖动四个角中的任意一个，可以整体调节表格的大小。按住 Shift 键拖动，可以保持表格的宽高比不变。用这种方式进行调整，要同时兼顾很多因素，往往得不到满意的结果，所以不推荐。

推荐的调整方法是，单击并且移动四个边缘中的任意一个，可以分别调整表格的高度或宽度。用分别调整宽高的方式，可以得到最好的结果，所以推荐。如果要求单元格的宽度或高度不完全相同，可以双击进入表格的群组内，移动任何行或列到需要的宽度或高度即可。

如果因为任何原因造成行或列不均匀，都可以在右键菜单里找到"均分图元"菜单，然后再选择"等行距"或者"等列距"命令。

按住 Shift 键，可选择多个行或列的边线；然后拖动可以同时调整所选行或列的大小。

若表格里的文字内容太多或者太少，可以用改变单元格的方式来自动适应，方法是：选择表格或者相关单元格，在右键菜单的"尺寸"菜单里选择"调整行至合适大小"或"调整列至合适大小"命令。

7) 合并与拆分单元格

假设经过以上的调整，已经得到了大致满意的表格，下面还要对表格的头部单元格进行合并调整，这个操作对于有 Excel 应用经验的人来讲并不复杂。

(1) 双击进入表格群组内部。

(2) 按住 Shift 键连续单击，或者按住鼠标左键拖动，都可以选择需要合并的单元格。

(3) 在右键菜单里选择"合并单元格"命令，用同样的方法完成其余的部分。

合并单元格还有一种快速的方法。

(1) 按住 Shift 键连续单击，或者按住鼠标左键拖动，选择所有需要合并的单元格。

(2) 在右键菜单里选择 "垂直合并"或者"水平合并"命令。

如果需要，也可以把部分单元格拆分成另一个表格：点选拆分位置的任意一个单元格，右键菜单里选择"在某某位置拆分表格"命令。

8) 规范化表格线条

规范化表格线条建议分两步来完成。

第一步是把整个表格的线条调整到同样的粗细。单击表格，然后在"形状样式"面板上调整全部线条的粗细，通常是调整到表格里最细的线宽，假设 1 磅 (0.35mm)。

然后双击进入表格内部，选择需要加粗的边框或线条，在"形状样式"面板上调整成两磅 (0.7mm)。如果想更快地把线条统一调整到制图标准的线宽，可以调出赠送的剪贴簿国标图线，用样式工具把细线调整为 0.35b，再把粗线调整到 0.7b。

9) 表格底色填充

如果要对表格的整体做背景色填充，只要选中表格，在"形状样式"面板上单击"填充"按钮，显示出需要填充的面，然后单击右边的长方形色块，在弹出的"颜色"面板上选择颜色即可。

请注意：如果要对全部表格或者部分单元格赋色，千万不要选择浅灰色以外的彩色，更不要选择过深的颜色，强烈建议选择一种很浅的灰色作为底色。

如果只想对表格中的部分单元格，如表格的头部填充背景色，可以双击进入表格，选取需要填色的部分，再到"形状样式"面板和"颜色"面板上做相应的操作。

10) 输入与编辑文本

双击进入表格群组内，选择一个单元格添加数据；如果想要连续添加文字或数据，可以按制表键 Tab，移动到下一个单元格，继续添加数据或文字。

修改部分单元格的内容，可单击这个单元格，输入新的内容，原有内容被替换。

若要退出文本输入和编辑模式，双击表格外部。用"文本样式"面板可以对所有文本格式，包括字体、大小、对齐等做进一步的编辑。也可以用赠送的剪贴簿里的国标字体做符合制图标准的统一格式化。

如果表格里有需要旋转的文本，可以在选择对象单元格后，在右键菜单里选择文本旋转的方向，每单击一次旋转 90°。

11) 表格属性的继承与复制

表格工具有记忆功能。表格经过以上的编辑后，已经记住了你的设置，再次用表格工具重新绘制表格，就可以快速、轻松地继承之前所有的格式。

使用风格工具 (吸管) 可以对已有的表格属性采样，复制应用于另一个表格。

12) 剪贴簿

在赠送的剪贴簿里可以找到如图 6.1.5 所示的资料。

创建表格时用键盘配合

键盘	表格文本编辑时	选择单元格时
Tab	移动到一行中的下一个单元格(或下一行中的第一个单元格)。如果没有下一行，标签就不会移动。	移动到一行中的下一个单元格(或下一行中的第一个单元格)。如果没有下一行，标签就不会移动。
Enter	移动到列中的下一个单元格。	移动到列中的下一个单元格。
Shift+Tab	移到左边的单元格。	移到左边的单元格。
Shift+Ente	向上移动列中的单元格。	向上移动列中的单元格。
Ctrl+Enter	在单元格中创建回车。	没有
箭头键	没有	向箭头方向移动。

表格样式参考

编号	门板					门框				
	型号	材料	尺寸			型号	材料	细部		
			宽度	高度	厚度			边框	眉头	门槛

column（纵队、列，缩写"c"）
row（行、排，缩写"r"）
例：创建一个11列、7行的表格
输入：11c,7r（中间用英文逗号隔开）

图 6.1.5 相关剪贴簿

图 6.1.5 上是绘制表格用的快捷键。在绘制表格的时候，如果能用键盘与鼠标配合，肯定能提高效率。这是一个键盘操作的对应清单，供绘制表格时参考。

经常要用到的表格，可以提前准备好或者做成剪贴簿，用起来就非常方便。本节介绍的表格也保存在剪贴簿里，见图 6.1.5 下面部分，也可以用前面介绍的方法进行修改。

在图 6.1.5 右下角还有一个输入行列数据直接生成表格的要领，可供参考。

6-2　插入外部表格与编辑

上一节我们曾经提到过两种表格“图纸目录”与“材料表”，它们几乎是所有行业的设计文件里都有的。各行业的成套图纸中包含的表格类文件当然不止这两种，但各行业不同用途表格的创建和编辑操作基本都是一样的，所以这一节就以“图纸目录”和“材物料清单”为主题，介绍创建与编辑表格中可能会遇到的问题和一些小窍门。

1. 两个表格实例

现在请看两个 LayOut 文件，图 6.2.1 是图纸目录，图 6.2.2 是材物料清单。

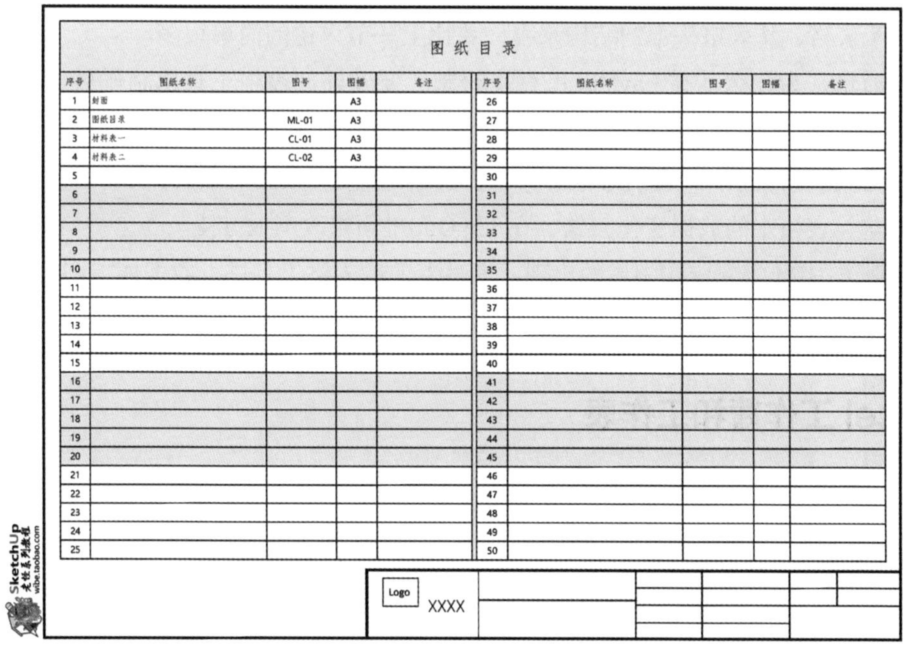

图 纸 目 录

序号	图纸名称	图号	图幅	备注	序号	图纸名称	图号	图幅	备注
1	封面		A3		26				
2	图纸目录	ML-01	A3		27				
3	材料表一	CL-01	A3		28				
4	材料表二	CL-02	A3		29				
5					30				
6					31				
7					32				
8					33				
9					34				
10					35				
11					36				
12					37				
13					38				
14					39				
15					40				
16					41				
17					42				
18					43				
19					44				
20					45				
21					46				
22					47				
23					48				
24					49				
25					50				

图 6.2.1　图纸目录

材物料清单

序号	类别	类内号	图号	材料名称	使用位置（参考图号）	备注
1	木材	1	WD-01	椎木饰面	公共区顶棚及墙面	
2		2	WD-02	椎木饰面	门	
3		3	WD-03	椎木实木地板	二层楼梯前厅	
4	涂料	1	PT-01	白色乳胶漆	墙面及顶棚	
5		2	PT-02	白色防潮乳胶漆	湿区墙面及顶棚	
6		3	PT-03	艺术涂料	墙面（公共区）	
7		4	PT-04			
8		5	PT-05			
9						
10						
11						
12						
13						
14						
15						
16						
17						
18						
19						
20						
21						
22						
23						
24						

图 6.2.2　材物料清单

这两个表格，从表格头部的结构来看，要比上一节讨论的简单很多。

既然简单，为什么不在 LayOut 里直接绘制，要到外部表格工具里制作后再插入 LayOut 呢？理由至少有 3 个。

● 这类表格规模大、数据多；LayOut 终究不是处理数据的工具，干不了这个。

● 这类表格中的数据变化频繁，在 LayOut 里面修改不太方便。

● 随着 BIM 等新应用领域的出现，通过专业的表格工具进行数据加工和传递逐渐成为常规的做法。

2. Excel 工作簿和工作表

1) 两个工作表

在 Excel 里做好的表格文件，通常叫作 Excel 工作簿；这个工作簿文件已经保存在本节的附件里，文件名是"演示用（图纸目录和材料清单）"。现在用 WPS 打开这个工作簿文件，如果你习惯用微软的 Excel，后面的操作也完全一样。

这个工作簿文件一共包含了 3 个 Sheet，一般称之为 3 个工作表（图 6.2.3 ①），它们分别是一个图纸目录和两个材物料清单，第二个材物料清单是为了演示而设置的，内容更多一些，占用的数据行增加了一倍，后面要用到。

为了看起来更直观，图 6.2.3 ①处的工作表标签已经重新命名。但是要提醒一下，重新命名后的工作表，在 LayOut 里做插入操作的时候，有可能仍然显示 Excel 默认的 Sheet1、Sheet2 和 Sheet3(视 LayOut 版本而异)。

如果全套设计文件里还有其他的表格，可以单击图 6.2.3 ②所指的加号按钮，增加新的工作表。把一个工程中所有的表格集中在一个工作簿里，方便管理。

图 6.2.3 所示的图纸目录共占用了 27 行，表格头部占用两行，数据部分是 25 行。表格占用 11 列，从 A 到 K，其中，F 列用作分隔 (图 6.2.3 ⑥)，左右两边各有 5 列；Excel 的每一个单元格都有一个坐标编号，显示在图 6.2.3 ③处。图 6.2.3 ④处是表格的左上角，编号是 A1；图 6.2.3 ⑤处是表格的右下角，编号是 K27；这些关键点的坐标编号，是在把表格插入到 LayOut 中时的重要依据。

图 6.2.3　Excel 工作簿

另一个工作表材物料清单 (图 6.2.4) 占用了 7 列 26 行；左上角的坐标编号是 A1，右下角的编号是 G26，插入 LayOut 时要用到这些坐标。

材 物 料 清 单						
序号	类别	类内号	图号	材料名称	使用位置(参考图号)	备注
25		1	ST-01	花岗岩01		
26		2	ST-02	花岗岩02		
27		3	ST-03	花岗岩03		
28		4	ST-04	花岗岩04		
29	石材	5	ST-05	花岗岩05		
30		6	ST-06	花岗岩06		
31		7	ST-07	花岗岩07		
32		8	ST-08	花岗岩08		
33		9	ST-09	花岗岩09		
34						
35						
36						
37						
38						
39						
40						
41						
42						
43						
44						
45						
46						
47						
48						

Logo XXXX

图 6.2.4　Excel 工作簿关键坐标编号

2) 创建表格注意点

行和列的数量，最好在创建表格之前就规划好，虽然事后还可以增加或减少行列，但是要重新调整行和列的位置尺寸，很麻烦。

上面两个工作表第一行都是一个通栏的大标题，表格的名称字体较大，水平垂直方向都居中。第二行都是项目名称。

图 6.2.3 的图纸目录每个有 25 行，一共可以列出 50 幅图纸，中小型工程够用了。

如果图纸数量超过 50 幅，有两个办法解决：第一个办法是继续往下面增加现有工作表的长度；也可以把现有的工作表复制成一个新的工作表。上述两种方法产生的结果是不一样的，插入 LayOut 和更新数据的方式也不同。

材物料清单的栏目更为简单，每页有 7 个项目，24 行；大多数工程所需的材料都不止这些，可以按需添加新的工作表，或者往下增加数据行。

3) 创建表格

你大概已经看出用专业的表格处理工具创建、编辑表格有多么方便，但好处还远不止这些；现在我们列出在 Excel 中创建材物料清单的过程，也可以查阅视频教程。

(1) 新建一个文件，命名后保存。

(2) 拉出所需行列形成表格雏形，然后根据表格内容大致调整一下行和列的宽度。

(3) 选中第一行的所有单元格，在右键菜单中选择"合并单元格"命令，输入表头文字。

(4) 逐一输入第二行的项目名称。

(5) 输入序号1～24。输入这种连续的编号有个窍门，只要在前两个单元格分别输入1和2，告诉 Excel 以1递增；然后同时选中这两个单元格，将光标移到单元格右下角的小黑点上，光标变成十字形，往下拉就可以看到自动产生的连续编号。

(6) 合并部分单元格后输入类别：木材与涂料。

(7) 输入类内号和图号的时候可以充分利用 Excel 的自动编号功能。

(8) 接着可以设置一下字体、字号、每一行的高度，等等。

(9) 图 6.2.3 、图 6.2.4 中填充的浅灰色底纹是为了方便查阅，免得上下行的数据产生交叉混淆。也可以考虑每3～5行设置一条较粗的横线或双线，同样可以起到方便查阅数据的作用。加底色或加粗线的工作，也可以到 LayOut 里去做。

3. 插入 Excel 工作表

假设你对 Excel 有初步认识，并且已经完成了两个表格的创建 (图 6.2.3 、图 6.2.4)，至于表格内部的数据，现在还不是主要的，等一会还要回来操作。为了后续的工作不出错，请把每个表格左上角和右下角的坐标编号记下来。再保存一下准备使用。

1) 关于图纸幅面

打开 LayOut，选择一种横向的图纸模板，附件里已经准备好符合国家制图标准的模板，建议选择 A3 横。

解释一下为什么要用横向的幅面：在"蓝图"时代，图纸目录、材物料清单这类表格文件都是用竖向的4号幅面 (即 A4)，现代大多数图纸都是用规格纸张打印的，其中 A3 幅面的图纸大小适中、打印成本低、携带和现场查阅方便，工程中用得较多。为了整套图纸装订得更整齐，所以这两种表格也选用了同样大小的横向 A3 幅面。

2) 插入和调整

下面的操作要 LayOut 和 Excel 二者配合完成。

在 LayOut 里插入刚才保存的表格文件。

注意弹出的"Excel 偏好选项"对话框 (图 6.2.5)，此时如果糊里糊涂单击了"好"按钮，得到的结果有可能不是你所想要的。

先在图 6.2.5 ②处确认要插入哪一个工作表；注意该 Excel 文件有不止一种表格，每种表格要创建单独的 LayOut 文件 (标签)，不要混在一起。

图 6.2.5　插入 Excel 工作簿

　　如果要插入整个工作表的所有单元格，可以勾选图 6.2.5 ①处的"全部"复选框，否则取消这里的勾选 (表格内容较多，需要分成多页时请特别注意)。

　　如果只插入部分单元格，还要在图 6.2.5 ③处确定导入这个工作表中的单元格坐标；要把这里显示的坐标编号跟你刚才记下来的对照一下，如果不对，还要输入准确的行列坐标，注意"行"与"列"坐标以西文冒号隔开，如"A1:G27"。

　　最后一行的"样式"也要勾选，这样，刚才在表格工具里做的所有设置才会生效；做好以上的准备和检查，现在可以确认插入了。

　　插入后，通常还要在 LayOut 里做一些细微的调整，主要是调整到适合图纸大小。

　　如果没有提前规划计算，Excel 工作表插入 LayOut 后可能会有较多问题，如整体尺寸太大、太小，单元格的高度宽度不合适、位置偏移等，新手可能要试几次。

　　发现上述问题，与其在 LayOut 里纠正，还不如回 Excel 去返工。

　　3) Excel 与 LayOut 的数据关联

　　接着，我们回到表格工具，试着在表格里填入一些数据，保存一下。返回 LayOut，刚才填入的数据已经更新；如果看不到更新，可以在右键菜单里手动更新。已经建立关联的 Excel 文件不能改名，不能移动，否则将失去关联。失去关联的文件可以重新恢复关联。

4. 插入有更多数据的表格

　　当数据较多，要分成几个页面时，如附件里的第三个工作表 (清单二) 也是材料表，表格的头部和前 24 行的内容跟图 6.2.4 一样，区别是后面又增加了另外 24 行，现在表格一共有48 行，想要在 LayOut 里做一个有两个页面的表格，要求表格的头部是同样的；请注意以下的操作过程：

　　(1) 创建一个新的 LayOut 文件，选择 A3 横模板，命名后保存。

　　(2) 增加一个页面，现在有了两个页面。

　　(3) 用图层功能把第一个页面的图框和标题栏复制到所有页面。

　　(4) 回到第一个页面，插入 Excel 工作表的上面半截，表格的坐标是 A1:G26。

(5) 切换到第二页，插入表格的头部，坐标是 A1:G2，插入后如图 6.2.6 所示。

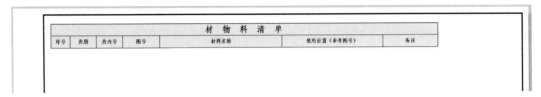

图 6.2.6　插入表格头部坐标

(6) 接着插入表格的第二部分，左上角是 A27，右下角是 G50(A27:G50)，完成插入后的情况如图 6.2.7 所示。

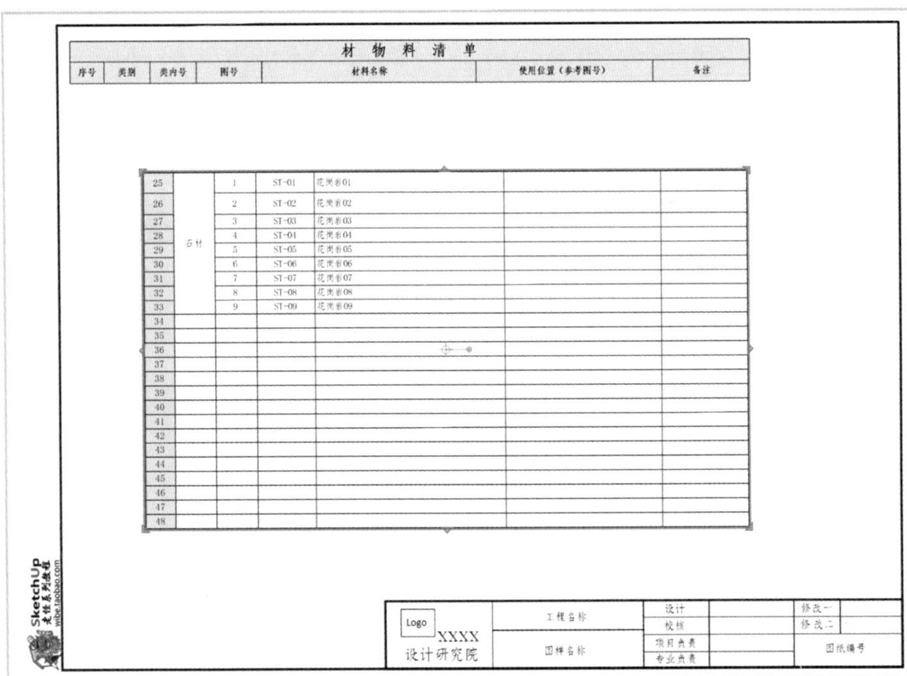

图 6.2.7　继续插入表格

(7) 把表格头部和数据部分调整到一样大，接到一起后创建群组 (图 6.2.8) 保存。

要在 LayOut 里创建很多有相同头部的表格页面，还有一些提高效率的办法，将在后文讨论。对于一些常用的表格，可以提前做成 Excel 工作簿或者 LayOut 剪贴簿，可以大大提高工作效率。

上面用到的 Excel 工作簿和 LayOut 文件都保存在本节的附件里；如果你对表格操作还不太熟悉，可以参照练习。附件里还有一个关于 Excel 基本操作的简单图文教程，供对 Excel 完全陌生的同学参考。

材 物 料 清 单

序号	类别	类内号	图号	材料名称	使用位置（参考图号）	备注
25		1	ST-01	花岗岩01		
26		2	ST-02	花岗岩02		
27		3	ST-03	花岗岩03		
28	石材	4	ST-04	花岗岩04		
29		5	ST-05	花岗岩05		
30		6	ST-06	花岗岩06		
31		7	ST-07	花岗岩07		
32		8	ST-08	花岗岩08		
33		9	ST-09	花岗岩09		
34						
35						
36						
37						
38						
39						
40						
41						
42						
43						
44						
45						
46						
47						
48						

图 6.2.8　调整表格

6-3　剪贴簿制作与应用

在之前的课程中，我们已经跟"剪贴簿"打过很多次交道。这一节要更加深入讨论它，并且要试着创建几个自定义的剪贴簿。

1. LayOut 中文版的剪贴簿

所谓 LayOut 的剪贴簿，就是保存着频繁重复使用 LayOut 要素的文件，如公司 Logo，符合制图标准的字体、图线、符号，常用的表格、图案，等等，只要是常用的，都可以提前预制成剪贴簿，保存起来随时调用。剪贴簿的性质有点像 AutoCAD 里的"图块"，也像 SketchUp 里的"组件"，不过它们之间还是有很大区别的。

中文版的 SketchUp 安装完成后，在 LayOut 的"剪贴簿"面板中就可以找到由箭头、汽车、颜色、人物和植物组成的默认剪贴簿，如图 6.3.1 所示。LayOut 中文版的默认剪贴簿保存在下述路径：C:\ProgramData\SketchUp\SketchUp 20XX\LayOut\zh-cn\Scrapbooks。

图 6.3.1　LayOut 自带的剪贴簿

2. 使用剪贴簿

下面快速对使用 LayOut 的默认剪贴簿做简单介绍。

(1) 在 LayOut 默认面板的剪贴簿面板里可以打开这些剪贴簿。

(2) 单击图 6.3.2 ①所指的箭头，可打开剪贴簿下拉菜单。

(3) 单击图 6.3.2 ②所指的箭头，可打开二级目录。

(4) 单击图 6.3.2 ③所指的二级目录项，在主窗口显示该页内容。

(5) 单击图 6.3.2 ④中任一对象，按住鼠标左键不放，拖曳到图样上即可使用。

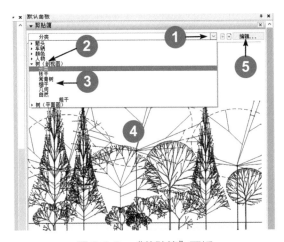

图 6.3.2　"剪贴簿"面板

(6) 图线、比例、字体等剪贴簿，也可用样式工具吸取其属性后复制给其他对象。

(7) 单击图 6.3.2 ⑤所指的按钮，可以在 LayOut 里编辑该剪贴簿。它会弹出图 6.3.3 所示的提示，意思是这个文件是版本 3，如保存为当前版本，该文件可能不兼容或以前的版本。

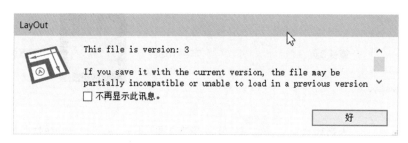

图 6.3.3　版本提示

(8) 对剪贴簿的任何修改编辑，只有在保存后才能生效。

3. 默认剪贴簿内容简介

(1) 默认剪贴簿的第一组是箭头，共分成 8 个页面，其中 5 个是 3D 的箭头 (图 6.3.4)，剩下 3 个页面是 2D 的箭头。值得介绍的是 3D 的箭头，这里每一个 3D 箭头其实就是一个 SketchUp 组件，拖到图纸上后，还可以双击进入其群组内部，用 SketchUp 里完全相同的操作方法对这个箭头做缩小放大、旋转平移等编辑修改，非常方便好用。但是请注意：一个小小的 3D 箭头也是一个 skp 组件，它也要占用一定的计算机资源，所以，在同一个 LayOut 文件里，最好不要用大量 3D 箭头。

如果箭头边线上有明显的马赛克形状的台阶，有两种处理方法：

● 如果文件用于打印，可以暂时不理会，打印前还要做统一调整。

● 如果文件主要用于屏幕或投影演示，可以在"SketchUp 模型"面板上把渲染模式调整成"混合"，但是这样做有资源消耗方面的代价。

2D 的箭头里有一页"指北针"，可以挑选一些符合我国制图标准的箭头直接调用。

2D 的平直箭头，应用的时候免不了要做调整，也有一些窍门：双击对象，显示出调节圆点后，选择相关的圆点或边线移动就可以了。

箭头剪贴簿里还有一个自由样式，是一些形态像蛇一样，令人头皮发麻的箭头 (图 6.3.5)。双击进入群组后，可以像贝塞尔曲线一样编辑。

(2) 车辆剪贴簿一共有 18 个页面，大大小小各式车辆一目了然，没有多少可编辑的余地，要用的时候拖到窗口里就可以。注意车辆元素在设计文件里通常是整体尺寸的参照物，别在"比例"上闹笑话。解决的办法是：提前按准确比例画出垂直水平的参照线，然后把对象调整到参照线一样大小。

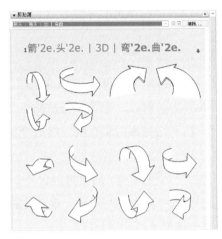

图 6.3.4　3D 箭头剪贴簿

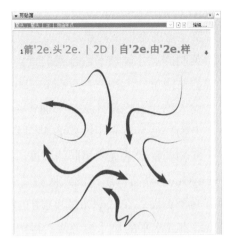

图 6.3.5　蛇形的箭头

(3) 颜色剪贴簿有 15 页，要详细介绍一下；如果你已经看过《SketchUp 材质系统精讲》关于色彩方面的课程，你大概会知道这 15 组色块是什么意思，有什么用途 (图 6.3.6、图 6.3.7)。其实这每一组色块就是一个经典的配色方案，对于建筑设计、室内设计、舞台美术、展会广告等都有参考作用。面积较大的是主色调，面积稍小一点的可以用来做副色调，上面的 3 块可以用来做画龙点睛的点缀。

这一系列色彩搭配方案虽然经典，不过一定要注意它们的出处是美国，有一定的局限性；对于有些民族和文化地区不一定适用。

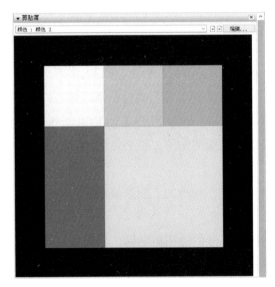

图 6.3.6　配色方案剪贴簿 1

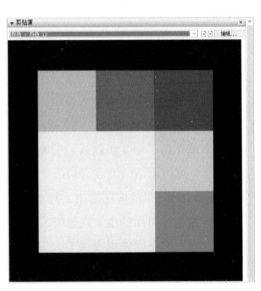

图 6.3.7　配色方案剪贴簿 2

(4) 人物剪贴簿一共有 10 页，总共有 12 个人，基本没有修改编辑的可能与必要。应用的时候，需要注意的有以下两点。

- 英制的尺寸显然不适合我们直接应用。

- 剪贴簿里的人物一共只有 1：20、1：50、1：100 和 1：200 四种比例，显然不够用，而人物元素在设计文件里通常是整体尺寸的参照物，所以，想要用剪贴簿里的这些人物，最好事先用准确的比例画一条相当于人物平均身高的垂直线，然后把剪贴簿人物调整到垂直线相同的高度。

(5) LayOut 里还有两组树的默认剪贴簿，一个剖面树，一个平面树。剖面树包含 7 个页面，平面树有 9 个页面。在 LayOut 里调用植物剪贴簿，同样要注意比例的问题。最好先按准确比例画出垂直或水平的尺寸参考线，再把剪贴簿图例调整到尺寸线相同长度。

这里还要对我国园林制图标准中关于植物图例的规定做一点延伸。

制图标准有关的条款中，只对初步设计和施工图所用的植物提供了几种简单的原则性参考图例，但并不代表没有其他的要求，在 4.4.2 一节里用文字形式说明了："……应该用立面或剖面图清楚地表达该地区植物的形态特点"；在 4.4.3 一节也有一些具体的规定。

我国是景观植物资源丰富的国家，经常进入景观设计文件的植物种类不下几百种，LayOut 自带的这些图例虽然也能用，品种却显然不够，在后文讨论制作剪贴簿时会提出一些解决的方法。

4. 被屏蔽的非标剪贴簿

在中文版的 LayOut 里，除了上面介绍的默认剪贴簿之外，还有一些其他的剪贴簿，如图 6.3.8 中框出的 7 个部分，都是被隐藏掉的、包括美国标准的图线和标志，它们大多不符合中国的制图标准，我已经把它们集中起来，做成了一个"21 美标参考"的剪贴簿，你可以浏览参考但不推荐你使用。路径如下：C:\ProgramData\SketchUp\SketchUp 20XX\LayOut\scrapbooks。

前面简单介绍了中文版默认的剪贴簿和隐藏的英文版剪贴簿，想必你已经有了一个比较完整的概念，可以总结归纳成两句话。

- LayOut 自带的剪贴簿中，基本没有符合中国制图标准的、能直接使用的。

- 少量勉强可用的也要注意修改单位和比例等要素。

作者已经在本书附件里提供了大量符合中国国家标准的通用剪贴簿，尽管剪贴簿数量不少，内容也涵盖了大多数制图所需，但是各专业肯定还需要自己创建一些剪贴簿，如园林景观专业的植物平面、立面；室内设计专业的家具、洁具；建筑设计的管线、电气，等等。所以，自己动手创建剪贴簿难以避免。在后文将简单介绍这方面的操作要领与窍门。

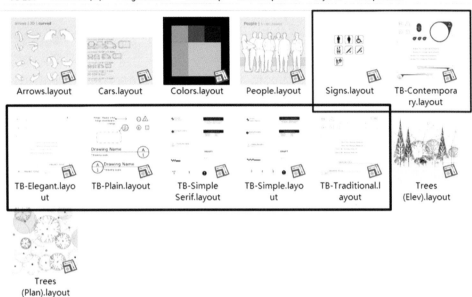

> 此电脑 > Windows (C:) > ProgramData > SketchUp > SketchUp 2019 > LayOut > scrapbooks

图 6.3.8　隐藏的美标剪贴簿（仅供参考）

5. 自制剪贴簿

凡是在设计文件中经常要用到的对象，如公司的 Logo、文字字体、图线、比例尺、简单的常用模型、文本、图像或符号库、图纸标题栏、常用表格，甚至制图过程中经常要查阅的公式、数据、标准，等等，都可以做成剪贴簿文件随时调用。下面列出几种剪贴簿的制作步骤以供参考。

1）自制任何剪贴簿都要做的准备

若要创建自定义剪贴簿，先要建一个 LayOut 文档。

新建的 LayOut 文件，今后是要出现在"剪贴簿"面板上的，无论你用了多大的纸，显示的面积都是一样的，就那么一点点；为了应用的时候能看清楚内容，好操作，剪贴簿文件的纸张不宜太大，强烈建议你用 120 ~ 160mm 见方的纸。LayOut 里没有这种尺寸的纸张，可以随便选用一种白纸后，到文档设置里去修改现有的纸张尺寸。

命名并保存成一个模板文件 160×160。

如果你想把常用的图纸标题栏或常用的表格做成剪贴簿，可用较大幅面的纸。

2) 自制"字体剪贴簿"

好了，接着我们就可以用这个模板创建自己的剪贴簿了。先做一个"字体剪贴簿"。

(1) 新建一个文件，选择模板 160×160，命名为"国标字体"并另存为剪贴簿。

(2) 为新剪贴簿添加页面，页面数量视字体数量而定；请注意制图国标规定可用的字体只有长仿宋、仿宋、宋体、黑体 4 种，加上字母和数字，所以要再新增 4 个页面。

(3) 在每个页面上输入不同的字体名称并复制成 6 份 (图 6.3.9)。注意制图国标允许使用的汉字字体高度只有 6 种，分别是 3.5mm、5mm、7mm、10mm、14mm、20mm，对应 10pt、14pt、20pt、28pt、40pt、57pt。

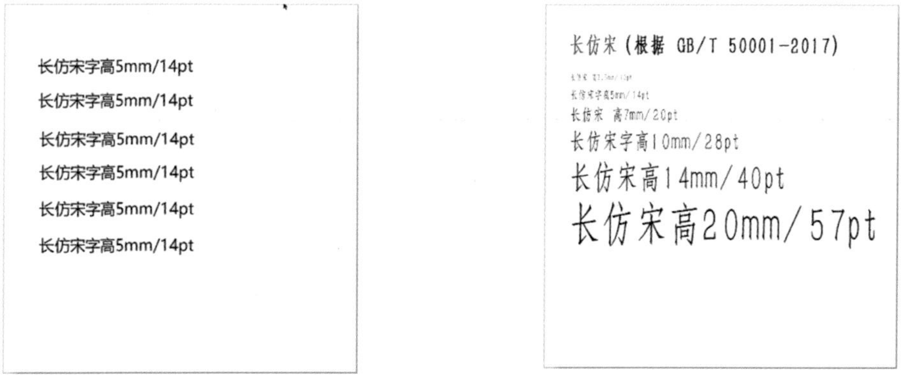

图 6.3.9　自制字体剪贴簿

(4) 逐一选中每行文字，根据国标设定字体、设定大小。

(5) 最后逐一更改字高文本的 mm/pt 值并保存。

(6) 用以上办法完成其他页面的字体剪贴簿。

(7) 注意制图国标对字母和数字高度的规定跟汉字有一点区别，分别是 3mm、4mm、6mm、8mm、10mm、14mm、20mm，对应 9pt、12pt、17pt、23pt、28pt、57pt。

3) 自制比例剪贴簿

(1) 新建一个文件，选择模板 160×160，命名为"国标比例"并另存为剪贴簿。

(2) 再添加一个页面，将两个页面分别命名为"常用比例"与"非常用比例"。

(3) 打开栅格，如图 6.3.10 所示，一页输入常用比例文字，另一页输入非常用比例文字。

(4) 如图 6.3.10 所示，画两个短垂线，相隔 30mm(间隔可随便定) 创建群组。

(5) 复制出其余的副本，如图 6.3.10 所示调整位置。

(6) 用线性尺寸工具分别做出尺寸线，如图 6.3.11 所示，显示相同的尺寸。

(7) 逐一选中后，根据文字分别调整到显示正确的尺寸。

(8) 同时检查是否是"十进制、毫米、精确度 1，右上角要取消单位后缀"。

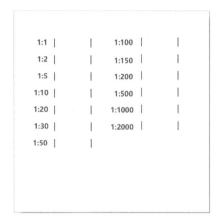

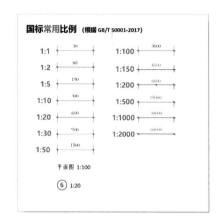

图 6.3.10　自制比例剪贴簿 1

图 6.3.11　自制比例剪贴簿 2

(9) 用同样的方法制作"非常用比例"页面。

(10) 全部完成后，反复检查，确认无误，保存。

4) 自制常用照明灯具图例剪贴簿

根据《室内装饰装修制图标准》(JGJ/T 244) 制作照明灯具图例剪贴簿，这个标准一共规定了 10 组不同的图例分别是：常用材料、家具、电器、厨具、洁具、景观、灯具、设备、开关插座的立面与平面。这个剪贴簿只包含其中跟电气直接有关的 4 种。

(1) 新建一个文件，选择模板 160×160，命名为"国标电气图例"，并另存为剪贴簿。

(2) 新增 3 个页面，分别命名为常用灯具、电气设备、开关插座的立面与平面。后面要制作的"照明灯具"只是该剪贴簿中的一个页面。

(3) 从制图标准或其他可以参考的范本上截取跟照明灯具有关的内容，粘贴到 LayOut 工作窗口，如图 6.3.12 ①所示。

(4) 按截取的图样绘制各图例 (图 6.3.12 ②)。

(5) 按国标图线要求分别复制轮廓线、中心线等图线属性 (图 6.3.12 ③)。

所有图例基本绘制完后，对每个图例输入名称文字 (图 6.3.13)。

注意这个剪贴簿与前面的两个剪贴簿不同，前面的字体和比例剪贴簿用来对图纸上的对象提供属性 (用吸管工具)；而这个剪贴簿是直接提供图样 (拖曳复制出副本)，所以要考虑以下因素。

● 剪贴簿上的图样，图形和尺寸要尽可能准确，拉到图纸上不用二次加工。

● 锁定图样以外的内容不被误移动。如图 6.3.14 所示，所有红色的文字都已锁定不能移动。可用右键菜单的"锁定"命令，也可用新建图层的方式锁定部分内容。

● 接着还要保存一下，前面的操作才能生效。

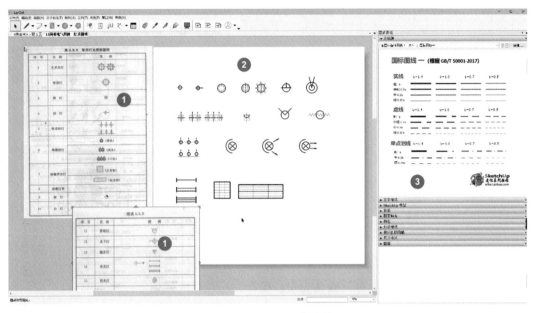

图 6.3.12　自制灯具剪贴簿 1

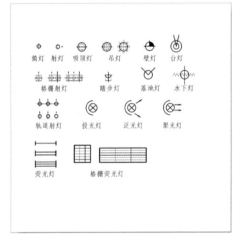

图 6.3.13　自制灯具剪贴簿 2

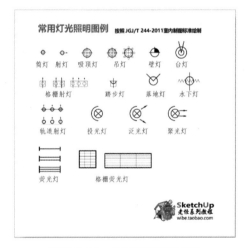

图 6.3.14　自制灯具剪贴簿 3

6. 自制剪贴簿的保存与关联

1) 三个默认剪贴簿目录

还记得上面已经介绍过的两个剪贴簿保存位置吗？一个是中文版剪贴簿默认保存位置，另一个是被官方屏蔽的美标剪贴簿位置。LayOut 还有一个自制剪贴簿的存放（备份）位置：

C:\Users\lenovo\AppData\Roaming\SketchUp\SketchUp 2020\Layout\Scrapbooks。

请注意：到此为止，本小节共出现了 3 个剪贴簿保存位置，它们都在电脑的 C 盘，正如大家所知，重新安装系统的时候，C 盘里的所有东西将被删除，所以一定要在硬盘的其他分区另外建立一个目录，专门存放包括自制剪贴簿在内的重要文件以避免损失。

2) 新建一个备份目录

就像图 6.3.15 所示，作者在硬盘的其他分区建立了一个叫作"SU 共用文件"的目录，里面就包含了自制的剪贴簿、自制模板和自制填充图案 (方框内)。注意这里存放的都是自制的文件；软件自带的文件即使丢失也可找回，不用备份。

请把自制的 LayOut 剪贴簿、图纸模板、填充图案分别保存到各自的目录里去。

本书读者可以在附件里找到十多种剪贴簿，并全部拷贝进去。

图 6.3.15　剪贴簿备份目录

3) 自制文件关联到 LayOut

现在我们回到 LayOut，继续刚才的讨论。

在 C 盘之外，我们已经创建了一个保存自制剪贴簿的目录 (图 6.3.15)，并且把自制的剪贴簿拷贝进去，但是如果不把 LayOut 与这个目录关联起来，就等于没有这个目录。

打开"LayOut 系统设置"对话框，单击图 6.3.16 ④处的加号按钮，导航到新建的剪贴簿目录，建立关联；自制的模板和填充图案也做同样的操作。完成关联后，图 6.3.16 ③所指处就会出现一个新的目录，LayOut 默认的剪贴簿保存在图 6.3.16 ①所指的位置。

图 6.3.16 ②所指的是 LayOut 默认的自制剪贴簿保存 (备份) 位置，现在不需要了，可以选中单击图 6.3.16 ⑤处的减号按钮删除 (不删除的话，LayOut 将把自制剪贴簿自动备份进去，

造成在默认面板上重复显示，用起来会不方便)。

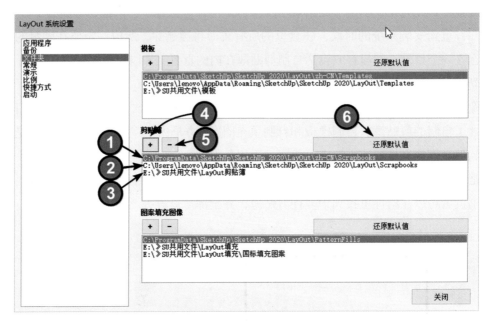

图 6.3.16　关联到自制剪贴簿

4) 剪贴簿的创建与应用技巧

自制的剪贴簿有 3 种不同的性质：图线、字体、比例，颜色等剪贴簿的用法是"属性复制"性质的，就像 SketchUp 的材质或样式，可用样式工具 (吸管) 单击需要的属性，如某种字体或图线，工具变成油漆桶后再去单击图纸上的对象。为了方便使用，也可以把剪贴簿上的字体图线等元素拉到图纸上再做前述的"属性复制"。

第二种剪贴簿是"图元复制"性质的，用法就像 SketchUp 的组件，数量更多各种标志、图例、轴线、特殊字符、图纸的标题栏、各种引线等直接拖曳复制到图纸中，略微调整位置大小就可应用；创建这种剪贴簿最好做到完全符合国标，这样在用的时候不需再重复调整，有利于减少劳动量、提高建模效率。

第三种剪贴簿属于"备忘参考"性质，它们在制图过程中只是起到辅助记忆的功能，如把"各种图线的用途""各种计算公式""材物料规格""字高和线宽 mm/pt 换算""各种快捷键列表""制图国标中的重要规定"等做成剪贴簿页面，想要用的时候可以拉到图纸页面上参考，用完从图纸上删除。

如果发现默认或自制剪贴簿上的图元太小，有两种方法可以试试：一种方法是把看不清的部分直接拖曳到图纸上，再操作就看得清了。另一种方法是把默认面板"剪贴簿"小面板上下左右方向都调到最大，还可以设置一个快捷键，随时隐藏和显示整个默认面板。

6-4 填充图案应用与制作

上一节我们把 LayOut 的剪贴簿比喻为 SketchUp 的组件；那么，这一节要讨论的 LayOut 的填充图案就像是 SketchUp 里的材质和贴图。

本节要比较深入地讨论"填充图案"的应用与制作的问题。

1. LayOut 自带的填充图案

LayOut 自带的默认填充图案保存在以下路径的目录里：C:\ProgramData\SketchUp\ SketchUp 20××\LayOut\PatternFills 。

下面列出的是该目录中的所有内容 (共 136 个图案)。

- Geometric Tiles(几何图块，共 3 类 61 个，图 6.4.1)。
- Black Linework(黑线，16 个)。
- Translucent Linework(半透明线，30 个)。
- White Linework(白线，15 个)。
- Material Symbols(材质符号，共 24 个，图 6.4.2)。
- Site Patterns(场地背景，共 20 个，图 6.4.3)。
- Tonal Patterns(色调图案，共 3 类 31 个，图 6.4.4)。
- Dot Screens(点状网，16 个)。
- Lines(直线，10 个)。
- Sketchy Pen Lines(钢笔手绘，6 个)。

图 6.4.1 列出了 LayOut 自带的全部几何图案填充。

- 图 6.4.1 ①是黑色线条部分，比较常用。
- 图 6.4.1 ②所示的半透明线条图案，它有个优点：填充后，图案的线条与常见的各种细图线、尺寸线、引线有明显的色差，图纸更清晰。
- 图 6.4.1 ③处的白色线条的图案仅适用于深色背景，不常用。

注意

如果把这些默认的图块用来标注任何指定的材料都是不合适的 (各行业制图标准中都有对材料填充的严格规定和范例，与这些图案都不同)。

图 6.4.2 列出了所有 LayOut 自带的材质符号，一共有 24 种不同的材质，非常遗憾的是，

其中没有一种是严格符合我国相关制图标准的，请不要贸然使用。

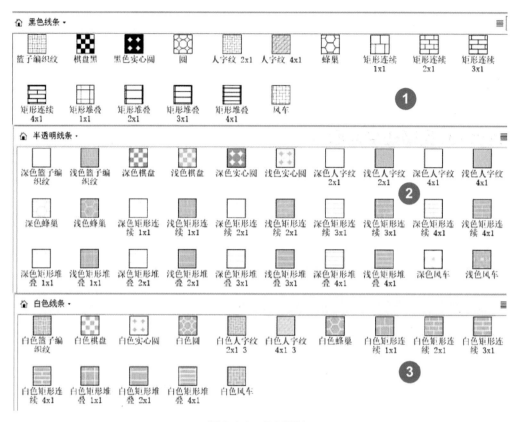

图 6.4.1　几何图块

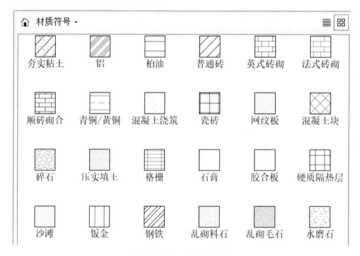

图 6.4.2　材质符号

图 6.4.3 所示的场地背景图案里有 20 种，有些可以直接使用，不过最好还是要跟行业制图标准核对一下，确定没有问题后再用。

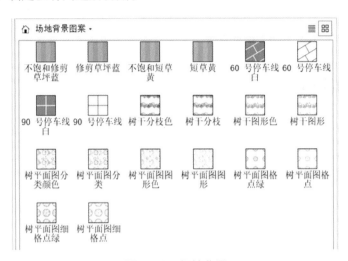

图 6.4.3　场地背景

图 6.4.4 的色调图案一类里细分成 "点状网目" "直线" 和 "钢笔手绘线" 三组，各有不少特色图案，请注意，不要用这些图块在正规图纸上标注任何指定的材料。

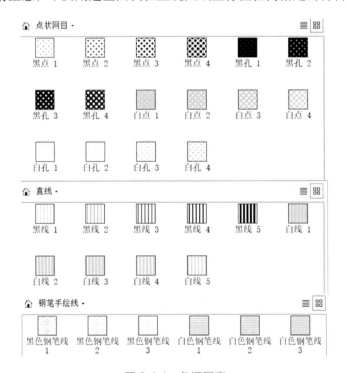

图 6.4.4　色调图案

综合评价 LayOut 自带的填充图案，"几何图块""场地背景"和"色调图案"三个大类并无严格的指代属性，在不至于造成歧义的前提下，可以在不重要的位置 (如草图、示意图、PPT 演示等) 作为辅助图案之用。至于"材质符号"这一组，请不要用于标注指定的材料，免得你的图纸出现不符合制图标准的问题。

2. 填充图案的实质

既然我们已经知道 LayOut 自带的填充图案基本不符合我国的制图标准，那么，自己动手创建填充图案就无法避免了。在动手创建自己的填充图案之前，有必要仔细研究一下 LayOut 的填充图案到底是什么东西，具体有些什么要求。

现在打开 LayOut 填充图案所在的文件夹，位置如下所示：C:\ProgramData\SketchUp\SketchUp 20××\LayOut\PatternFills。

所以如果你把自行制作的填充图案文件也保存在这个位置，今后重新安装系统的时候一定会被删除。

打开一个目录，如图 6.4.5 所示，现在看到的是"几何图块"的"黑色线条"部分，查看文件的详细信息，请注意以下几点。

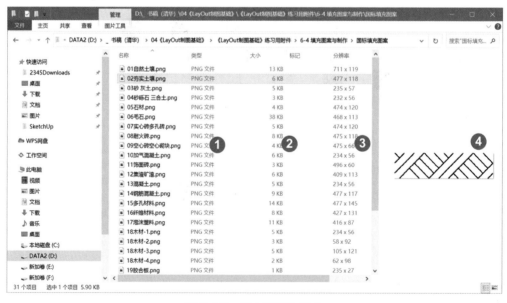

图 6.4.5　填充图案的格式

(1) 这些所谓填充图案其实都是 PNG 格式的图像文件 (图 6.4.5 ①)，是带有透明背景的图像格式，这点很重要。

(2) 第二个需要关注的是它们的文件体积都很小，只有 2KB(图 6.4.5 ②)，所以在 LayOut 文件里引用它们不会显著加大文件的体积。

(3) 第三个需要关注的是图像的分辨率：最小的图像幅面仅仅只有 64 像素 ×64 像素；图 6.4.5 ③处最大的幅面也只有 128 像素 ×256 像素，像素多少并无统一的尺寸标准，按内容需要而定。

(4) 回到 LayOut，随便画几个图形，接着对这些图形做图案填充，再做任意缩放，可以看到填充图案会跟着缩放，并且看不出图案拼接的痕迹，这就给我们第四个提示：填充的 PNG 图片不是随便画画的，是经过处理的 "无缝贴图" (关于 "无缝贴图" 的原理与制作，在《SketchUp 材质系统精讲》一书里有详细的介绍与讨论，对这方面还不熟悉的学员可以回去复习)。

3. 填充图案的应用

想要在图纸上应用填充图案，请按以下步骤操作。

(1) 选择好要填充图案的对象 (圆形、方形、多边形或其他图形)。

(2) 打开 "形状样式" 面板 (图 6.4.6)。

(3) 若所选对象只有边线，单击图 6.4.6 ③处确保其在可填充状态。

(4) 单击 "图案" 按钮 (图 6.4.6 ①)，对象上可能会显示上一次用过的图案。

(5) 单击图 6.4.6 ②处的色块条， "图案填充" 面板自动打开 (图 6.4.7)。

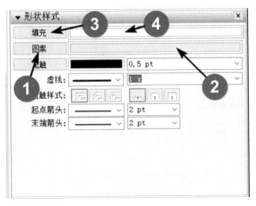

图 6.4.6　填充图案应用 1

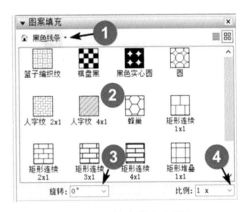

图 6.4.7　填充图案应用 2

(6) 单击图 6.4.7 ①处，选择一个文件夹并打开，所选的图案集合显示在图 6.4.7 ②所示的位置。

(7) 单击需要的图案，它会立即出现在选中的对象上，完成一次图案填充。

(8) 若想做颜色填充，可单击图 6.4.6 ③④后在 "颜色" 面板上选择填充的颜色。

(9) 单击图 6.4.7 ④处，可调整已填充图案的大小 (选择预置的比例或直接输入缩放倍数，过分放大会影响图案的清晰度)。

(10) 单击图 6.4.7 ③处，可调整已填充图案的旋转角度 (选择预置的角度或直接输入需要旋转的度数)。

经过上述操作，LayOut 已经记住你的选择，下一次再做填充操作时，LayOut 会自动执行这一次的选择。

也可以用样式工具 (吸管) 获取已调整好的填充图案复制给其他对象。

4. 带前景或背景色的填充图案

LayOut 自带的或自制的填充图案，通常是带有透明通道的单色线条图像 (即透明背景图像)，除了线条的颜色 (通常是黑色) 其余部分没有颜色；但是可以通过跟 "颜色填充" 结合，得到带有前景色或背景色的效果。

所谓 "带背景色的填充图案"，就是把透明的线条图覆盖在底色上，看到的效果是完整的底色和清晰的线条，如图 6.4.8 ⑥所示。

所谓 "带前景色的填充图案"，就是在填充图案上覆盖一层半透明的色膜，最终的效果随着色膜的透明度而变化。填充图案可以从最清晰到完全不可见，中间是各种 "蒙眬" 的效果，如图 6.4.9 ⑥所示。

对填充图案的前景和背景灵活运用颜色配合，可以获得千变万化的效果。

郑重提示：我国现行制图标准中，只有风景园林和规划专业的规划图允许使用彩色的图线和填充；建筑业、室内装修等专业的图纸，除可以用 25% 的灰色填充外，不允许使用任何彩色图线或彩色填充。所以本书中所有关于颜色填充的内容仅适用于非正式的图样，如草图、示意图、演示用的 PPT 等；正式的图纸请不要使用颜色填充。

想要对填充图案增加彩色的背景和前景，可以用以下介绍的方法分别实现。

1) 填充图案的背景色

带背景色的填充图案如图 6.4.8 ⑥所示，特点是可见完整底色与清晰的线条。

(1) 绘制并选中如图 6.4.8 ①所示的矩形对象。

(2) 单击图 6.4.8 ②所指的 "填充" 按钮，检查对象是否在可接受填充的状态。

(3) 单击图 6.4.8 ③所指的色块，"颜色" 面板会自动弹出。

(4) 在弹出的 "颜色" 面板上，选择一种颜色并调整需要的透明度 (图 6.4.8 ④⑤)。

(5) 再次单击对象图 6.4.8 ⑥，准备做图案填充。

(6) 回到"形状样式"面板，单击图 6.4.8 ⑦所指的"图案"按钮，指定做图案填充。

(7) 单击图 6.4.8 ⑧所指的色块，"图案填充"面板自动弹出。

(8) 在"图案填充"面板上单击一种图案 (图 6.4.8 ⑨)。

(9) 调整填充图案的角度和大小 (可输入数字)，填充完成 (图 6.4.8 ⑩)。

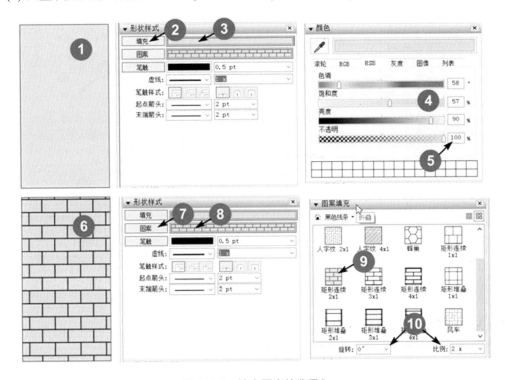

图 6.4.8　填充图案的背景色

2) 填充图案的前景色

带前景色的填充图案效果如图 6.4.9 ⑥所示，特点是"矇眬"，可从最清晰到完全不可见。

(1) 创建并选中图 6.4.9 ①所示的矩形对象。

(2) 单击图 6.4.9 ②所指的"填充"按钮，检查对象是否在可接受填充的状态。

(3) 单击图 6.4.9 ③所指的图案按钮，准备做图案填充。

(4) 单击图 6.4.9 ④所指的色块，"图案填充"面板自动弹出。

(5) 在"图案填充"面板上单击需要的图案 (图 6.4.9 ⑤)，必要时调整填充图案的角度和大小 (可直接输入数字，图 6.4.9 ⑤)，图案填充完成。

(6) 新建一个平面并选中它 (图 6.4.9 ⑥)。

(7) 单击图 6.4.9 ⑦处检查对象是否在可填充状态。

(8) 单击图 6.4.9 ⑧所指处，"颜色"面板自动打开，选择颜色和透明度 (图 6.4.9 ⑨⑩)，完成填充。

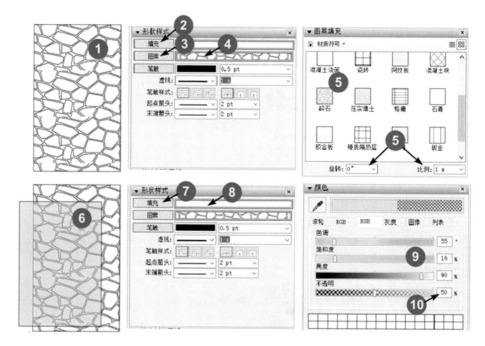

图 6.4.9　填充图案的前景色

5. 导入外部图案和图案集

外部的图形文件，如公司 Logo 等，可以导入 LayOut。

只有"位图"才能被 LayOut 接受为填充图案，可接受的图像格式有 bmp、dib、jpg、jpeg、jpe、jfif、gif、png、tif、tiff，不想显示背景的填充要选择可保留透明通道的格式，如png、gif、tif 等。

导入图像前须做预处理，如去背景，调整图像的尺寸、角度、颜色，等等。打开"图案填充"面板，单击图 6.4.10 ①处，在下拉列表中选择图 6.4.10 ②所指的"导入自定义图案"，在出现的"打开"对话框中导航到选择的文件，该文件就会出现在"图案填充"面板的区域中(图 6.4.11 ①)并保留原文件名。现在就可以按前面介绍的步骤，填充外部导入的图案了。

注意，单独导入的外部图案只存在于当前文档中，不会长期保存在 LayOut 里。

想要把外部自制的或收集的图案或集合长期保存在 LayOut 里随时调用，可单击图 6.4.10③所指的"添加自定义集合"，LayOut 自动打开"LayOut 系统设置"面板，然后就可以添加外部的、包含有填充图案的文件夹了。

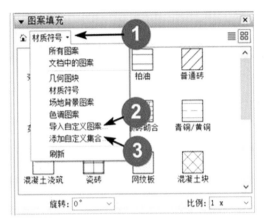

图 6.4.10　导入外部图案

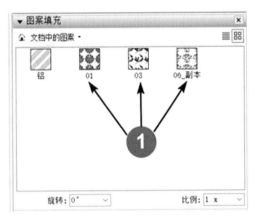

图 6.4.11　外部导入的图案

6. 制图国标规定的填充图案

在我国的制图标准中，统称为"图例"的对象，其实包含了两层意思：一是"形状"，二是"填充"。

有些图例只有形状，如家具、洁具、电器的图例，它们只有表达形状的线条，没有填充，具体到 LayOut，这种图例是要保存为剪贴簿的，拉到图纸上就能用。

另外一些图例只是"图案"，要跟有"形状"的对象配合起来才有用，如代表木材、混凝土、金属的图例，它们在 LayOut 里是填充图案，只有把图案填充到某个具体的图形上才算有用。

本书前面的章节里一再提到的几个行业制图标准里都有专门的章节对"图例"做出具体的规定。

(1)《房屋建筑制图标准》(GB/T 50001) 中的 9.2 节，常用建筑材料图例中列出了 28 个图例 (填充图案)，虽然数量不多，却被其他相关行业制图标准所引用，可见其具有的普遍意义和权威性。

(2)《房屋建筑室内装饰装修制图标准》(JGJ/T 244) 第四章，全部引用了上述 (GB/T 50001) 的 28 种图例。

(3)《风景园林制图标准》(CJJ/T 67)4.4 节图例中，虽没有全文列出 (GB/T 50001) 的图例，但在条文一开始就强调了"设计图纸常用图例应符合……GB/T 50001 中的相关规定"。

为方便读者查找和应用，下面按照《房屋建筑制图标准》(GB/T 50001) 中的"常用建筑材料图例"绘制列表 (见表 6.4.1)。

表 6.4.1　常用建筑材料图例

序号	名　称	图　例	备　注
1	自然土壤		包括各种自然土壤
2	夯实土壤		—
3	砂、灰土		—
4	砂砾石 碎砖三合土		—
5	石材		—
6	毛石		—
7	实心砖 多孔砖		包括普通砖、多孔砖、混凝土砖等砌体
8	耐火砖		包括耐酸砖等砌体
9	空心砖 空心砌块		包括空心砖、普通或轻骨料混凝土小型空心砌块等砌体
10	加气混凝土		包括加气混凝土砌块砌体、加气混凝土墙板及加气混凝土材料制品等
11	饰面砖		包括铺地砖、玻璃马赛克、陶瓷锦砖、人造大理石等
12	焦渣 矿渣		包括与水泥、石灰等混合而成的材料
13	混凝土		(1) 包括各种强度等级、骨料、添加剂的混凝土。 (2) 在剖面图上绘制表达钢筋时，则不需绘制图例线。 (3) 断面图形较小，不易绘制表达图例线时，可填黑或深灰 (灰度宜 70%)
14	钢筋混凝土		

续表

序号	名　称	图　例	备　注
15	多孔材料		包括水泥珍珠岩、沥青珍珠岩、泡沫混凝土、软木、轻石制品等
16	纤维材料	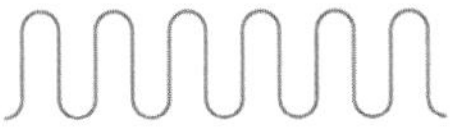	包括矿棉、岩棉、玻璃棉、麻丝、木丝板、纤维板等
17	泡沫塑料材料	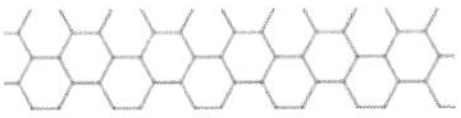	包括聚苯乙烯、聚乙烯、聚氨酯等多聚合物类材料
18	木材	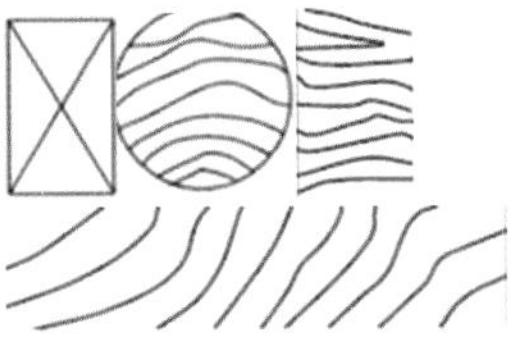	(1) 上图为横断面，左上图为垫木、木砖或木龙骨。 (2) 下图为纵断面
19	胶合板		应注明为 × 层胶合板
20	石膏板		包括圆孔或方孔石膏板、防水石膏板、硅钙板、防火石膏板等
21	金属		(1) 包括各种金属。 (2) 图形较小时，可填黑或深灰 (灰度宜 70%)
22	网状材料		(1) 包括金属、塑料网状材料。 (2) 应注明具体材料名称
23	液体	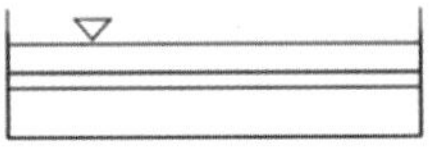	应注明具体液体名称
24	玻璃		包括平板玻璃、磨砂玻璃、夹丝玻璃、钢化玻璃、中空玻璃、夹层玻璃、镀膜玻璃等
25	橡胶		—
26	塑料	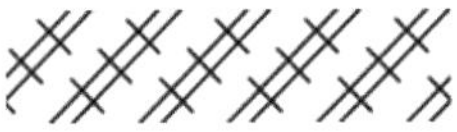	包括各种软、硬塑料及有机玻璃等
27	防水材料		构造层次多或绘制比例大时，采用上面的图例
28	粉刷	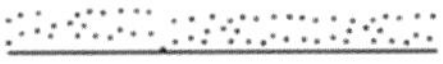	本图例采用较稀的点

注：1. 本表中所列图例通常在 1 ∶ 50 及以上比例的详图中绘制表达。

2. 如需表达砖、砌块等砌体墙的承重情况，可通过在原有建筑材料图例上增加填灰等方式进行区分，灰度宜为 25% 左右。

3. 序号 1、2、5、7、8、14、15、21 图例中的斜线、短斜线、交叉线等均为 45°。

7. 绘制填充图案

现在我们开始尝试制作自己的填充图案，制作的依据是表 6.4.1 中的 28 个图例。在正式动手之前，先对这些图例做一些观察与分析，有利于后面的制作过程和今后的具体应用。首先，这些图例从绘制和应用的角度考虑，大致可以分成两大类：

- 较多的一类属于只向左右或者上下两个方向连续复制的图案：像 1 号自然土壤，2 号夯实土壤，5 号石材，7 号实心砖与多孔砖，8 号、9 号、11 号，16 号、19 号、21 号、22 号、25 号、26 号、27 号、28 号等，在具体应用的时候，这些图案只向左右，或者上下两个方向延伸，这种图案术语叫作"两方连续"图案。

- 另一类图案，如 4 号砂砾石，6 号毛石，10 号加气混凝土，13 号混凝土，17 号泡沫塑料，等等，可以同时往左右和上下四个方向延展，术语叫作"四方连续"图案。

我们绘制这些图案的时候，要充分考虑它们的不同属性，"两方连续"的要在左右方向上做到"无缝连接"，"四方连续"的要在上下左右四个方向上都能无缝链接。

大致了解了我们要绘制的这些图案，现在就可以动手了。

(1) 创建一个 LayOut 文件，我们选择 A3 横向的方格纸 (图 6.4.12)。

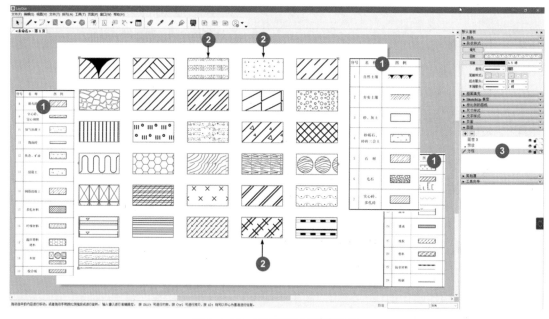

图 6.4.12　按国标绘制建筑图例

(2) 把需要绘制的图案从制图标准里截取、复制、粘贴到 LayOut(图 6.4.12 ①)。

(3) 画出规范图案用的方框，如图 6.4.12 ②所示。这些方框仅用于方便绘制，最后保存成填充图案的时候是不需要的，所以要新建一个图层，把这些方框全都转移进去，图案绘制完成后再删除这个图层 (图 6.4.12 ③)。

现在开始绘制这些图形，大概一两个小时就可完成。然后把不再需要的方框图层关闭。全选图形，在"形状样式"面板里取消填充 (仅留下线条)。导出图像，注意一定要选择 png 格式。在图片导出选项里，建议把分辨率改成 150 或更多，这样图纸打印后才会清晰。

导出后的 png 文件如图 6.4.13 所示，看到有白色的底，在专业图像处理软件中可以看到，除了线条，背景全部是透明的。

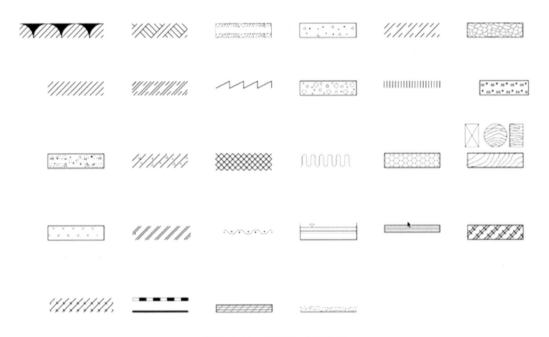

图 6.4.13　绘制完成的图例

8. 加工和保存填充图案

接下来要做的工作就是各个图案剪切下来，另存为单独的文件，剪切图案的工作可以用你熟悉的任何平面图像软件来做。

- 剪切得尽可能精确。
- 保存的时候住一定不要改变原来的 png 格式。
- 保存的时候，每小块图案的文件名要跟制图国标统一。

图 6.4.14 是已经完成的全部图案，将 28 个单独的文件保存在一个名为"国标填充图案"

的文件夹里；现在我们只要把这个文件夹关联到 LayOut 就可以使用了。

　　注意，附件里的这些填充图案并非"无缝"，关于"无缝贴图"的原理和制作请查阅《SketchUp 材质系统精讲》中的"贴图制备"专题。

　　这一节用到的所有过程文件保存在本节的附件里，你可以浏览或者做练习。

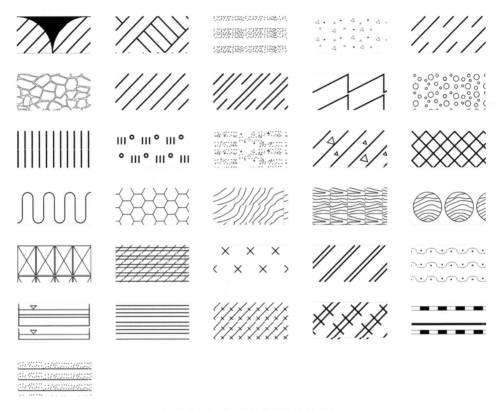

图 6.4.14　加工完成后的建筑图例

　　最终的成品也能在附件里找到，可以直接应用；如果不满意，可以用上面介绍的方法做修改。其他行业有各自不同的填充图案，请提前自行绘制备用。

　　如果你有符合制图标准的 dwg 格式的填充图案，可以用后面第 36 节里的办法改造成 LayOut 用的填充图案。

扫码下载本章教学视频及附件

第7章

其他要领与技巧

本章要讨论几个既简单又复杂、重要却容易犯错的课题：

● 图纸的命名与编号；

● LayOut 文件元素的管理；

● 与 AutoCAD 的代沟与接口的问题；

● 导出与打印的问题；

● 快捷键问题；

● 制图标准在你心目中的地位问题；

● 设计过程与设计深度；

● 图纸编排规律与原则。

7-1 图纸命名与编号

这一节要讨论一个既简单又复杂的课题：图纸的命名与编号。

说它简单也确实简单：不就是给图纸起个名字编个号吗？很多新手，尤其是在这方面没有接受过专业训练的新手，可能压根就没有注意过这件事，因为工作中不需要他（她）在这方面费心——由师傅或领导代劳了。

说它复杂也确实复杂：很多师傅都在犯错，不信你到各大专业网站去下载共享的图纸，看看跟国家颁布的制图标准之间的差距有多大。

设计图纸的命名与编号，在《房屋建筑统一制图标准》(GB/T 50001)，第 12 章 "计算机辅助制图文件"里有明确的规定；虽然这一节的所有内容只有 6 页（其中一页多的内容还没有太直接的关系），但其中包含了很多信息，包括原则性的和可以适当通融的规定。

教学实践中发现，有不少学员感觉这些规定跟他们制图实战关系不大，尤其是一些室内设计行业的小公司，根本就没有建立按照制图标准对图纸命名编号的习惯；但是，对制图稍微内行的人（任何行业）都会怀疑：连图纸编号这种小事都不规范的设计单位和设计师，是不是值得信任和托付。

身为设计师或想要成为设计师的你，若是不想在图纸编号这种细节上被人看出不专业不认真，请用几分钟浏览完这一节的内容，成为专业又认真的老师傅。下面先对制图标准中最重要的几个要点提示一下。

(1) 计算机制图文件有 "图库"与 "工程图纸"两种，本节只涉及后者。

(2) 工程图纸应根据不同的工程、专业和类型进行命名。

(3) 工程图纸按平面、立面、剖面、大样、详图、清单、简图的顺序编排。

(4) 同一工程中应使用统一的图纸命名规则。

以上 (2)、(3) 两项，在制图标准中都有详细的规则可查。

1. 完整的图纸命名与编号

为了最大限度地简化教学过程，也方便今后实战中查阅，作者提前把制图标准中关于图纸编号命名的要领做成了一个 LayOut 文件，一共有 3 个页面，图 7.1.1 是第一页，内容是完整的图纸命名编号。

看起来这幅图上的内容很复杂，其实不然。

最上面横着的一长条是一个完整的图纸编号，一共可以分成 9 个部分。

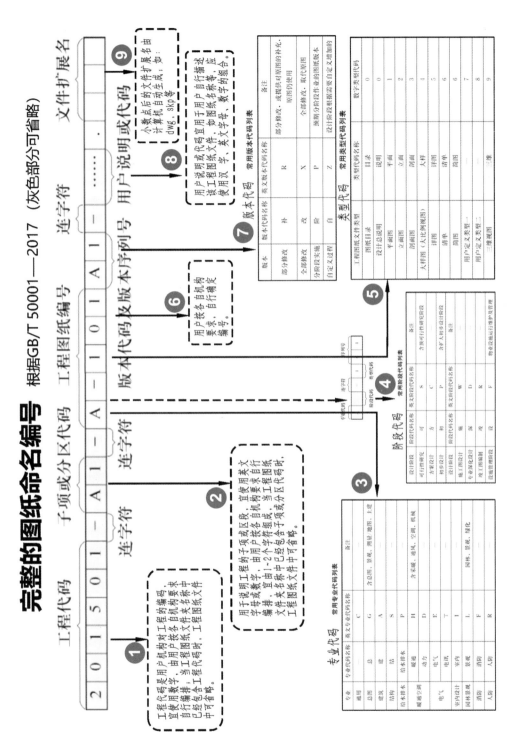

图 7.1.1　完整的图纸命名编号

第一部分是工程代码，由用户或者用户的上级指定，要用数字。图7.1.1①所标出的２０１５０１，一看就知道是这个公司2015年的第一号工程。这个部分并无数字长度的限制，也可以用其他的方式来编排。制图标准中说："当工程图纸文件夹中已包含工程代码时，在工程图纸中可省略"；这句话中提到的文件夹显然是指计算机资源管理器中的文件夹。在设计和生产实践中，为了缩短图纸名称编号的长度，工程代码这个字段可以统一放在图纸的标题栏里。

第二部分是"子项与分区代码"，如某个小区的某一个单体建筑的编号（图7.1.1②）。这个字符段可以由用户或上级指定，由1～2个字母与数字组成。设计实践中，这个字段的内容也可以放在图纸的标题栏中。

第三部分的内容比较重要并且不能省略，这是专业代码，用一个字母表示。图7.1.1③这个表格里已经包含了本系列教程中绝大部分涉及的专业，你只要记住自己的专业代码，以后就可以永远用这个代码了。请注意，这里有一条虚线，指向的是另外一组代码（图7.1.1④），即第四部分；在专业代码后面，可以紧跟一个字母，代表这幅图纸所处的设计阶段（一共有3个选择）；这个字母可以包含在图纸编号中，也可以在标题栏里标注。

第五部分也很重要，并且不能省略，用一位数字表示图纸的类型。图7.1.1⑤很容易记忆：1、2、3分别代表平、立、剖。

第六部分是该图纸的顺序编号，由两位数字组成，不能省略（图7.1.1⑥）。

第七部分的版本序号可以省略或者放到标题栏中去表示（图7.1.1⑦）。

第八部分是可以自行描述的字段，长度不限，可以用汉字、字母与数字组合（图7.1.1⑧）。

第九部分是计算机自动生成的文件扩展名（图7.1.1⑨）。

2. 最简的图纸命名编号

上面介绍了完整的图纸命名编号，看起来很复杂的九个部分，但可以放到图纸标题栏中的只有一小段，把这一小段单独做了另一页示意图，如图7.1.2所示。

必不可少的一段是"专业代码""类型代码""阶段代码"和"序列号"，其中，"阶段代码"是可以省略或者移到标题栏去表示的；剩下的3个部分中，"专业代码"和"类型代码"可以从表格中查到；"序列号"则可以根据图纸顺序自行编排；这样简化后，是不是有豁然开朗的感觉？

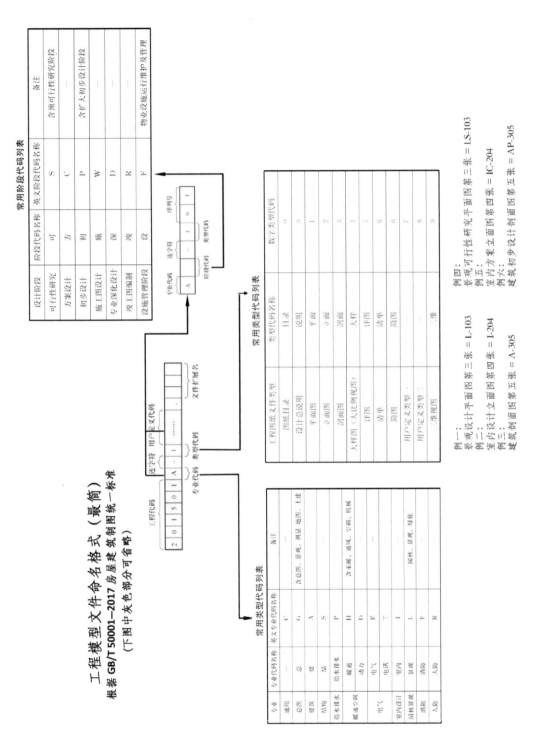

图 7.1.2　工程模型文件命名格式（最简）

为了加深印象，图 7.1.2 右下角还留下了 6 个实例，左边 3 个是图纸编号中最关键、不能省略的部分，一个字母代表专业，连字符后的第一位数字代表图纸的类型，右边两位是序号。右边 3 个实例，在代表专业的字母后面加了一个字母，代表设计阶段，连字符和随后的 3 位数字仍然是图纸类型和序号。

需要说明的是虽然这些已经是最简化的图纸编号了，对于编制成套的技术文件，不同图纸间的引用、设计师之间信息交流已经没有问题；但是，我们的图纸最终是要到工地上被工人师傅们阅读和指导生产的，为了避免不必要的麻烦甚至产生歧义误会，在图纸的标题栏里作图名、图号等重要标注的时候，要尽可能用汉字，要尽可能为现场施工提供方便。

3. 新老标准的区别

在编写这一节教程，收集整理资料的过程中，发现有些老手，在最近绘制的图纸上还在使用 2010 年甚至更久以前的绘图标准；虽然他们依据的也是国家制定的标准，但是标准是经常会更新的，同一个 GB/T 50001 至少有 3 个版本，分别是 2001，2010，2017，目前最新颁布的标准是 2017 年更新的，如果还在用 2010 年或更早的已经废除的标准，一定会造成困惑甚至误会。

所有搞技术的人，请时常关心本行业新颁布的国家标准 (不限于制图标准)，同时还要时常关心这些标准的更新，不然，有了新标准仍然用老标准，被人笑话事小，耽误了工作事大。

作者专门制作了一个页面，图 7.1.3 列出了新旧两个制图标准之间的区别，相信你仔细核对过以后会大吃一惊，新旧两个标准的差距如此之大，有些甚至可以说是天壤之别。

先看专业代码方面，老标准只有六个专业，新标准包含了十多个专业，分得更细了，其中有些专业的代码相同，也有不同的。

再看阶段代码，老标准只有 4 项，新标准变成了 7 项，新老标准重叠部分，代码相同。

再看类型代码部分，新老标准简直是天壤之别，工程图纸的类型定义有非常大的区别；类型代码则完全不同，老标准用两个字母，新标准用一位数字，更加简洁。

另外，还有两个老标准没有的项目：版本代码和阶段代码，都是为了适应社会与技术的发展而新增的。

最后，还要提醒一下，除了上面讨论的"图纸编号"之外，还有"图纸命名"也同样重要，在 GB/T 50001 的附录 A 里面有"常用工程图纸编号与计算机辅助制图文件名称"的详细列表，可以查到以下专业的图纸编号命名规范：常用图形、总图、建筑专业部件、结构专业部件、给排水专业部件、暖通空调专业部件、电气专业部件、电信专业部件、智能化专业部件。

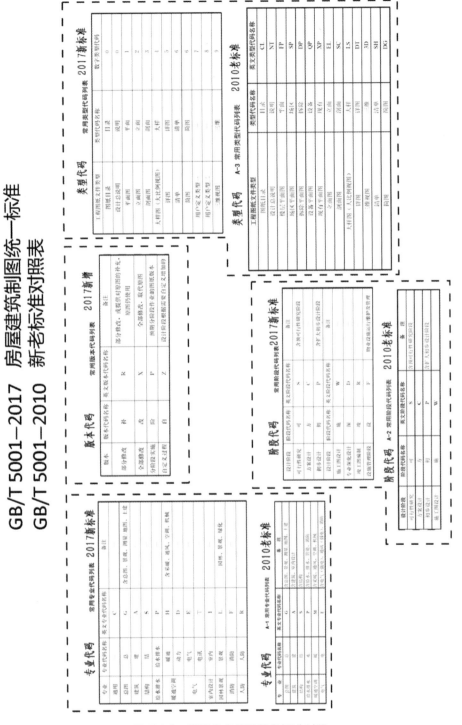

图 7.1.3　图纸命名编号新老标准对照

另外，在《房屋建筑室内装饰装修制图标准》(JGJ/T 244—2011) 和《风景园林制图标准》(CJJ/T 67—2015) 里也有相关的规定。我们对设计图纸的编号与命名都不能脱离这些标准的约束。

这一节附件里有上面所看到的三个 LayOut 页面，可供学习与实战时对照参考。

7-2　对象管理 (组与图层)

这一节讨论 LayOut 里的对象管理问题。LayOut 里面的"对象"可大可小，大到整整一个 skp 模型，外部插入的整幅文字表格或图片；小到一段线条，几个文字。你在 LayOut 里看到的所有东西都是一个或者一些对象。

1. LayOut 里的对象

图 7.2.1 是之前见到过的一个实例，中间的 SketchUp 模型是一个对象，是这里最大的对象；四周的每一个尺寸标注也是一个个对象；如果双击进入某一个标注，还可以看到更多的小对象，尺寸线、尺寸界线、尺寸数字都可以编辑修改，它们都是独立的对象。再看图框和标题栏，每一条线、每一个或每一行文字都是独立的对象。

通常我们把单击选中后会产生蓝色包围框的就称为一个对象。为什么要强调这一点？因为在 SketchUp 官方网站和中外网络论坛的帖子上，对于 SketchUp 和 LayOut 里的东西，称呼和翻译一直比较混乱，有称为 Entities(实体) 的，有称为 Elements(元素、要素) 的，还有称为 Primitive 的，等等；为了避免学员们迷惑，在这个教程中把 LayOut 中单击后会产生蓝色操作框，可以移动、旋转、缩放、修改的独立单体，不论大小，一律称之为"对象"，只有明确不会产生歧意的才直呼其名，如线条、文字引线，等等。

这些对象互相靠得很近，甚至相互重叠，如图 7.2.1 所示的图框和标题栏里就至少有七八十个大大小小的对象；如果没有对它们进行有效的管理控制，想要进行正常的操作是不可能的，所以对象管理就成了无法回避的问题。

LayOut 里的对象管理手段主要有"组"和"图层"两种，以及由此派生出来的不同用法，下面分别深入讨论。

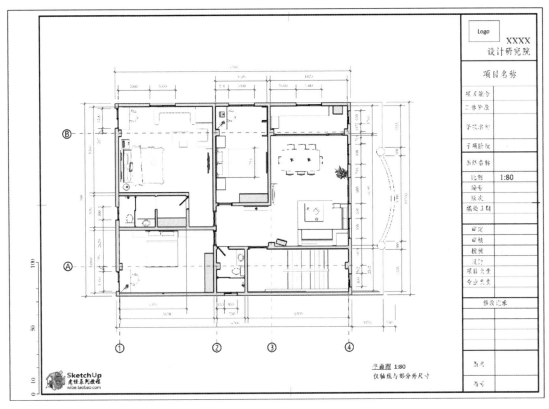

图 7.2.1　LayOut 里的对象

2. 群组与操作

1) 群组的作用

SketchUp 里面的群组可以用来隔离几何体，可以嵌套，可以命名，可以改变属性成为组件，还有专门的面板实施统一管理。

LayOut 的组 (也可以叫作群组) 主要的作用跟 SketchUp 的群组是一样的，用于隔离，LayOut 的群组也可以嵌套。但是 LayOut 里的组不能命名，不能改变属性，也没有专门的管理工具。LayOut 的组与 SketchUp 的组相比有较大的不同，基本上就是 SketchUp 群组的初级版。

在 LayOut 里面，我们只能把某些相互有关联的对象编成一个组，如把虚线框和框中间的文字编成一组，在与其他对象隔离的同时，还能整体移动、旋转和缩放。其实，LayOut 的尺寸标注、引线标注中，每一个标注就是一个群组，甚至是嵌套的群组，可见 LayOut 里的群组无所不在。

2) 对群组的操作

选择想要编组的所有对象后，在右键菜单里选择"创建组"命令或者直接用快捷键 Ctrl +
G 就能创建一个组。

双击一个组，就可以进入组内进行编辑操作；操作完成后，只要在群组外单击，就可以
退出群组编辑，这跟 SketchUp 里是一样的。

- 选好一个组以后，在右键菜单里选择"取消组合"命令即可"炸开"这个组。
- 选择一个组，在右键菜单里选择"锁定"命令是防止误操作常用的手段。
- 右键菜单里的"移至图层"这个功能也非常重要，下面还要提到。
- 右键菜单里的"排列""中心""镜像""比例"命令之前已经讨论过了。

3. 图层与操作

群组是 LayOut 里最基础的管理手段。

图层是 LayOut 另一个重要管理工具，它跟 SketchUp 的图层或者其他二维、三维设计工
具里的图层有相似的地方，也有完全不同的用途和用法。

SketchUp 的图层，可以新建，可以删除，可以命名；可以设置某图层为当前图层；可以
暂时隐藏一些图层；可以用颜色区分图层或者指定颜色。LayOut 的图层也有上述的大多数功
能，甚至更多。

1) LayOut 的"图层"面板

新建一个 LayOut 文件，选择没有图框标题栏的白纸，就可以在"图层"面板上看到
LayOut 图层最初的状态。如图 7.2.2 所示，已经有了两个默认的图层。

- 图 7.2.2 ①所指的"预设"相当于 SketchUp 或者 AutoCAD 中默认的 0 图层；如果
  不作改变，新绘制的对象都将存放在这个图层。
- 图 7.2.2 ②所指的红铅笔是"当前图层"的符号，"预设"是默认的当前图层；用
  户也可以指定任一图层为当前图层。新增或删除图层可以单击图 7.2.2 ③处的加号
  或减号按钮。
- 图 7.2.2 ④所指处的"在每个页面上"是默认的共享层，将在后面介绍。
- 单击图 7.2.2 ⑤所指的"眼睛"可以隐藏或恢复显示一个图层。
- 单击图 7.2.2 ⑥所指的"小锁"可以锁定或解锁一个图层。
- 单击图 7.2.2 ⑦所指的符号，可以把一个图层变成共享层或取消共享。为方便叙述，
  下文把图 7.2.2 ⑦所指的符号，"普通图层图标"简称为"一张纸"，把"共享图
  层图标"简称为"两张纸"。

2) 普通层与共享层

在 LayOut 中，有两种不同性质的图层，最常见的是普通层 (或称常规层 (Regular Layers))。设置这种图层的目的是控制文档内容的可见性以方便操作。例如可以把文本标注、尺寸标注、轴线、图框标题栏、SketchUp 模型等分别放置在单独的图层里，必要的时候可以隐藏、打开和锁定部分图层，这种应用可以使用普通层。图 7.2.2 ①所指的"预设"就是普通层 (常规层) 这种性质的图层是用得最多的。

另一种图层叫作"共享层"(Shared Layers)，这是 SketchUp 和其他很多软件所没有的新概念。"共享层"里的内容将原封不动地复制到所有页面，如需要在文档的每一页上显示图框、标题栏、公司 Logo 或其他元素时，可以把这些对象保存在共享层上。图 7.2.2 ④所指的"在每个页面上"就是默认的共享层。此外，用户也可以根据绘制图纸的实际需要创建新的共享层或随时取消。

3) 新建图层

新建一个 LayOut 文件后，正确的操作包括马上新建若干必需的图层，如图 7.2.3 所示。如果你所绘制的图纸经常要用到某些同样的图层，可以在创建图纸模板的时候预置这些图层。

- 各行业图纸都有的图框和标题栏、模型或视口、轴线、尺寸、文字、表格等。
- 建筑业的立柱、墙体、楼板、楼梯、门窗等。
- 室内装修业的家具、洁具、灯具、配景等。
- 园林景观业的山体、水体、乔木、灌木、构筑物、小品等。

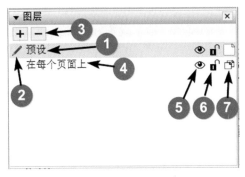

图 7.2.2　"图层"面板

图 7.2.3　当前对象所在图层

LayOut 默认面板上的"图层"面板空间有限，新建太多的图层势必带来太多麻烦，所以只对最常用、最有必要的项目新建图层。图层的总数建议控制在 10 个以内，最多也不要超过 20 个；相似的图层可以合并在一起，如可以把图框和标题栏合并在一起，门和窗合并在一起，所有植物合并在一起。

4) 当前图层

LayOut 文件里的"预设"被默认指定为"当前图层"(图 7.2.2 ①)，所有新建的对象都会存放在这个"预设层"里。但是用户可以在图纸绘制的不同阶段自行指定一个图层为当前图层，方法是：单击想要指定为当前图层的名称左边空白处，代表当前的图层红铅笔图标就会出现在这里，该图层就被设置成新的当前图层。

用户此后绘制的所有对象将保存在这个新指定的当前图层，但没有经验的用户会把此后绘制的不相干的对象也放在这个图层，引起混乱。

按理，每一次要绘制新的内容前必须先指定好当前图层，然后在该图层绘制，但很少有人严格这么做，好在还有下面要介绍的办法。

单击图纸上的某个对象，"图层"面板上对应图层名称的左下角会出现一个小蓝点 (或小紫点，如图 7.2.3 ①所示；如果小蓝点出现在错误的图层，可立即在右键菜单里移动到准确的图层。

除了下面介绍的必须改变"当前图层"的特例之外，建议新手们还是先接受 LayOut 默认的当前图层；不过要及时把创建在默认图层里的对象转移到各自对应的图层里去，免得"预设"图层里堆积太多东西，影响后续的操作。

5) 锁定图层

用 LayOut 绘制图纸的过程中，有很多时候需要把一个或一批对象锁定在原处，不让它移动，不能被修改，甚至不能被选择。"锁定"是一个重要的技巧。

对于个别的对象，如想要锁定某个局部图形，可以用"锁定群组"的办法。想要锁定一大批对象，如锁定图框和标题栏，锁定导入并调整好的模型，锁定设置好的轴线或基准线，等等，就可以把它们集中到一个图层，然后锁定这个图层。

单击图层面板上的小锁图标，就可以把这个图层里的全部对象同时锁定，这个功能可以避免误操作造成移动，一个典型的用途是：我们可以用它来锁定图框与标题栏，免得绘制图样的时候造成误移动。图 7.2.4 中箭头所指的 4 个就是已经锁定的图层。

6) 共享层

在上文曾经提到过 LayOut 里"共享层"的概念，这是一个非常好的功能，但是也容易出错，这里借助 3 个实例再深入讨论这个功能。先要明确几点：

- 每个 LayOut 文件有一个默认的共享图层，就是"在每个页面上"，必要时，也可以取消其共享的属性。

- 任何"一张纸"图标的图层都是普通图层 (图 7.2.5 ①)，单击"一张纸"图标，即可把这个图层变成共享图层。

- 共享图层的标志是如图 7.2.5 ②所指的"两张纸"，单击"两张纸"图标，又可以把共享图层恢复成普通图层。

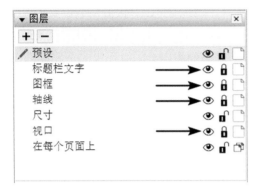

图 7.2.4　4 个锁定的图层

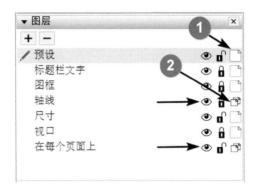

图 7.2.5　共享图层

实例一 (在每个页面上)。

(1) 新建一个文件，选择一种图纸模板 (已经有图框和标题栏)，因为我们要做的是成套的文件，一共设置成 10 个页面。

(2) 每个页面都要有跟第一页相同的图框和标题栏，笨办法是先解锁第一页的图框和标题栏，然后复制到其他的页面，再一个个去锁定它们。有了"在每个页面上"图层就简单很多：先解锁第一个页面的图框和标题栏。

(3) 全选图框和标题栏，在右键菜单里选择"移至图层"|"在每个页面上"命令，这样就可以把图框和标题栏复制到全部的页面上。

(4) 用同样的方法可以把图纸上的任意对象共享给每一个页面。

(5) 共享后的对象选中后，蓝色的操作框变成了咖啡色，以区别于原先的属性。

(6) 注意，此时在任一页面所做的编辑修改将同步出现在所有页面，很容易造成误操作，所以共享后不要做多余的操作，并且及时锁定已经共享的图层。

(7) 在任意一个页面上锁住共享图层，其余页面的相关图层也都被锁定；反过来，只要解锁任一页面的共享图层，其余所有页面的对应图层同时解锁。

实例二 (自定义共享)。

还有另外一种情况：除了图框和标题栏之外，有一些内容也可能要让每个页面共享，如项目名称，工程代码，或者某些图形、符号，甚至整个 SketchUp 模型。

想要把这些对象添加到每个页面相同的位置，有两个办法。第一个办法是把新添加对象也移动到"在每个页面上"图层。第二个办法是若不想把它们跟图框和标题栏等永久性的对象混在一起，可以创建一个新图层，并且命名为"共享"。

然后把需要共享的对象移动到这个名为"共享"的图层。虽然这个图层名为"共享"，其实它还是普通图层，并不具备共享的功能；只有单击了图层最右边的小图标，把一页纸的图标变成两页纸，这个图层才真正成为共享图层，图层中的全部对象才会复制到所有图层。

无论有意还是无意改变了这个图层的任何对象，其余的图层会同时作出完全相同的改变。所以为了避免误操作，也要及时锁定这个图层。

用同样的方法，可以把任何普通图层设置成共享图层，不过要当心，这样做可能会造成哭笑不得的后果。

实例三（指定共享与取消）。

默认和另建的共享图层都可以取消其共享属性，方法是单击"两张纸"图标，让它变成"一张纸"。

单击"两张纸"图标后会弹出如图 7.2.6 所示的提示框，上面有两个选项。

- 选择图 7.2.6 ①处"只保留此页面中的内容"，结果是之前共享到所有页面的内容，除现在看到的页面外，其余页面上的共享内容将删除。
- 选择图 7.2.6 ②处"将内容拷贝到所有页面"，就是保留原先所有已经共享的内容。

巧妙利用上述特性，可以把指定的内容复制到全部或指定的页面，具体操作如下：

(1) 图层"共享"后，在"页面"面板上选择想要保留共享内容的页面。

(2) 单击"两张纸"图标，弹出图 7.2.6 后选择图 7.2.6 ①，在本页保留共享内容。

(3) 如果想把原先共享的内容复制到所有页面，选择图 7.2.6 ②，此后虽然取消了共享，但是此前已经共享过的内容仍然保留，并且可以分别编辑修改。

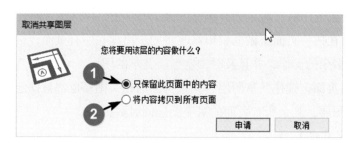

图 7.2.6 共享控制

上面介绍了 LayOut 里"组"和"图层"的特点和应用要领，虽然并不复杂，但它们是对象管理的重要手段；如果能够举一反三，把对它们的应用组合起来，就可以帮助我们快速准确地创建设计文档，轻而易举地完成复杂的操作。

7-3　AutoCAD 接口

这一节讨论 LayOut 与 AutoCAD 的接口问题。

所谓接口，就是两种不同软件之间交换数据的渠道。

稍微有点经历的 SketchUp 用户都知道一些 AutoCAD 与 SketchUp 之间的"代沟"与互相之间"不搭调"的问题。这些问题不是三言两语说得清楚的，好在越来越多的 SketchUp 用户对这类问题有了一定程度的了解；办法越来越多，问题越来越少 (想要详细了解这些问题与解决办法，建议去浏览《SketchUp 建模思路与技巧》一书的相关内容)。

至于 LayOut 跟 AutoCAD(dwg 文件) 的关系，情况要好很多；因为在 LayOut 中插入 dwg 文件的目的不是用来建模，对文件质量的要求相对要低很多，就没有了诸如线条不在同一个平面上、线条重叠、线条不平行、交叉点断开、废线废点、不能成面等从 AutoCAD 带来的毛病。

不过，LayOut 本身就是个资源消耗大户，普通电脑运行起来很卡，再插入本来就有"代沟"问题的 dwg 文件，结果是不容太乐观的。所以，在获得实际测试结果之前，尤其是成功插入规模较大的 dwg 文件之前，最好不要抱太大的期望，免得更大的失望。

1. 例一（导入 dwg 文件制作植物图例集和剪贴簿）

附件里有一些 dwg 文件，有简单的，也有复杂一点的，我们先从简单的开始。前文制作剪贴簿时，作者曾经提到用 AutoCAD 图块制作剪贴簿的内容，本节将演示从插入 dwg 图块文件到制作自定义剪贴簿文件的全过程。

本节的附件里有一些 dwg 文件，有一个是园林景观专业设计师用的图块库，其中包含有两百多种南方常见景观植物的图块，想要把这部分制作成自定义的 LayOut 剪贴簿。因为这个 dwg 文件里的内容较多，整体导入 LayOut 要花费太多时间。如图 7.3.1 所示，导入过程和简单的调整花了 20 分钟以上，虽然只是个 1.3MB 的小文件，现在再想移动一点点都非常困难。

为了后面的操作更加顺畅，已经从 (图 7.3.1) 二百多个图块中剪切了左上角的一小部分——21 个图例，单独保存为一个较小的 dwg 文件。

现在从 LayOut 里插入这个文件，图 7.3.2 所示是弹出的"DWG/DXF 导入选项"对话框，如选择了图 7.3.2 ①所指的"纸张空间"，会把 AutoCAD 的布局空间里的图框和标题栏同时导入，还可以在图 7.3.2 ③所指处确定导入不同的布局。

若只想导入模型空间的内容，可以选择图 7.3.2 ②所指的"模型空间"。

接着要在图 7.3.2 ④所指处对模型空间的"尺寸单位"作选择，如果这个 dwg 文件是你自己创建的，并且已经作过准确的尺寸单位设置，可以保留默认的"模型空间"不作改动，导入后的单位跟在 dwg 文件里的单位相同。如果是其他来源的模型，最好先搞清楚文件里的尺寸单位再做设置。

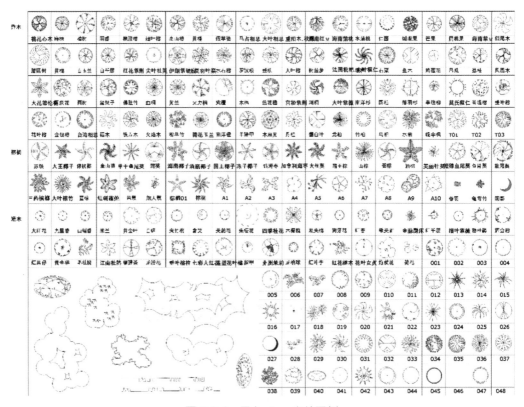

图 7.3.1 导入 dwg 文件图例

因为导入的不是 SketchUp 模型，所以图 7.3.2 ⑤所指的图元类型不要勾选。

图 7.3.3 所示就是 LayOut 插入这个 dwg 文件后的截图。

如果想要把图 7.3.1 所示的植物图例库全部做成 LayOut 文件或剪贴簿，将要多次重复上面的操作才能完成。因为内容较多，全部做成"剪贴簿"用起来会不方便 (因为剪贴簿面板太小)，建议把全部图例做成一个 LayOut 文件，分成十多个页面，这样查找和应用更加方便。如果你的电脑足够强悍，打开图 7.3.1 所示的 LayOut 文件，炸开后就可以直接复制调用。

1) 植物图例库制作为 LayOut 图例集的操作

(1) 提前把附件里的 dwg 文件分拆成若干小块，分别单独保存。

(2) 新建一个 LayOut 文件，添加跟小块同样多的页面，以"植物图例集"为名保存。

(3) 每个 LayOut 页面分别导入一个分拆好的 dwg 文件。

(4) dwg 文件导入后，如图 7.3.3 所示，还要做炸开、缩放、移动等简单整理。

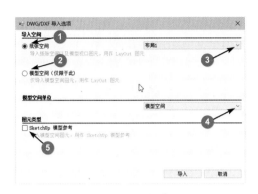

图 7.3.2　导入选项

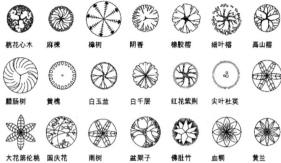

图 7.3.3　制作剪贴簿的 dwg 文件

(5) 图 7.3.3 中的文件炸开后，每个图例与对应的文字是独立的群组。

(6) 全选所有文字群组，统一调整到适当大小，移动到正确的位置，最后锁定。

(7) 再把所有图案中间的"填充面"全部去除，只留下图案中的线条。为了看得更清楚，可以把网格打开。

(8) 检查一下图案的线条粗细，如果太细，还要适当加粗。建议全部改到 1pt 或更粗 (1 磅 = 0.3527 毫米)，以适合大多数应用场合。线条宽度小于 0.5pt，打印出来有可能不清晰，也可以通过实际打印测试确定线条的粗细。

(9) 也可以对每一个图例做进一步精细的处理，甚至对线条或平面赋予喜欢的颜色。

2) 植物图例库制作为剪贴簿的操作

并非所有的地区，所有的工程都需要以上 200 多个图例，可以从图 7.3.1 所示的文件里挑选一些最常用的图例做成剪贴簿常驻在 LayOut 里，如图 7.3.4 和图 7.3.5 所示。

图 7.3.4　制作成剪贴簿 1

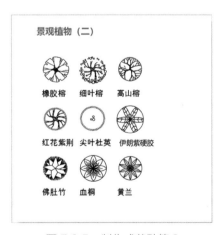

图 7.3.5　制作成剪贴簿 2

(1) 打开以前制作的 160×160 的剪贴簿专用的纸张模板。

(2) 增添所需的页面，以"植物图例"为名，另存为剪贴簿。

(3) 打开图 7.3.4 所示的 LayOut 文件，复制需要的图案到剪贴簿上。

(4) 调整大小位置，把所有的文字锁定。

(5) 想要增加更多的内容，可增加页面，重复以上的操作，直到完成、保存。

2. 例二（制作室内设计用图例集）

上面介绍的是用 dwg 图块生成植物类的剪贴簿；如果你是室内设计人员，附件里也为你准备了一批 dwg 图块，用上面介绍的方法，也可以做成 LayOut 图例集或剪贴簿。

剪切出一小块拿来做个试验，如图 7.3.6 所示。

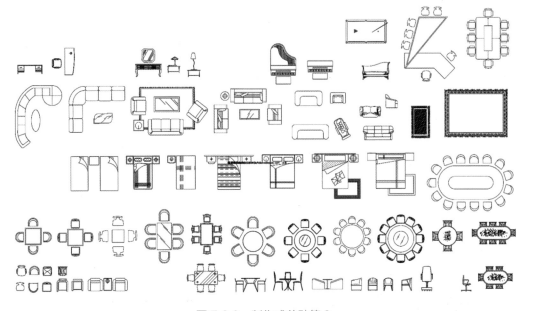

图 7.3.6　制作成剪贴簿 3

提醒一下，室内设计用的剪贴簿是有准确尺寸和比例要求的，现在看到的这些图案并无严格的比例，所以你在设计中使用这些剪贴簿图样后，要注意调整它们的尺寸和比例，跟图纸统一。

还有，因为室内设计用到的 CAD 图块数量相当大，全部转化成剪贴簿的话，在面板上操作会很不方便，此时可以分门别类做成不同的 LayOut 页面，保存成一个 LayOut 文件（图例集），用起来会比做成剪贴簿更方便。

对于最常用的图例，也可以挑选一些做成剪贴簿。

3. 例三（导入景观设计平面图）

上面两个例子都是导入 dwg 的图块制作成 LayOut 用的"图例集"或"剪贴簿"，下面我们要插入一个 dwg 文件，用 LayOut 加工成图纸。讨论中用到的 dwg 文件保存在本节的附件里，文件名是"庭院规划"，是一位同学的习作，你可以一起跟着操作。

这个庭院景观规划图，面积大约 600 平方米，有两处微地形，有标高、尺寸、文字说明，内容不多，毛病不少，适合练手。

(1) 新建一个 LayOut 文档，选竖版的 2 号图纸模板 (竖版的 3 号也可以)。

(2) 插入这个 dwg 文件。

(3) 在弹出对话框上选择"模型空间"和"毫米"。

(4) 刚导入后的图样如图 7.3.7 所示，注意蓝色虚线框的左上角，箭头所指处有 1 ：78.3676 的提示 (比例面板上也有)；图样太大，需要调整比例。

(5) 改成 1 ：100 的后，图样如图 7.3.8 所示。

图 7.3.7　导入 dwg

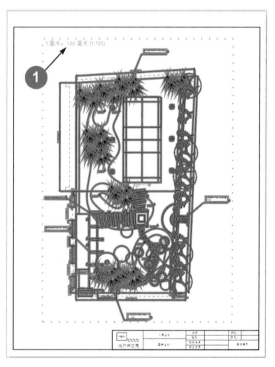

图 7.3.8　调整比例

把图形移动到合适的位置后，还要对导入的图形作进一步的调整修理；先不要急着动手，看清楚有哪些地方需要处理，初步检查后至少发现以下问题。

- 图纸上有很多红色向下的箭头，包括 5 处文字标签和 10 处标高，提示相关文本显示不完整。

- 标注文字高度仅 6pt(约 2.11mm)，显然太小，字体也不对。

- 每个尺寸都带一个"毫米"的后缀，每个标高都有 + 号，要取消。

- 部分尺寸标注位置不对，全部尺寸线起止符号都是箭头，要改成斜杠。

- 所有图线是同一个线宽，需要逐一调整。

以上的问题，有些是 dwg 文件带来的，有些是 LayOut 跟 AutoCAD 不匹配造成的。

经过反复核对，主体图形和图例方面，除了线宽之外，看不出有其他毛病，问题集中在文字标签、标高和尺寸标注，线宽等。下面列出修整的操作步骤供参考。

(1) 发现 5 处说明文字是一个群组，选中后改成"5mm 高的长仿宋"，问题基本解决，但还要逐一调整文字的位置，加长引线等。

(2) 发现 10 个标高跟所有的尺寸标注、引线、部分植物图例、部分轮廓线等混在一起成组，无法集中更改，只能炸开。

(3) 调出国标比例剪贴簿，拉一个 1 ∶ 100 的比例到图纸上，改成 14pt (4.9mm) 字高，并逐一复制给所有尺寸标注，可同时解决尺寸起止符号的问题和"毫米"后缀。再分别用箭头键微调标注的位置。

(4) 用吸管工具获取一个已标注尺寸的属性，逐一复制给 5 个标高，调整标高符号水平线长度，再把相关标高尽量集中在一起，方便读图。

(5) 最后把可见轮廓线调整成中粗 (2pt，0.7mm)，炸开或进入相关群组，拉出一个国标图线的剪贴簿，再用样式工具采样复制。

(6) 有些植物图例的线条比较密集，如果用统一的线宽，打印出来可能成为乌黑一团，也可以适当调整得再细一点。

(7) 创建几个图层，把对象移动到各自的图层并锁定。

图 7.3.9 是整理修改大致完成后的截图，这个 LayOut 文件和原始 dwg 文件都保存在附件里供参考。

4. 关于插入 dxf 图形

至于 LayOut 导入 dxf 文件的问题，我们在《SketchUp 要点精讲》里曾经介绍过：dxf 格式是 AutoCAD 的绘图交换文件格式，主要作用就是与其他软件进行数据交互。dxf 不像 dwg 是 AutoCAD 独有的格式，有很多软件可以接受或生成 dxf 文件，所以 dxf 格式比 dwg 文件更通用，也更重要。

在 LayOut 里导入 dxf 文件与导入 dwg 文件没有根本的区别，操作要领也基本一样，这里就不再重复讨论了。至于从 LayOut 导出 dwg 或 dxf 文件的内容，将在后文进行讨论。

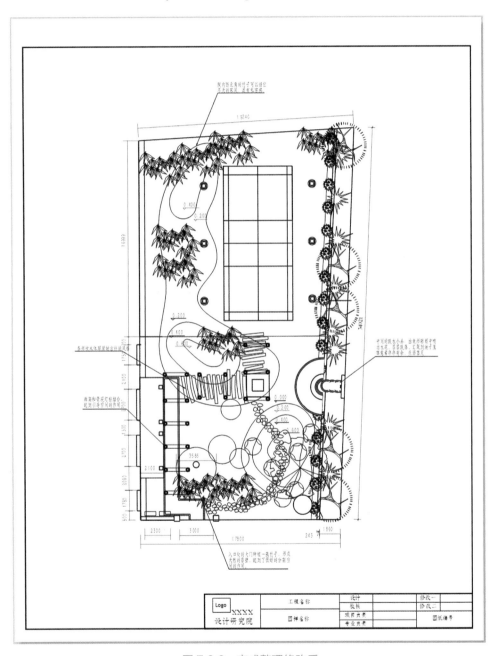

图 7.3.9　完成整理修改后

5. SketchUp 官方说明

SketchUp 官方网站上对于 LayOut 导入 CAD 对象有以下一段在我看来像是声明的文字，这些文字对于大多数用户可能无关紧要；但是，考虑到这是 SketchUp 官方的正式文件，我还是全文翻译出这段文字，以供参考。

LayOut 的 CAD 文件导入器支持许多 CAD 元素。下面列出了支持哪些元素。

- 3D faces(三维的面)；
- 3D solids(三维实体)；
- Arcs(圆弧)；
- AutoCAD regions(AutoCAD 面域)；
- Circles(圆)；
- Dimensions(尺寸)；
- Ellipses(椭圆)；
- Entities with thickness(带厚度实体)；
- Faces(面)；
- Hatching(填充)；
- Images(图像)；
- Layers (图层)；
- Leaders(引线)；
- Lines(线)；
- Line styles(线型)；
- Line weights(线宽)；
- MInsert blocks(多重插入的图块)；
- Polylines(多线)；
- Splines(样条曲线)；
- Text (文本)；
- XREFs(外部引用)。

LayOut 的 CAD 导入程序不支持专有 ADT(抽象数据) 或 ARX(二次开发) 的对象。

好了，上面介绍和讨论了关于在 LayOut 里导入 AutoCAD 的 dwg、dxf 文件的相关问题。正如作者一再提醒过的：AutoCAD 和 SketchUp 是两个不同年代、不同内核的软件，设计的思想、针对的方向、面对的用户、操作的方式都存在差别，有些差别还相当；你当然可以在

LayOut 里面导入 AutoCAD 的 dwg 文件并且进行后续的编辑，不过最好要有足够的思想准备去解决产生的各种麻烦。

　　本节的附件里还有另外一些导入到 LayOut 失败的 dwg 文件，如有 3 套别墅的 dwg 方案，还有一套 dwg 施工图，希望你在做练习的时候有足够好的耐心。亲自动手用附件里的 dwg 文件试验过以后，你才会知道让 LayOut 做这个工作会遇到什么问题。

7-4　演讲文稿与小册子

　　在这本书的开头我们就交代了 SketchUp 官方明确告诉 LayOut 可以做、善于做的事情只是："传达设计理念的演示"。它的特长是创建"演示看板""小型手册"和"幻灯片"，它不是渲染工具，它也不能当作 2D 的 CAD 来用；至于用 LayOut 制作施工图，则是"一些用户开始的尝试"。

　　很清楚，SketchUp 官方向我们推荐的，LayOut 能做的、最擅长的事情是"传达设计理念的演示""演示看板""小型手册"和"幻灯片"。所谓"演示看板"和"幻灯片"，其实是同一回事，区别是打印出来还是用来投影，它们跟"小型手册"有非常大的区别，但可以共用部分稿件。

　　总体上讲，设计师的劳动成果和设计机构的专业水平，必须要表达出来让别人审阅和评价，只有让人接受了，设计才具有价值，不然就是占用硬盘空间的累赘；所以，如何让别人接受你的设计，就变得跟设计同样重要了，有时候甚至比设计本身更重要。

　　当你要跟甲方、业主、领导或同事们表达设计理念、讨论细节，做任何交流互动的时候，LayOut 是一个非常好用、非常重要的工具。你可以用上面提到的"演示文档""幻灯片"甚至上面没有提到的 SketchUp 的"模型现场"和"页面动画"，再配合你的临场解说来获得更好、更广泛、更深入的表达。显而易见，这种"图文音模并茂，四管齐下"的表达方式肯定比干巴巴的图纸、图片的效果会更好。

　　SketchUp 官方在 LayOut 相关的介绍和帮助文件里一再把它定义为演示文档、演讲文稿，它们的制作与应用都类似于用微软 PowerPoint 创建的 PPT 文档，大多是用来在投影仪上对设计项目做展示和说明，大多数情况下要由演示文稿的制作者在演示现场用语言加以讲解。如果你对创建和运用 PPT 文档有一定经验的话，你所知道的创建和使用 PPT 文档的注意事项与禁忌，同样适合于 LayOut 的演示文档。

　　下面我们要来介绍和讨论创建 LayOut 演示文稿需要注意的事情和禁忌。

1. 演示文稿跟工程图纸的区别

首先需要明确的是：用 LayOut 创建的演示表达用的文稿并不是准确精细的工程图纸。重复说一遍：LayOut 演示文稿不是"工程图纸"，甚至可以没有图纸上不可或缺的"尺寸"和"各种标注"，因为投影屏幕上根本看不清细节，演示过程也不可能安排时间去细细推敲和探讨每个尺寸；但是"演示文稿"里会有很多"工程图纸"没有的元素和表达手法，所以创建演示交流用的文稿跟做设计，尤其是跟做施工图是有根本区别的。

另一方面，"演示文稿"与"工程图纸"的受众也完全不同，演示文稿主要是在设计的方案论证、设计过程中用来做概念说明、交流互动、征求意见、修改完善、争取批准等用途，也可以在设计或工程完成后做推介推广的用途。这些用途与受众决定了 LayOut 演示文稿除了要表达技术方面的信息之外，很大程度上还包含了国家政策、法律法规、地方经济、民族文化、项目运作、美术理论、心理因素、文字组织、演讲口才等很多内容；所以要真正创建制作和运用好一个 LayOut 演示文稿，需要具备大量专业技术之外的知识积累和综合素质。而工程图纸只是用来指导和规范施工的依据，只需要表达专业的技术信息；所以，创建一套好的演示文稿要比做一套施工图更难。

2. 演示文稿要突出重点主次分明

知道了上面所说的区别以后，我们不妨进一步把"演示文稿"在工程的不同时间段所要表达的内容和侧重点再作一次细分。

(1) 第一阶段是方案创立阶段，面对的是公司内部的领导和同事、甲方或主管部门。展示的是创意和草稿，甚至会展示多套方案供选择。这是最适合用 LayOut 演示表达的阶段。

(2) 第二阶段是交流更改提高阶段，面对的仍然是公司内部的领导和同事、甲方和主管部门，广泛征求意见，修改完善。这个阶段也有 LayOut 演示表达的用武之地。

(3) 第三阶段：施工交底阶段，以演示文稿的形式作为图纸的补充，向施工单位交底，LayOut 可以起到"一图顶千言"的作用。

(4) 第四阶段：推介推广，多说好处和成绩，少说缺点和问题。

小到"媒婆提亲""老师讲课"甚至"电话诈骗"，大到"红头文件""政府报告"甚至"总统竞选演说"，如果没有明确的中心内容，东拉西扯、没有主从层次，受众听得云里雾里、不知所云，就会失去兴致。一个设计得好的演示文稿配合演讲方面的技巧，能引导受众的意识向你需要的方向倾斜，会给观众留下清晰的印象甚至永久的记忆。

这就对我们提出了具体要求：突出重点、主次分明、吸引与引导受众。下面的讨论基本上就是按照这个要求展开的。其实中间的大多数是作者几十年备课、讲课的经验总结，已经远远超出了 LayOut 课程的常规范围，希望对你有用。

3. 准备工作

首先是要准备好"高质量的素材"，包括自制的和收集的。自制素材需要注意下列几点：

- 提前拟定一个"脚本"确定讲些什么，怎么讲。
- 规划好需要用多少个 LayOut 页面能够讲清楚。
- 准备好传递这些信息需要的外部资料和数据。
- 对每个页面要传递的信息做出提纲，再根据提纲展开细节。

上面这些都准备好后，就可以根据需要收集更具体的东西了，它们通常跟要演示的工程有关。方案讨论阶段无非是现状图片、初步规划、创意理念、表格数据、粗略的概念模型等。随着设计阶段的变化，会增加稍微精细一点的模型，甚至部分渲染效果图，其他素材的深度也会有所改变，尤其是解说词必须言简意赅。如果是团队共同完成的项目，可能还需要多次讨论修改后才能决定。

除了上述跟工程设计直接有关的素材，还要收集一些辅助的图片资料，如页面的背景纹理、作为配景的照片、小小的点缀，等等。收集来的图片，用得好，有可能为你的演示加分；用了不合适的图片，也可能适得其反。

还有一点需要提醒一下，很多提供照片、图纸下载的网站并没有明确这些照片图纸是免费的还是需要获得知识产权许可，最好提前查询清楚，免得事后惹麻烦。即使引用了明确免费的照片图纸，最好也要在演示文稿最后增加一个页面，列出其来源与归属权，举手之劳的几行文字，体现的是你和你单位的品德素质。

4. 封面的重要性

素材准备好以后，要做的第一个页面一般都是封面。创建封面之前，还要做一些非常重要的设置。

(1) 提前查阅投影仪的说明书，要知道投影仪的分辨率和宽高比例才能设置演示文稿的纸张尺寸，免得演示文稿被压缩或拉长变形。现在最常见的中档投影仪的分辨率是：水平方向 1920 像素，垂直方向 1080 像素。

(2) 新建一个文件，如文稿仅用于投影仪展示，可以把 LayOut 的纸张设置成横向 192 毫米；

垂直方向 108 毫米。若该文稿除了投影外还要用于打印或印刷，横竖两个方向的尺寸可以设置成加倍，即横向 384 毫米，竖向 216 毫米。

注意，很多笔记本电脑显示屏的分辨率低于 1920 像素 × 1080 像素，将难以实现高品质投影。

上面对纸张尺寸的设置是把投影仪的像素值去掉末位的零，单位改成毫米，这样做的结果将完全符合投影仪的宽高比。

封面上通常只有工程名称、承接单位等简单内容，也可能有简单的提纲总览。在见到封面之前，观众们不知道后面能得到什么，所以充满着期待。虽然封面可能只展示几秒，然而一个好的封面是树立整个演示基调的极佳方式。

附件里准备了 3 种不同风格的封面 (图 7.4.1、图 7.4.4、图 7.4.7)，为节约版面，这里就不展示了。不过要声明一下：作者随便做的样品是"抛砖引玉"用的砖头，并非无懈可击的优秀作品。

图 7.4.1　明快的封面

创建一个高雅、有吸引力、与众不同的封面可以为你提供良好的开端。你用语音做自我介绍和内容简介的时候，让封面停留在观众的视线里，观众们会自觉地抬起头，全神贯注，因为他们期望后面更精彩。

科班出身的设计师大多接受过美术方面的专业训练，在整体规划、页面构图与色彩搭配运用方面，至少知道一些必须遵守的原则，创建一个演示文稿的封面应该不会有问题。如果你不擅长美术、对设计出高雅漂亮的封面没有信心，下面介绍的方法和原则或许可供借鉴。

5. 色彩运用

实战中，作者本人对色彩运用有几个基本原则和体会，列出供参考。

- 绝对不要超过 3 种基色，单色系同样可以出彩。

- 要少用大面积的纯黑，可以用深灰色代替。

- 把红色和绿色或其他强烈的对比色放在一起将恶俗不堪。

- 把一系列高对比度、高饱和度的色彩组合成的"霓虹色"未必有好效果。

- 用明亮的色彩，要注意配色，不要影响画面的易读性。

- 浅色搭配浅色，会影响可读性，一定不要用。

- 复杂的底纹也可能影响可读性，也不要用。

接受过美术方面专业训练的人，不会靠花哨的图片或者疯狂的配色来显得专业。高手们即使使用同一个色相，配合饱和度与明度，调配出深浅不同的色调，同样能做出精彩的作品。关键在于必须按主题来谨慎地选择基础色调与配色，要认真推敲图片与其他元素配合后的综合效果。颜色太亮或者对比太强烈，就像街角大声喊叫吸引人注意的小贩，时常引起反感，除非你确实需要这样的效果。

在作者 SU 系列教程的 F 部分有一系列色彩理论方面的视频，迅速浏览一下或许会对你调配颜色会有所裨益。系列教程 F 部分赠送的调色配色工具也可以帮助你迅速确定一组颜色。当然，如果你愿意，也可以直接运用 LayOut 剪贴簿里自带的 15 种配色方案之一。

6. 明快的排版

LayOut 可以翻译成"布局"，它其实就是以排版为主的软件工具。

没有人会想把自己的作品弄成拖泥带水、邋里邋遢的样子；清晰明快是共同的追求。图 7.4.1 和图 7.4.2 是一套演示文稿的封面和一个内页，供参考。

图 7.4.2　同样明快的内页

上面提到的基本色调和配色方案决定了最终是"清晰明快"还是"邋里邋遢"，但这仅仅是一部分。其余的部分还包括所选用的字体、各种元素之间的主次比例、尺寸位置等很多因素。下面逐步深入讨论这些因素。

有一个放之四海而皆准的规律：留出足够多的空白，千万不要顶天立地。

7. 字体的两面性

(1)"排版"是一种重要的艺术创作形式，而其中的字体选用是一个重要环节，必须慎重。设计界有一句流传很广的话："一种字体或许可以成就你，也可能因此毁掉你。"你可以通过选择字体向观众传达你的态度、观点或其他意思。

电脑的字库里有无数"很酷"的字体，但是非常遗憾，其中的绝大多数并不适合我们的主题。当你在选择字体拿不定主意的时候，就去选择一种老式的常见字体好了，如"微软雅黑""仿宋体"等，它会给人以正规和专业的感受。相反，很多所谓"艺术字体""现代字体"给人的印象往往是轻佻和不够稳重。

凡是适合在海报上用的花式字体大多都不能用在正规的设计文件上。还有，如果你的演示文稿还要给其他人共享，又用了操作系统默认字体以外的字体，其他人打开你的文稿，你的字体会被默认字体(通常是宋体)所替代，看到的效果可能一塌糊涂，所以，聪明的人只做看起来很笨的事情——只用操作系统自带的字体。

(2)确定字体以后，接着还有文本的颜色、笔画的粗细、主标题与副标题之间的关系，这些都是可以适当调整并服务于主题的要素。如果你实在想要用一种"很新潮很酷"的字体，有一种技巧或许可以满足你的愿望而不破坏整体效果：仅用你钟爱的字体做标题去吸引眼球，其余的文本还是老老实实用规规矩矩的朴实字体获得可读性。

(3)关于字体，还有一些非常容易犯的低级错误：如在同一个文件中甚至在同一个页面上选用了几种不同的字体，不同的样式，得到的阅读效果可能一团糟。还有一些人动不动喜欢用斜体，一看就知道这人是外行——斜体来源于西方文字，即使在西方也不是随便使用的，斜体仅仅在以下场合适用：

- 表示强调、唤起注意。
- 书籍名称、文章标题、船舶名称等。
- 表示引用。
- 外语，如英文文章中夹杂的法语。

在我国的正统排版中，汉字一般不使用斜体。但是电脑的普及给字体变形带来了方便，如果你实在想要用斜体，请只在上面规范的 4 种情况下使用，不然会闹笑话。

(4) 通篇文字全部用粗体，这也不是好习惯。粗体和大写的字母只有在需要引起特别注意的情况下才会偶尔使用，如标题。

8. 文稿的可读性

在排版过程中，我们应当时刻留意演示文稿中文本的可读性。

所谓"可读性"，当然包括上文讨论的字体，除此之外，还有很多因素也影响文本的可读性，如文字的大小颜色、行距字距，文字所处位置的底色，等等。

需要特别特别指出的是，投影仪幕布上的细节显示效果跟电脑显示器有天上地下的区别，显示器上看来很好的效果到了投影仪幕布上可能一塌糊涂，尤其是细节。所以为了得到好的可读性，演示文稿要尽可能避免显示细节，如小规格的文字数字。

经常会碰到一种情况：在一幅漂亮的图片上，无论用什么颜色的文字做标题，总是无法突出文字主题，改字体大小、笔画粗细也不能得到好的效果。遇到这种情况，通常作者会给这些文字加一种明显区别于底色的边（两三个像素的黑色白色的边），这要用专业的软件，用 LayOut 很难做到。如果你对 PS 等专业软件不熟，有一个简单的办法，直接用 LayOut 就能解决：在想突出的文字后面加一个简单的色块，要用能突出文本的颜色。

这里有个例子可供参考，图 7.4.3 是一幅用来做背景的图片。

图片上的线条元素太多，直接在图片上放置文字标题将受到干扰，不够醒目；在图 7.4.4 的封面、图 7.4.5 和图 7.4.6 的章节页面用了一个橙色的色块和一个黑色的横条就解决了大问题。黑色、橙色与背景图片的灰白色产生了比较强烈的对比，解决了上述的问题，很好地突出了主题，还得到了酷酷的效果。

图 7.4.3　演示文稿背景图

图 7.4.4　文字背景色块

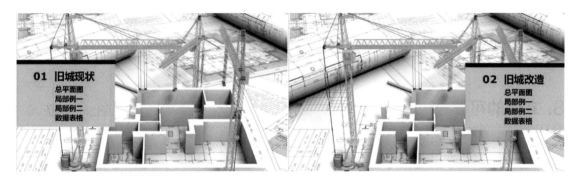

图 7.4.5　统一的风格 1　　　　　　　　　　图 7.4.6　统一的风格 2

9. 越简单越好

很多人想把自己的演示文稿做得详细点，因此有人在演示用的稿件上，除了每个标题，还有跟随其后的长篇大论说明文字，他们希望通过演示文稿传递尽可能多的信息，其实这种想法是一个大大的错误。

还有一种经常看到的情况：演讲者一字不漏地把要讲的内容放到片子上，然后逐字逐句地念出来。设想一下，听着某人照本宣科地对着你念 10 分钟甚至 20 分钟文字，是不是一种折磨。如果把想要讲的东西全部做成了文字、放在了演示文档上，观众们只要看文字就够了，还要你来干什么？

我们现在讨论的 LayOut 演示文稿，它不应该成为内容和信息的全部来源，相反，只有通过撰写和现场讲解的你，才能体现演示文稿的价值所在。用 LayOut 创建的演示文稿，对于观众，你只要告诉他们，现在你正在说的是什么主题，关键词是"主题"。对于演讲人，它是演讲用的提纲，它是免得你丢三落四的提示器。如果你实在无法做到良好的现场发挥，不妨把要照本宣科的东西写在纸上，照着纸上读要好过照着大家都能看到的屏幕读。

演示文稿越简单越好，最好只展示大小标题，一定不要用太多说明文字 (图 7.4.7、图 7.4.8)。

再提醒你一次，观众们不是为了看演示文稿上的文字，而是为了听你演讲才出现在你面前。演示文稿只是助手，只要能把你演讲的轮廓勾勒清楚就可以了。

如果你实在忍不住想要把详细的文字数据都放上去，作者建议你用 LayOut 另外制作一个"小册子"，在演讲结束后以纸质或电子文档的形式分发给听讲者。

图 7.4.7　演讲文稿的封面　　　　图 7.4.8　演讲文稿的内页

10. 生动活泼轻松幽默

千万不要把你的现场演讲变成严肃的政治课或说教。要让观众轻松,最好能让他们时不时笑一下,你的演讲才会成功。好的演讲者都清楚,"幽默"是保持观众兴趣的最好方式之一;不幸的是,不是谁都能运用适当的幽默来调节现场气氛,想要让大家觉得你幽默风趣而不是庸俗,需要长期的锻炼甚至需要一点天分。

你的目标不必让观众哄堂大笑,即便少数观众偶尔会心一笑,也表明他们的确在专心听你讲。幽默最好是脱口而出,不要让人看出是预先安排好的,不要太浓墨重彩,也不必过度卖弄,不要让人感觉做作,更不能开庸俗的低级玩笑。

找出讲演里面最乏味或最复杂的部分,把它们分成一两个有趣的页面,插入一两幅有趣的漫画;尽管它不一定能让所有人开心,但至少可以为你的演示赋予一个轻松活泼的基调。在决定采用哪种类型的幽默时,一定要仔细考虑你的观众和严谨的主题。令观众摇头还不如让演讲乏味。

11. 其他

对于演示文稿的制作和现场演示,还有一些注意事项。

- 能用图片,就不要用文字,一张图片胜过千字。
- 不用花哨浅薄的艺术字,演示文稿就会高雅上档次。
- 页面一定不可复杂和烦琐,简单就是美。
- 正式演示前务必结合演讲反复练习。
- 一齐遮百丑,千万记得图案元素要尽量对齐。

- 留出足够多的空白，效果立刻变高雅。
- 最重要的不是演示文稿，是演讲者的你。

12. 文稿结构

这里有一个简单的演示文稿，一共有 8 个页面 (图 7.4.9)，除了封面封底，还有 4 个段落的大标题；每个大标题里还有四五个小标题，在实际的制作中，每个小标题后面至少还跟一个页面，这里就省略掉了。

其中有一个页面，特意插入了一个简单的模型，这个模型已经在 SketchUp 里设置了几个场景，可以指定显示其中的一个，也能用来做动画演示，目的是为了让演讲更加有声有色。"背景图片"页面是留给新增加的页面用的。

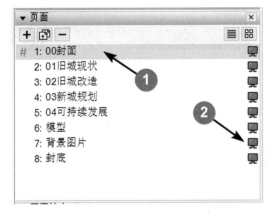

图 7.4.9　一套演讲文稿

13. 现场操作要领

上面用较多的篇幅讲了 LayOut 演示文稿撰写制作和演讲中的一些经验技巧，至于有了演示文稿，如何在演讲中操作 LayOut 则是非常简单的事情，下面列出要点。

假设投影仪和扩音设备都调试停当，现在会议室已经坐满了人。如果你的电脑操作系统有多个显示器，需要指定演示用的显示器。默认情况下，在当前窗口的显示器上显示演示文稿。提前把当前页面调整到封面 (图 7.4.9 ①)，准备好讲稿或提纲。

现在单击工具栏上的小显示器图标(图 7.4.10 ①)，就可以开始你的演讲了。

注意演示的全过程是没有工具栏和菜单栏可操作的，全靠鼠标和几个快捷键来操控，好在不算太复杂，请记住四个箭头键的用途 (图 7.4.10)。

在全屏的演示模式下，只有徒手线工具处于备用状态，随时可以按住鼠标左键勾画重要部位。按 Ctrl+ Z 组合键，可以消除手绘勾画的痕迹。

如果在演示过程中用徒手线工具做过注释，在离

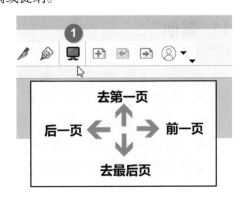

图 7.4.10　演讲现场的箭头键操作

开演示模式之前，LayOut 会询问您是否保存它们。单击"是"按钮，LayOut 自动将它们保存在一个新的图层上，这个图层以演示文稿的日期和时间命名。单击"否"按钮就丢弃所有注释。

图 7.4.9 有 skp 模型的这一页，双击它，可以进入群组内进行缩放、平移和旋转等操作，跟 SketchUp 里一样。还能在右键菜单里指定显示某一个场景甚至播放动画，这是 LayOut 区别于普通 ppt 的重要优势，请充分利用。

如果演示文档中包含有不希望在演示中出现的页面，如图 7.4.9 ②处的背景图片，可以提前在"页面"面板上单击显示器图标隐藏这个页面，这样演示的时候就不再会出现。

若要离开演示模式，可以按 Esc 键，但是要注意一旦脱离演示模式后，投影仪上显示的将是显示器上的东西和操作，所以最好这样操作：提前准备一个页面放在封面之前和封底之后，或者演示结束后，把页面留在封底或其他页面，不要退出。

14. 小型手册

很多演示会后，与会的客人会向主办方索取演示项目有关的文件，这对于主办方是巴不得的好事，说明人家对你的项目有兴趣探讨研究。建议你在演示会结束后给与会人员分发一个有关的"小册子"，它可以是电子文档，也可以是纸质的精美印刷品，或二者兼备。

以电子文件方式分发的"小册子"可以有两种不同的格式：LayOut 或 PDF。这二者分发的对象是不同的，以 LayOut 格式分发，可能被其他人编辑修改；如果你很在乎你的著作权，可以用 pdf 格式分发。

分发的文件内容应该比你演讲时用的更丰富 (演讲时用的是提纲，分发的要详情)，所以需要提前把你演讲中的重要内容做在 LayOut 的相关页面上。另外保存为专门用来分发的版本。

如果以 LayOut 格式分发，请一定要"另存为"低版本的 LayOut 文件 (如 2013 版或更低)，免得其他人打不开你的文件。发放文件之前，要用不同的电脑、不同的 LayOut 版本测试你的 LayOut 文档，看是否都能正常显示。

以 pdf 格式分发的电子文件，注意事项为：以纸质印刷品提供的小册子，除了要把演讲中的重要内容添加进去，丰富内容之外，还要关注印刷业特有的问题，如裁切用的"出血"位，稿件的精度 (300dpi)。色彩的模式等，最好提前咨询一下承印方的技术部门。

付印的文稿，强烈建议导出为 PDF 格式的文件，导出前的设置如图 7.4.11 所示，在图 7.4.11 ①所指处指定文件保存位置；在图 7.4.11 ②所指处指定导出的范围，注意提前排除不要的页面；用于印刷的稿件，在图 7.4.11 ③位置选择"高"(分发用的电子文档可选择"中"

或"低"以缩小文件体积）；在图 7.4.11 ④所指的位置设置 JPG 压缩率，如文档内有较精细的图像，可以把滑块拉到最右侧，避免压缩后影响图像质量；否则可设置为 70% 左右。凡是导出成 PDF 文档后不打算再做编辑的，可取消图 7.4.11 ⑤的勾选。

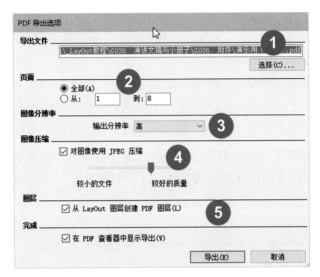

图 7.4.11　导出选项

本节附件里有三个演示用的 LayOut 文件可供参考。

7-5　导出与打印

辛辛苦苦完成了 LayOut 文件的制作，一定不是用来自我欣赏的，这就有了从 LayOut 输出的问题。上一节，我们讨论了 LayOut 文档作为"演讲文稿"和"小册子"的内容，那也是一种输出形式。除此之外，LayOut 还可以输出成图像、PDF 和 DWG、DXF；当然，打印也是一种输出。

这一节要讨论的内容是这部 LayOut 教程里最简单的，不过，SketchUp 官方都郑重其事地把"导出与打印"专门做了一节完整的帮助文件，洋洋数千言，想必 SketchUp 官方一定是有道理的；这一节里除了官方帮助文件里的内容外还增补了一些额外的信息。如果你对导出和打印方面都已经非常熟悉，后面的内容就不必看了。

1. 两种图像格式

现在我们打开一个文件，是上一节里见到过的，一共有 8 个页面，LayOut 默认面板显示如图 7.5.1 所示。据了解，LayOut 文件导出较多的是图像文件，能导出两种不同格式的图像文件：JPG 和 PNG。这两种格式有各自的优点，也各有用途。

图 7.5.1　一套文件

- JPG 是一种压缩的格式，压缩比可调整，文件体积和失真都比较小，是当前最常用的图像格式之一。
- PNG，格式体积小，带有透明通道，可以获得不带背景的图像，方便后续的二次加工应用。

2. 导出 JPG 格式的图像

下面我们先导出 JPG 格式，选择"文件"|"导出"|"图像"命令，在弹出的"图片导出选项"对话框中，有 3 组可选项 (图 7.5.2)。

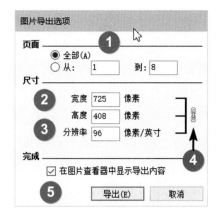

图 7.5.2　导出选项

- 选中图 7.5.2 ①处的"全部"将导出全部 8 个页面成为 8 幅图片 (包括已经隐藏的)，导出的图片文件名会按顺序自动编号；在图 7.5.2 ①处也可以指定导出部分页面。
- 图 7.5.2 ②所在处的宽度和高度用来确定导出图像的尺寸，比较重要，如果你知道需要多少像素，可以在文本框里直接填写。关于像素估算的知识简介如下：常见的笔记本电脑显示屏水平 1366 像素，垂直 768 像素。目前主流的台式显示器是水平 1920 像素，垂直 1080 像素 。投影仪的像素差别很大，主流的应该水平 1920 像素，垂直 1080 像素或以上。导出用于屏幕显示 (包括投影仪演示) 的文件，可以在图 7.5.2 ②处直接填写像素。如果导出的图片主要用来在显示器或投影仪上显示，图 7.5.2 ③所在处的分辨率就保留默认的每英寸 96 像素。LayOut 会根据当前文件页面的大小，自动确定像素的数量。打印或印刷通常需要每英寸 (25.4 毫米)300 像素才能保证清晰度；一张 A4 纸大小的图片，为保证图像品质，需要水平 3500 像素，垂直 2500 像素或者以上，所以要在图 7.5.2 ③分辨率处输入 300，

LayOut 会自动计算出当前图像的宽度与高度所需的像素数量。注意，自动给出的像素数量跟创建 LayOut 时选择的纸张大小有关。图 7.5.2 ④处的链条图标最好不要去动它，否则会改变图像的宽高比。

- 勾选图 7.5.2 ⑤会在导出完成后自动打开系统中已指定的程序打开图片，以便检查导出结果。如果页面数量多或者选择了导出高分辨率图像，导出过程可能会比较久。

有一些细节时常被忽略，这里提醒一下，想要得到一幅或一套高分辨率的图像用于打印或印刷，要注意以下细节。

- 除非文件全部是在 LayOut 里绘制的 (包括导入的 SketchUp 模型与 LayOut 图线、标注等)，才能保证导出后图像的品质。

- 如果文件里曾经插入过低分辨率的图像，那么这部分导出后的品质是无法保证的，所以插入外部图像时一定要注意所插入图像的像素，要按 300dpi 的标准确定其在整幅画面中的大小，免得影响最终结果。

- 即使上面两个条件全部满足，导出前请一定检查输出分辨率必须是"高"，否则也不能得到高品质的图像。

在图 7.5.1 里，第 7 号有个背景图片，原始像素是横向 1889、竖向 1062，勉强做成了 1920×1080 分辨率的文档 (其余页面相同)，这个文件用来投影演示是没有问题的；如果想要把这套文件用于 A4 幅面的打印或印刷显然不能得到足够清晰的结果，但还是可以用来打印或印刷成 160mm×90mm 幅面的印刷品，估算方法如下。

(1) 已知像素估算可打印的尺寸 (按 300dpi)：

已知像素 1920 / 300dpi = 6.4 英寸 (1 英寸 =25.4mm)，6.4 英寸 × 25.4 = 162.56mm；另一方向用同样的方法计算。

(2) 已知尺寸估算所需像素 (按 300dpi)：

已知图像长度假设为 260mm / 25.4 = 10.24 英寸，10.24 英寸 ×300 = 3072(dpi)；另一方向用同样的方法计算。

3. 导出 PNG 格式图像

图 7.5.3 所示是在 LayOut 里插入了一个 skp 模型，要导出一幅 PNG 格式的图片，用来做后续加工，全过程如下。

(1) LayOut 文件导出为 PNG 文件。

(2) 在"图片导出选项"对话框里 (图 7.5.4 ①②) 做设置，要点跟导出 JPG 文件一样。

图 7.5.3 插入的模型

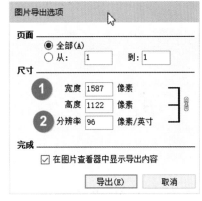

图 7.5.4 导出选项

(3) 图 7.5.5 是已经导出的 PNG 文件，在 Windows 资源管理器或者用常见的看图工具里看不出跟其他格式有什么区别。

(4) 换了专业的平面设计软件就能看到它的透明背景了 (小方格背景)，如图 7.5.6 所示。

图 7.5.5 看不出透明背景

图 7.5.6 png 的透明背景

(5) 图 7.5.7 是一幅草地的背景图片，将用来做试验。

(6) 图 7.5.8 是把图 7.5.6 的 PNG 滑梯图片与背景图片合成后的结果。

图 7.5.7　测试用的背景　　　　　图 7.5.8　PNG 图形叠加后

4. 导出 pdf 格式的文件

上一节曾简单介绍过把 LayOut 导出为 pdf 的问题，这里再说下重点。

把 LayOut 导出 PDF 格式的文件有两种不同的目的：用来分发的文档，主要在电脑（手机平板）上查看，投影仪播放；用于打印成或印刷成宣传促销或其他用途的小册子。导出 PDF 文件之前，请注意在 LayOut 的"文档设置"对话框上的设置。图 7.5.9 ①处的默认是"中"，一旦发现屏幕上的斜线、圆弧有明显的台阶时，可调整为"高"，这里的设置跟导出无关，不用更改。图 7.5.9 ②处建议永远设置为"高"，免得今后因疏忽影响导出品质。

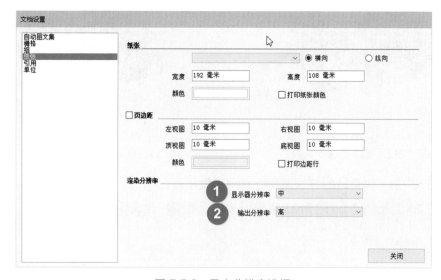

图 7.5.9　导出分辨率选择

两种不同用途的 pdf 文件所要做的导出操作，过程和项目是相同的，区别是：导出用于在电脑上查看、投影仪播放的 pdf，在图 7.5.10 ③处选"中"或"低"，同时把图 7.5.10 ④所在的滑块移动到 50% 或 60% 就可以了。导出打印或印刷用的 PDF 要在图 7.5.10 ③处选"高"，同时把图 7.5.10 ④所在的滑块移动到 70% 或以上。导出成 PDF 文档后不打算再做编辑的，可取消图 7.5.10 ⑤的勾选。在图 7.5.10 ①所指处指定文件保存位置；在图 7.5.10 ②所指处指定导出的范围，注意提前排除不该要的页面；用于印刷的文件还要注意"出血"位、稿件精度、色彩模式等问题，最好提前咨询一下承印方的技术部门。

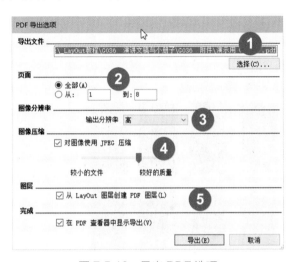

图 7.5.10　导出 PDF 选项

5. 导出 DWG 与 DXF

最后要介绍一下导出 DWG 或 DXF 的操作。如何选择这两种格式，要看你的用途。

- DWG 格式是 AutoCAD 的专用图形格式，常见的 CAD 软件都可以接受。如果 LayOut 文件导出后，仅限于在 AutoCAD 中应用，可以选择导出 DWG 格式。

- DXF 格式是用于 AutoCAD 与其他软件进行数据交换的格式，是一种基于矢量的 ASCII 文本格式。DXF 的应用范围比 DWG 更广泛，已成为事实上的矢量图标准格式。如果文件导出后还有可能供 AutoCAD 以外的软件应用，请选择 DXF 格式。

前文介绍过，DWG 插入到 LayOut 有各种麻烦问题，现在反过来把 LayOut 文件导出成 DWG 或 DXF 格式却顺利得多。

1) LayOut 文件夹杂有位图时

LayOut 文件时常会在矢量图形中夹杂部分位图，这种 LayOut 文件在导出成 DWG 或

DXF 时，有一些特殊的情况需要注意。

用来导出 DWG 或 DXF 的原始文件，原则上应该是以矢量图形为主，包括插入的 skp 模型和在 LayOut 绘制的图线及各种标注都是矢量图形。

图 7.5.11 和图 7.5.12 是一个除了图框标题栏外由多个位图构成的 LayOut 页面，导出成 DWG1DXF 后的结果是分解成一个空白的 DWG 文件 (只有图框和标题栏)，外加一个名为 images 的文件夹，文件夹里是 LayOut 文件上的所有位图。

矢量文件中夹杂少量位图文件，(图 7.5.13 ①) 处位图可同时导出到 DWG 文件。

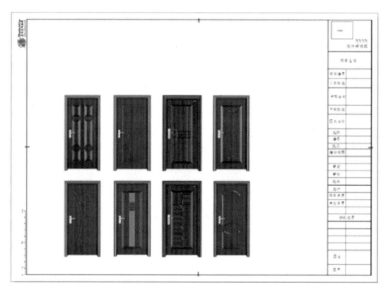

图 7.5.11　导出 pdf 文件的原稿

图 7.5.12　文件里的位图

2) 导出操作

图 7.5.13 所示是前面曾经见到过的一幅平面图，后面的介绍以导出这幅图为例。导出完成后你会知道，把 (图 7.5.13) 这样以矢量图形为主的 LayOut 文件导出成 DWG 或 DXF 文件不会有问题。

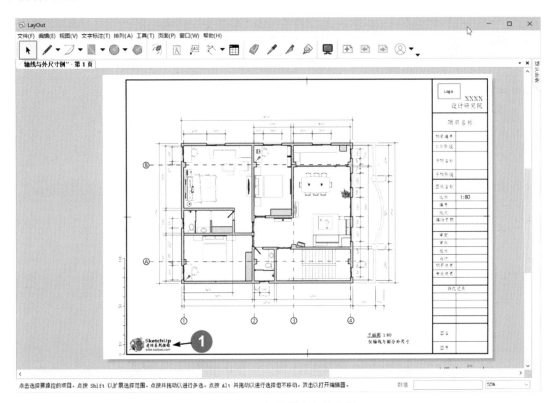

图 7.5.13　矢量图夹杂的位图

请检查"输出分辨率"是否为"高"。

在图 7.5.14 ①②处选择导出的格式和版本。在图 7.5.14 ③处确定导出全部还是部分页面。导出成 DWG/DXF 后不再修改编辑时，可取消图 7.5.14 ④处的勾选。如果不想把 LayOut 的某些图层导出，可以提前把这些图层隐藏起来。图 7.5.14 ⑤所在处有 5 个可选项，请按以下提示确定是否勾选。

第一项，若导出后还要继续编辑并希望以颜色区分图层可勾选。

第二项，默认是勾选的，建议保持默认。

第三项，默认也是勾选的，若想要保留 LayOut 的填充，请取消勾选。

第四项，将光栅渲染的 SketchUp 模型导出为混合渲染模式。如果勾选这一项的话，导出的 DWG 或 DXF 文件可明显消除斜线上的台阶，看起来更精致一些，但会需要更多的导出时间，导出的文件也会变大。

第五项，"导出以用于 SketchUp"下面还有一行灰色的文字："以当前纸张大小导出到模型空间"，这个功能是将所有 LayOut 实体放置到模型空间中，以便 SketchUp 可以利用所有 LayOut 的数据，如把 LayOut 的填充和模式保存起来，以便后续推拉等加工。

LayOut 文件导出成 DWG/DXF，在 AutoCAD 里打开后的结果，可能不会跟 LayOut 里看到的完全相同。举个例子，在 LayOut 里绘制轴线的时候，轴线符号用了自带圆圈的特殊字体，在 LayOut 里很正常，在 AutoCAD 里就被替换成普通的数字和字母，需要重新加工。类似的变化还会有很多，要注意检查修正。

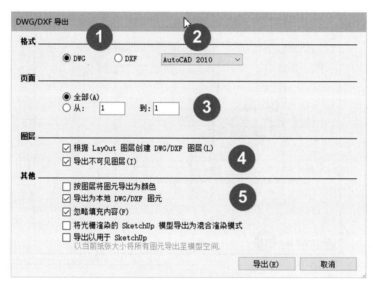

图 7.5.14　导出 dwg 设置

6. 关于打印

最后再对刚走出学校的同学说说打印机和打印的问题，通常同学们没有或很少具备这方面的经验。公司的打印机大多是共享的，打印工程图纸大多用 A3 或 A2 幅面的黑白激光打印机。如果你是新人，到了一个新的单位，最好向前辈们请教一下打印机的型号特点，添加驱动程序，花半个小时研究一下如何设置和不同设置的结果。

每次打印前都要在自己的电脑上做一些准备工作，先要找到纸张设置，检查一下"渲染分辨率"是否已经调整到"高"，这样设置后，打印的速度可能慢些，但是可得到更好的打印质量。

检查是否要打印所有的页面（不该打印的页面要提前隐藏），还要检查一下每个页面上是否有某些图层是不需要打印的，提前做好设置（隐藏）免得返工还造成浪费。最好先用系统自带的虚拟打印机打印一份电子版的，检查无误后再打印实物版的。

看到"打印"对话框后，一定不要直接单击"打印"的按钮。无论安装了何种真实的还是虚拟的打印机，都会有一个类似"首选项"的按钮，里面会有很多需要设置的项目，要仔细做好每项设置。最重要的一些设置项包括：纸张类型与幅面、送纸机构、页面方向、打印品质、打印数量、打印浓度、打印顺序、装订边距、页面布局等。此外还要养成预览打印结果的好习惯，预览中可以提前发现设置中的大多数错误，避免浪费。

有些单位委托或承包给外部的图片社进行打印装订，如果是这样，你只要用前面提到的导出 PDF 文件的办法导出 PDF 文件 (最好提前用虚拟打印机打印预览) 交给图片社就可以了，当然要用高分辨率导出。PDF 是打印或印刷业都可以接受的通用格式。

本节简单讨论了 LayOut 文件的导出和打印，跟上一节的内容合在一起，组成了 LayOut 文件的输出部分，这两小节的内容都跟我们使用 LayOut 的最终结果有关，这两节的内容虽然简单却是万万不能轻忽马虎的，不然你前面的努力也许就要因此打折扣。

7-6 快捷键与设置

相信这一节是这部教程中最重要的部分之一。说它最重要，是因为这一节的内容直接影响你的工作效率。

快捷键是所有软件都有的基本功能，LayOut 在安装完毕后就有了一套默认的快捷键，也允许用户按自己的习惯和想法进行重新设置，提高操作的效率。

1. LayOut 的默认快捷键

想要查看 LayOut 的默认快捷键，打开"LayOut 系统设置"对话框，其中有一个"快捷方式"项，这里罗列了 LayOut 的所有功能和命令，一共有 150 多条，其中 50 多条已经指定了默认的快捷键，如图 7.6.1 ②所示。

作者已经把所有快捷键收集下来，做成了 4 个截图，保存在本节的附件里。截图上以绿色标注的是已经指定了快捷键的功能命令。为了今后应用的方便，作者还做成两个表格，一个用于打印出来放在手边备查，另一个可以用来协助你设计出自己的快捷键，具体用法见后述。

在附赠的表格里，用黄色突出显示的是 LayOut 默认的快捷键，如果你看过《SketchUp

要点精讲》最后一节，也赠送过给一个类似的表格，两相比较就知，LayOut 的默认快捷键比 SketchUp 的多了很多；不过在作者看来，LayOut 有近一半的快捷键并非十分必要，今后你可以自行挑选删除，腾出资源分配给其他的功能。

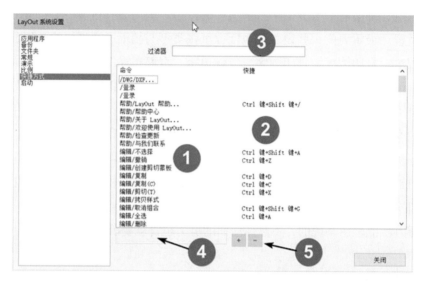

图 7.6.1　LayOut 默认快捷键

2. 设置自己的快捷键

自行设置快捷键的方法跟 SketchUp 类似。

设置快捷键基本要领是：选择"编辑"|"使用偏好"命令，在对话框的"快捷方式"里找到想要设置快捷键的项目，然后做增加或删除快捷键的操作。

如想要设置一个快捷键，是为了能够随时显示和隐藏默认面板，以便腾出宝贵的操作空间。其实 LayOut 已经有这个功能（"窗口"菜单中）但是没有默认快捷键。现在我们只要在图 7.6.1 ①处找到"窗口 / 隐藏面板"，选中它以后，在图 7.6.1 ④的空格里输入你想要用的快捷键，如想要跟 SketchUp 同样功能的快捷键统一起来，输入字母 U，单击图 7.6.1 ⑤处的加号键，这个快捷键就生效了。

快捷键设置完成后可以试验一下，只要按 U 键，默认面板就隐藏，再按 U 键，默认面板就重新显示，非常方便。想要取消一个快捷键，可以回到老地方，在图 7.6.1 ①的位置选中你不想再要的快捷键，单击图 7.6.1 ⑤处的减号按钮就可以了。若要设置一个复合快捷键，可以同时按下复合键，再单击加号按钮。在图 7.6.1 ③所指的"过滤器"中输入关键词可快速找到对应的命令。

3. 快捷键设置原则

首先要确定，使用快捷键就是为了加快建模操作，怎么才能快?

右手握鼠标，左手操键盘，各司其职，双手配合才能够快，所以就有了以下设置快捷键的原则。

第一个原则就是最常用的功能必须是单键，以方便单手操作，还要方便记忆。

第二个原则是，如果必须设置组合键，以两个键的组合为上限，三个键的组合很难用单手来操作，坚决不用。

第三个原则，因为受到人类手指长度和张开角度的限制，双键的快捷键，两个键的距离必须在单手方便操作的合理范围内。

第四个原则，LayOut 的快捷键，要尽量跟 Windows，SketchUp 和其他常用软件通用保持一致，方便记忆，不容易搞错。

第五个原则是，尽量保持 LayOut 合理的默认快捷键，免去重新设置的麻烦。

第六个原则是，快捷键和快捷键之间要能够引起联想，方便记忆。

第七个原则是一些人最不愿意接受的：一定不要贪多，能够用好 30 个左右最常用的快捷键就够了，其余的功能单击图标或菜单还更快些。

最后，第八个原则，请看表 7.6.1，按其中的思路设计快捷键，理由充分，思路清晰，容易记忆，使用方便。

快捷键分成 4 大类：第一类是最最常用的，单字母快捷键，这不用多说了；第二类，是要跟 Ctrl 键配合的，几乎跟 Windows 操作系统相同；第三类，要与 Shift 键配合，是 SketchUp 里专用的快捷键，作者只用了 4 个；第四类，要跟 Alt 键配合的。

表 7.6.1 中，除了灰色突出的 4 项是要自行设置的快捷键，其余全部是默认的快捷键，默认的快捷键中有很多不合理的，特别是要同时按下字母键和两个控制键的三键组合快捷键，几乎无法使用。

表 7.6.1 LayOut 快捷键设置表

字　母	单字母快捷键	+ Ctrl(同 Windows)	+ Shift	+ Ctrl + Shift	Ctrl + Alt
A	两点圆弧	全选		不选择	
B	样式吸管	粗体			
C	圆	复制			
D	尺寸标注 / 线性	复制 + 错位粘贴			
E	删除				
F	偏移				

续表

字　母	单字母快捷键	+ Ctrl(同 Windows)	+ Shift	+ Ctrl + Shift	Ctrl + Alt
G	组合（胶水）	创建组		取消组合	
H	平移				
I		斜体			
J					
K					
L	直线				
M					
N	分割	新建文件		新建窗口	
O		打开			
P		打印		页面设置	
Q	标签				
R	矩形				
S	选取样式	保存		另存为	
T	文字标注				
U	显示 / 隐藏默认面板	下划线			
V		粘贴		粘贴到当前图层	
W					
X		剪切			
Y		前进一步			
Z	实时缩放	退回一步	充满视窗		
+	圆角加大或增加边				
-	圆角缩小或减少边	文本缩小	后移一层	顶部对齐	底部对齐
引号					
]		右对齐		右视图	
[		左对齐		左视图	
=			前移一层	文本 / 更大	
↑	演示 / 第一页 (Home)				
↓	演示 / 最后页 (End)				
←	演示 / 上一页 (PgUp)				
→	演示 / 下一页 (PgDn)				
,		显示隐藏网格		关闭对齐网格	
/		开启对象捕捉			
\				文本 / 中心	

4. LayOut 系统设置面板的缺陷

LayOut 的系统设置对话框，包括快捷键设置功能上有一个大大的缺陷，就是辛辛苦苦完成了所有的设置以后，居然是无法保存的，当然也无法导入以前完成的设置，更不能导入别人做好的设置，每一次重新安装 SketchUp 或版本升级，你必须重新做所有的设置。

鉴于此，作者只对十分必需的 4 个功能做了自定义的快捷键 (组合、分割、标签、显 /隐默认面板)。如果你感觉有必要、有时间的话，可以自定义更多的快捷键。

5. 另一个快捷键设置通道

前文介绍系统设置的时候，提到过用鼠标右键在工具栏的任何位置单击，在右键菜单"自定义"里也可以设置快捷键 (图 7.6.2 ①)。不过，不建议在图 7.6.3、图 7.6.4 所示的位置改变快捷键及其他的设置，除非你经过长期实践后感觉确有必要。

图 7.6.2　另一个通道

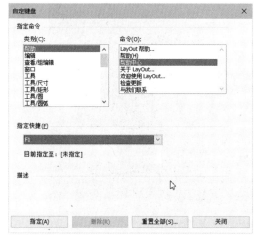

图 7.6.3　另一个快捷键设置通道

图 7.6.4　自定义快捷键

在本节的附件里为你留下了一些东西，有 4 幅截图囊括了 LayOut 所有的命令，绿色突出显示的是已经有默认快捷键的，可以供您在设置快捷键的时候参考。

还有两个表格，上面截取了其中的一个，建议你把这个表格打印出来放在手头备查，也可以随时用它参考增加和删除默认快捷键，设计你自己的快捷键。

7-7 再聊制图标准

作者想重复一个真实的故事：不对，不是"故事"是"事故"！

这个事故发生在 2012 年 8 月 24 日的哈尔滨，刚刚通车 3 个月的黑龙江省和哈尔滨市的重点大项目——阳明滩大桥南端 3.5 公里的三环路群力高架桥、上桥匝道 130 米大梁整体侧翻，致使 4 辆大货车坠桥 (事故现场的照片见图 7.7.1 和图 7.7.2)；据记者报道，在现场看到带血迹的枕头和方向盘等物，有些大货车驾驶室已经完全瘪塌，惨不忍睹；4 辆大货车上共有 8 人，其中 3 人当场死亡，5 人重伤。

这是当年轰动全国的大事，暂且省略所有的调查过程细节和社会上的很多不同看法，事情发生不久，CCTV 公布了权威单位的事故调查过程与结果，还公布了 CCTV 自行安排的调查，应该算是给全社会一个权威的结果。作为一辈子靠技术吃饭的作者，注意到节目中提到的几个细节。

图 7.7.1　阳明滩大桥坍塌事故现场 1

图 7.7.2　阳明滩大桥坍塌事故现场 2

(1) 桥梁事故出在哈尔滨，设计单位在上海，记者访问了设计单位的领导。这位领导用数据说话，很有说服力：这座桥出事的桥面，最高载荷为 160 吨左右就可满足国家标准的要求，他们设计时加了 20% 的保险系数，还特别提出：我们的国家标准本身就已经超过了很多发达国家的标准，为 137 吨；而出事桥面上的四辆车和货，总重量超过 460 吨？这个领导反问记者，你说我们设计单位要负什么责任？

(2) 记者访问了桥梁的施工单位和国家质量监督局指定的事故检测单位。检测数据说明，对钢筋、水泥等的破坏性试验，指标都超出了国家标准的 3 倍。

(3) 重点来了：CCTV 的记者还揭露了另一个事实，闯祸的四辆重型卡车都经过了某企业的改装，车厢长度增加了 2.5 米，远远超出了国家标准规定的长度和载重量。还有，额定总重 45 吨的卡车，严重超载，最多的一辆车竟然装了 160 多吨。

那一天，CCTV 的调查报告作者反复看了三次，印象非常深刻。并且注意到，在这个记者调查中，一个反复出现的关键词就是"国家标准"。

曾经不止一次地听到一些设计师发牢骚，受这么多标准的限制，都没法搞设计了。请问：国家级别的重点、重要工程都敢偷工减料，你能保证你所在的行业，你所在的单位毫无瑕疵吗？

就是因为技术人员中自以为是、自作聪明、天马行空的人太多，才要有这些标准和规范实施约束。说实话，绝对不能任由设计师们发挥得太过分，太自作聪明、太自以为是；这就是为什么所有的国家，所有的行业都要制定一系列法律法规来专门限制技术人员的原因。

不管标准还是规范，都是由科学计算和实验得出的，里面包含了生命和鲜血的教训，设计师的责任和设计师能做的就是在规范和标准约束的范围内，拿出技术先进、经济合理、安全可靠的设计。谁敢在标准约束以外自作聪明、自说自话乱搞一套，请先做好承担法律责任的思想准备，即便是"打擦边球"也要当心！

上面提到的阳明滩大桥，从设计、施工、监理到材物料供应，无数的环节，其中任何一个单位，任何一个人，要是被查出违反国家标准、造成了恶劣后果，你想他或他们会有好日子过吗？所以，国家标准在保护社会大众的同时，也保护了设计师你自己。重复一下：遵守国家标准也是保护设计师自己。

你可以在任一搜索引擎找到大量不同的标准和规范，其中很多都是我们应该遵循的。可能还有人弄不明白，标准和规范有些什么区别？其实很简单，标准、规范都是国家或行业标准的表现形式，习惯上统称为标准，只有针对具体对象的时候才加以区别。如当针对产品、方法、符号、概念等基础标准时，一般采用"标准"，如土工试验方法标准、生活饮用水卫生标准、道路工程标准、建筑抗震鉴定标准，当然还有本书出现得最多的，各行业的制图标准。当针对工程勘察、规划、设计、施工等具体、通用的技术业务做出规定时，一般采用"规范"做名称，如混凝土设计规范、建设设计防火规范、住宅建筑设计规范、砌体工程施工及验收规范、屋面工程技术规范等。

在我国工程建设标准化工作中，因历史原因，各主管部门在使用这两个术语时掌握的尺度、习惯不同，使用的随意性比较大，还有，强制执行的 GB 标准和推荐采用的 GB/T 标准也有同样的问题，这是造成人们难以理解这些术语的根本原因。

但是说到底，谁都别想在标准还是规范，国家标准还是行业标准，GB 还是 GB/T 的称呼上钻空子，不管标准还是规范，GB 还是 GB/T，都可以理解为规范设计师和生产经营者业务方面的法律，都是必须无条件遵循的。对于标准规范的敬畏和不折不扣的执行，是设计师和设计部门的基本职业素质，是遵纪守法、社会责任的体现，同时也是为了保护设计师和设计部门自己。

一位合格的设计师在他的整个职业生涯中，"要学习要知道、该遵循该严守"的标准规范有很多，通常每个行业至少有几十个，但是"制图标准"总是排在首位，因为你必须通过你的图纸来反映你对其他所有国家标准的理解、敬畏和严守，所以"国家制图标准"是你必须学习和遵守的首个最重要的标准。

换个说法：若是某公司、某设计师，连做出来的图纸都不能符合国家标准，怎么能够指望他的设计内容会符合国家标准呢？所以，正规的单位、重要的工程、重要的招标都会安排一个"标准化检查"环节，若是收到的投标图纸不符合制图标准，连设计的内容都不用看了，第一时间直接"枪毙"。如果不幸，枪毙的就是你或你的单位，你会不会因为一些制图细节不符合标准失去大好机会而后悔？

作者有位学校的同事，教机械的，买了新房要装修，先后请了三家还算有点规模的公司提供设计方案。据他说，收到的图纸都有毛病，有些简直不能看：有尺寸线和引线用虚线的，有尺寸起止符用箭头的，有用草体汉字做标注的，有把文字和数字围了黑框的，有整幅图用同样线宽的，有内外尺寸标注随意混乱的，有用国外标题栏的，还有用错误英文表述的……图纸上毛病百出，效果图却家家都漂亮。这就说明了一个令人担心的普遍现象——"重表面文章、轻基础训练"，原因都出于"急功近利的短期行为"，企业如是、设计师也一样，实在是应了某伟人的调侃之言："头重脚轻根底浅。"

这部教材的读者群，应该大多分布在城乡规划、建筑设计、景观园林、室内设计这几个行业；这几个行业的特点有相同之处，也有不同的地方，要遵守的制图标准也有少许区别，在这部教材中反复出现的几个标准，下面再集中列出标准名称和编号，你可以自行搜索，网络上不难找到下载点：

- 《房屋建筑制图统一标准》(GB/T 50001—2017)。
- 《风景园林制图标准》(CJJ/T 67—2015)。
- 《房屋建筑室内装饰装修制图标准》(JGJ/T 244—2011)。

其中，GB/T 50001 是其他几十个建筑相近、相关行业、专业的基础制图标准。

需要特别提醒每一位设计师或即将成为设计师的你：设计师们的劳动成果就是设计图纸，相当于工人们生产的"产品"(包括图纸上引用的材物料，零配件等都必须符合国家标准)。如果你绘制的图纸不符合国家标准，相当于工厂生产不符合国家标准的伪劣产品，你当然要为此负责。请时刻保持这个警觉，千万不能马虎放松。

还有，随着社会和技术的进步，标准和规范也在不断地升级(通常每五年会安排重审)，时常还会有新的标准规范公布，老的就被替代作废。作为技术人员，一定要经常关注，如果对此漠不关心、耳目闭塞，抱着已经作废的老标准做设计、谈业务，早晚要出问题的。现在获得新的技术标准和规范并不困难，只要你愿意去找，善于搜索，足不出户就可得到。下面列出相关行业标准的代码供参考。

- GB 国家标准 (GB= 国标)
- CJ 城镇建设行业标准 (CJ= 城建)
- CJJ 城镇建设行业工程建设规程 (CJJ= 城建建)
- JC 建材行业标准 (JC= 建材)

- JG 建筑行业标准 (JG= 建工)
- JGJ 建筑行业工程建设规程 (JGJ= 建工建)

最后告诉你两个快速查找某个标准是否已经更新的办法。

(1) 第一个办法是去该标准的发布部门网站搜索查找，在每个标准或规范的封面上都有发布单位的名称，还可以找到发布单位的网站链接。用这样的方法去查找通常比较麻烦费事。

(2) 第二个方法就快得多了，如想要知道 GB/T 50001—2017 房屋建筑制图统一标准是否已经更新，只要复制标准或者规范编号的前半截"GB/T 50001"到百度或其他搜索引擎搜索，如果出现比 2017 更新的年份，假设搜索到了"GB/T 50001—2025"说明该标准已经在 2025 年更新，你手里的"GB/T 50001—2017"已经被替代，成了作废的标准。这样做为什么非常有效，因为每个标准的基本编号是固定的，如"GB/T 50001"这个编号不会因为标准内容更新而改变，更新后只改变破折号以后的年份代码。

除了老标准的更新，还可能诞生新的标准，重要单位的设计部门会得到通知，小单位只能自己到相关网站去查找了。

几年前，作者曾经在一个论坛的帖子里说过一句话，今天拿来当作这一节教程的结束："标准和规范是教科书，更是设计师工作中必须遵循的法律。"

7-8　设计过程与图纸编排

这一节的内容是这部教程里唯一跟视频部分不同的，原因是为了满足很多视频教程的老读者提出的建议；所以把这一节替换成"设计过程""图纸编排""设计深度""视图"等内容，替换的内容仍以相关行业制图标准为依据，并结合以往教学实践编撰。

1. 关于设计过程

城乡规划、建筑设计、园林景观和室内装修行业，设计过程基本类同，大致要经过以下几个过程。

(1) 方案设计 (概念设计)→初步设计 (扩初设计)→施工图设计→专项设计。

(2) 对于技术要求相对简单的民用建筑工程，当主管部门 (甲方或业主) 在初步设计阶段没有审查要求，且合同中没有做初步设计的约定时，可在方案设计获得审批后直接进入施工图设计。

(3) 方案设计文件，应满足编制初步设计文件的需要，应满足方案审批或报批的需要。

(4) 初步设计文件，应满足编制施工图设计文件的需要，应满足初步设计审批的需要。

(5) 施工图设计文件，应满足设备材料采购、非标准设备制作和施工的需要。

对于将项目分别发包给几个设计单位或实施设计分包的情况，设计文件相互关联处的深度应满足各承包或分包单位设计的需要。

2. 关于设计文件的深度

有一个叫作《建筑工程设计文件编制深度规定》的文件，最新的版本在 2016 年颁布，这个文件虽然叫作"规定"不是国家标准，但是看一下主编和参编的单位就知道这个叫作规定的文件，其实有跟"标准"类似的权威，说不定很快就会成为"标准"。

该文件的主编单位是"中南建筑设计院股份有限公司"，参编单位有中国建筑西北设计研究院有限公司、华东建筑设计研究院有限公司、中国建筑西南设计研究院有限公司、中国建筑东北设计研究院有限公司、北京市建筑设计研究院有限公司、广东省建筑设计研究院、中国建筑业协会智能建筑分会、中建科技集团有限公司。

该文件全文共 88 页，主要内容分成四个部分：方案设计、初步设计、施工图设计、专项设计。虽然文件适用的对象主要是建筑行业，但其原则也可供相关行业参考。下面用最简单的文字摘录其最重要的内容。

1) 方案设计阶段的文件

- 设计说明书，包括各专业设计说明以及投资估算等内容；对于涉及建筑节能、环保、绿色建筑、人防等设计的专业，其设计说明应有相应的专门内容。
- 总平面图以及相关建筑设计图纸(若为城市区域供热或区域燃气调压站，应提供热能动力专业的设计图纸)。
- 设计委托或设计合同中规定的透视图、鸟瞰图、模型等。

方案设计的文件和编排顺序如下。

(1) 封面：写明项目名称、编制单位、编制年月。

(2) 扉页：写明编制单位法定代表人、技术总负责人、项目总负责人及各专业负责人的姓名，并经上述人员签署或授权盖章。

(3) 设计文件目录。

(4) 设计说明书。

(5) 设计图纸。

2) 初步设计阶段的文件

设计说明书，包括设计总说明、各专业设计说明。对于涉及建筑节能、环保、绿色建筑、人防、装配式建筑等，其设计说明应有相应的专项内容。

- 有关专业的设计图纸。
- 主要设备或材料表。
- 工程概算书。
- 有关专业计算书 (计算书不属于必须交付的设计文件，但应按规定要求编制)。

初步设计文件的编排顺序如下。

(1) 封面：写明项目名称、编制单位、编制年月。

(2) 扉页：写明编制单位法定代表人、技术总负责人、项目总负责人和各专业负责人的姓名，并经上述人员签署或授权盖章。

(3) 设计文件目录。

(4) 设计说明书。

(5) 设计图纸 (可单独成册)。

(6) 概算书 (应单独成册)。

3) 施工图设计阶段的文件

- 合同要求所涉及的所有专业的设计图纸 (含图纸目录、说明和必要的设备、材料表) 以及图纸总封面。
- 对于涉及建筑节能设计的专业，其设计说明应有建筑节能设计的专项内容。
- 涉及装配式建筑设计的专业，其设计说明及图纸应有装配式建筑专项设计内容。
- 合同要求的工程预算书 (对于方案设计后直接进入施工图设计的项目，若合同未要求编制工程预算书，施工图设计文件应包括工程概算书)。
- 各专业计算书。计算书不属于必须交付的设计文件，但应按本规定相关条款的要求编制并归档保存。

施工图设计阶段的文件编排顺序如下。

(1) 总封面标识内容。

- 项目名称。
- 设计单位名称。
- 项目的设计编号。
- 设计阶段。
- 编制单位法定代表人、技术总负责人和项目总负责人的姓名及其签字或授权盖章。
- 设计日期 (即设计文件交付日期)。

(2) 设计文件和编排顺序。

- 总平面：在施工图设计阶段，总平面专业设计文件应包括图纸目录、设计说明、设计图纸、计算书。
- 建筑专业：在施工图设计阶段，建筑专业设计文件应包括图纸目录、设计说明、设计图纸、计算书。
- 结构专业：在施工图设计阶段，结构专业设计文件应包含图纸目录、设计说明、设计图纸、计算书。
- 建筑电气专业：在施工图设计阶段，建筑电气专业设计文件图纸部分应包括图纸目录、设计说明、设计图、主要设备表，电气计算部分出计算书。
- 给水排水专业：在施工图设计阶段，建筑给水排水专业设计文件应包括图纸目录、施工图设计说明、设计图纸、设备及主要材料表、计算书。
- 供暖通风与空气调节专业：在施工图设计阶段，供暖通风与空气调节专业设计文件应包括图纸目录、设计与施工说明、设备表、设计图纸、计算书。
- 热能动力专业：在施工图设计阶段，热能动力专业设计文件应包括图纸目录、设计说明和施工说明、设备及主要材料表、设计图纸、计算书。
- 预算专项设计：施工图预算文件包括封面、签署页（扉页）、目录、编制说明、建设项目总预算表、单项工程综合预算表、单位工程预算书。

(3) 专项设计。

- 建筑幕墙：在初步设计阶段，幕墙设计文件包括设计说明书、设计图纸、力学计算书，其编排顺序为封面、扉面、目录、设计说明书、设计图纸、力学计算书。
- 基坑工程：在初步设计阶段，深基坑专项设计文件中应有设计说明、设计图纸。
- 建筑智能化：智能化专业设计文件应包括封面、图纸目录、设计说明、设计图及点表。
- 预制混凝土构件加工图设计（略）。

3. 图纸编列顺序原则

为了能够清楚、快速地阅读图纸，图样的排列顺序要遵循一定的规则。

- 先总体、后局部；先主要、后次要。
- 布置图在先、构造图在后；底层在先、上层在后。
- 先施工在前，晚施工在后。
- 同一系列的构配件按类型编号的顺序编列。

如建筑工程图纸按专业排列的顺序是：建筑施工图→结构施工图→设备施工图→装饰施工图。

即使在同一专业的一套完整图纸中，也包含有多种内容，这些不同的图纸也要按前述的主次顺序编列，例如一套完整的室内施工图的顺序为：

封面→目录→设计总说明→工程做法→平面图→立面图→剖面图→节点详图→固定家具制作图→材料表。

4. 建筑业图纸编排（根据《房屋建筑制图统一标准》（GB/T 50001—2017 ））

注：各阶段各专业图名、代码、内容、编排等详见附录 1。

(1) 工程在初步设计阶段有设计总说明时，图纸的编排顺序为：

图纸目录→设计总说明→总图→建筑图→结构图→给水排水图→暖通空调图→电气图等。而施工图设计阶段往往图目录与设计说明合为一项。

(2) 各专业图纸宜按如下顺序编排：

专业设计说明→平面图→立面图→剖面图→大样图→详图→三维视图→清单→简图等。

(3) 完整的房屋施工图编排。

- 首页图：首页图列出了图纸目录，在图纸目录中有各专业图纸的图件名称、数量、所在位置，反映出了一套完整施工图纸的编排次序，便于查找。

- 设计总说明。

  工程设计的依据：建筑面积、单位面积造价、有关地质、水文、气象等方面资料。

  设计标准：建筑标准、结构荷载等级、抗震设防标准、采暖、通风、照明标准等。

  施工要求：施工技术要求；建筑材料要求，如水泥标号、混凝土强度等级、砖的标号，钢筋的强度等级，水泥砂浆的标号等。

- 建筑施工图：总平面图→建筑平面图（底层平面图～标准层平面图～顶层平面图～屋顶平面图）→建筑立面图（正立面图～背立面图～侧立面图）→建筑剖面图→建筑详图（厨厕详图～屋顶详图～外墙身详图～楼梯详图～门窗详图～安装节点详图等）。

- 结构施工图：结构设计说明→基础平面图→基础详图→结构平面图（楼层结构平面图～屋顶结构平面图）→构件详图（楼梯结构施工图～现浇构件配筋图）。

- 给排水施工图：管道平面图→管道系统图→管道加工安装详图→图例及施工说明。

- 采暖通风施工图：管道平面图→管道系统图→管道加工安装详图→图例及施工说明。

- 电气施工图：线路平面图→线路系统图→线路安装详图→图例及施工说明。

5. 室内装饰装修业图纸编排（根据《房屋建筑室内装饰装修制图标准》(JGJ/T 244—2011)）

注：各阶段各专业图名、内容、编排等详见附录2。

房屋建筑室内装饰装修的图纸幅面规格应符合现行国家标准《房屋建筑制图统一标准》(GB/T 50001) 的规定。

房屋建筑室内装饰装修图纸应按专业顺序编排，并应依次为：图纸目录→房屋建筑室内装饰装修图→给水排水图→暖通空调图→电气图等。

各专业的图纸应按图纸内容的主次关系、逻辑关系进行分类排序。

房屋建筑室内装饰装修图纸编排宜按以下顺序排列：设计（施工）说明→总平面图→顶棚总平面图→顶棚装饰灯具布置图→设备设施布置图→顶棚综合布点图→墙体定位图→地面铺装图→陈设→家具平面布置图→部品部件平面布置图→各空间平面布置图→各空间顶棚平面图→立面图→部品部件立面图→剖面图→详图→节点图→装饰装修材料表→配套标准图。

各楼层的室内装饰装修图纸应按自下而上的顺序排列，同楼层各段（区）的室内装饰装修图纸应按主次区域和内容的逻辑关系排列。

1) 一套完整的装修施工图的编排次序

室内设计项目的规模大小，繁简程度各有不同，但其成图的编制顺序应遵守统一的规定。一般来说，成套的施工图包含以下内容：封面→目录→文字说明→图表→平面图→立面图→节点大样详图。

2) 专业图纸内容

- 封面：项目名称，业主名称、设计单位、成图依据等。

- 目录：目录表应包含项目名称、序号、图号、图名、图幅、图号说明、图纸内部修订日期、备注等。

- 文字说明：项目名称、项目概况、设计规范、设计依据、常规做法说明，关于防火、环保等方面的专篇说明。

- 图表：材料表、门窗表（含五金件）、洁具表、家具表、灯具表等内容。

3) 平面图

- 总平面包括总建筑隔墙平面、总家具布局平面、总地面铺装平面、总天花造型平面、总机电平面等。

- 分区平面包括分区建筑隔墙平面、分区家具布局平面、分区地面铺装平面、分区天花造型平面、分区灯具、分区机电插座、分区下水点位、分区开关连线平面、分区艺术的陈设平面等内容。可根据不同项目内容有所增减。

- 立面图：装修立面图、家具立面图、机电立面图。

- 大样详图：构造详图、图样大样等。

- 配套专业图纸：风、水、电等相关配套专业图纸。

6. 风景园林业图纸内容与编排（根据《风景园林制图标准》(CJJ/T 67—2015)）

注：各阶段图名、内容、编排等详见附录3。

1) 图纸编排顺序

工程图纸应按专业顺序编排。一般应为：图目录→总说明→苗木单→总图→放线索引图→竖向图→道路铺装→植栽→小品→水电等。

各专业的图纸，应按图纸内容的主次关系、逻辑关系有序排列。单张图纸内图面编排，应按图面内容的主次关系、逻辑关系有序排列。小品单体方案或施工图绘制在一张图纸内时，其说明文字宜列于本图右下方；单体方案或施工图多于一张图纸时，其说明文字宜列于首张图纸右下方。

2) 设计概念方案阶段

设计主题通常以文字说明的形式出现。设计主题阐述设计师对地块、规划的理解及建议，详细表明如何利用各种设计手法满足投资者、使用者的要求和满足国家及地方的有关政策要求。彩色总平面布置图根据功能的要求，应注明指北针、文字说明、地块分区、节点名称等。还有重要节点透视图，复杂关系剖面图，结构分析图，交通、消防、照明、植物等场地分析，以及小品、园路、提示牌、灯具、材料等照片。

3) 施工图设计阶段

施工图设计是整个图纸设计过程的最后一个步骤。图纸的编制必须符合国家有关制图规范，设计必须符合国家建设工程相关规范及强制性条文有关规定。

- 图纸目录。详细表达项目编号、项目名称、设计文件编号及名称等。

- 设计说明。园建、植栽、结构、给排水、电气等各专业关于施工注意事项的详细说明。

- 总平面定位图。应注明园路、广场标高、等高线及标高、网格放样、分区、节点索引等。应注明指北针及设计范围线。

- 总平面铺装图。控制硬质铺装部分，包括铺装索引。

- 各分区平面定位图，铺装图等（根据地块大小、复杂程度等决定）。
  重要节点如水池、小溪、小桥、驳岸、平台、亭、廊、景墙、挡墙、花池、踏步、栏杆、围墙、车库出入口等平、立、剖面图。上述节点细部构造、结构做法等。

- 植物总平面分区图。

- 植物分区平面乔木图。

- 植物分区平面灌木图。

- 植物分区平面地被图。

- 植物施工种植要求及形式要求。

- 苗木规格用量统计表。

- 特定构筑物基础及结构大样图。

- 绿化灌溉给水总平面图或分区平面图。

- 排水总平面图或分区平面图。

- 水景给水系统图。

- 水景给排水平面图及细部构造图。

- 电气总平面图或分区平面图。

- 电气系统图。

- 灯具提示图及灯具用量统计表。

7. 构图原则

一个项目是由许多专业共同协调配合完成的，如建筑、结构、水电、暖通等专业，他们按照各自的要求用投影的方法，遵循国家颁布的制图标准及各专业的规定画法，完整、准确地用图样表达出建筑物的形状、大小尺寸、结构布置、材料和构造做法，是施工的重要依据。

图样在图幅上排列要遵循一定规则，所有构图要遵守齐一性原则，这样可以使图面的组织排列在构图上呈统一整齐的视觉编排效果，并且使得图面内的排列在上下、左右都能形成相互对应的齐律性，整齐美观又方便读图。比如有的单位规定：说明性的文字都安排在图纸的右侧以方便阅读，图例或其他表格则安排在左下角，等等。

8. 投影与视图

若要完整地从理论到实作说清楚"投影、透视与视图"这三个主题，恐怕专门要写一本两三百页的书，好得有以下三个原因，因此可以节省很多篇幅。

(1) 大凡讲设计的书 (或教材)，投影理论总要占据至少一半，实在没有必要以无谓的重复占据宝贵的篇幅，所以以下仅指出实践中容易发生错误的地方。

(2) SketchUp 的用户随便单击 SketchUp 上 6 个小房子图标中的任何一个就可以立即得到相应的视图，所以不会搞不清楚几个视图的名称和含义，自然也懂得基本的"投影"。

(3) SketchUp 中的红绿蓝三条轴线、对应的东南西北方向，以及三个看不见的面 (XY, XZ, YZ) 都是传统投影与视图教学中需要用挂图或模型来描述的，SketchUp 用户本来就懂。

对于形状相对简单的物体，如立方体、锥体、棱体、截台、楔形体、柱体、球体，还有所有金属或非金属的型材，只要用三个视图 (三面投影) 就可以表达清楚。但是本书读者中的建筑、景观和室内等专业人员，除了要表达上述简单形体外，还要表达形态更为复杂的对象，所以需要更多的视图才能完整地表达清楚其结构与形状。如想要表达清楚图 7.8.1 右下角所示的小房子，就需要前后、左右、顶底 6 个视图。

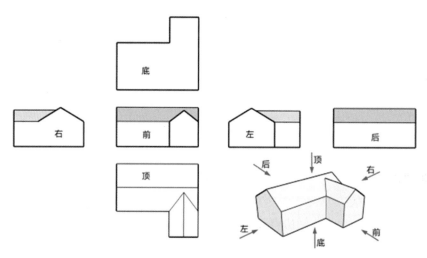

图 7.8.1 视图排列位置

按照"投影理论"和"制图国标"的规定，图 7.8.1 右下角小房子对应的前后、左右、顶底六个视图应该按照图 7.8.1 所示的位置排列才是正确的。我们通常用入口所在的方向或最能突出对象结构特征的方向为"主视图" (或称为正立面、前立面、主立面)，在此基础上产生其余的视图，正确的视图位置如下所述。

● 左视图在主视图的右边，右视图在主视图的左边。

● 顶视图在主视图的下面，底视图在主视图的上面。

● 后视离主视图最远，中间隔个左视图。

常见的错误是：左视图在左边，右视图在右边，顶视图在上面，底视图放下面。

当必须在一幅图纸上表达图 7.8.1 中的全部或部分视图时，请一定按图 7.8.1 所示的相对位置安排视图。如果还不清楚为什么要这么做，只能去查阅与制图相关的教科书了。

9. 关于透视

这里要讲一个大约有 40% 左右的学员（甚至老手）会犯的错误。

SketchUp 作为一个较新的三维设计工具，突出的优点之一就是可以呈现"真实的透视"，能最好地适应人类的视觉习惯。如图 7.8.2 ②呈现的对象"近大远小"，虽然看起来近处与远处的大小不同，妙的是仍能测量到准确的尺寸。

但是在教学和实际工作中，甚至网上发布的"成果"中，很多人并不在乎这个"真实透视"，搞成了近小远大（图 7.8.2 ①）。究其原因，大多是因为在 SketchUp 的"相机"菜单里选用过"平行投影"后没有及时返回到"透视"状态；把这种模型发送到 LayOut 以后就成了图 7.8.2 ①的尴尬。这种情况并不少见，如果你也看不出这两个小图之间的区别，或者看出了觉得无所谓，那批评的就是你。

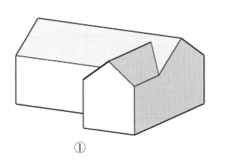 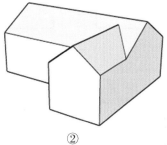

①   ②

图 7.8.2   真假透视

附录1 常用工程图纸编号与计算机辅助制图文件名称列表

《房屋建筑制图统一标准》(GB/T 50001—2017)

附录 A 常用工程图纸编号与计算机辅助制图文件名称列表

A.0.1 常用专业代码宜符合表 A.0.1 的规定。

表 A.0.1 常用专业代码列表

专业	专业代码名称	英文专业代码名称	备注
通用	通用	—	—
总图	总图	G	含总图、景观、测量/地图、土建
建筑	建筑	A	
结构	结构	S	
给水排水	给排水	P	
暖通空调	暖通	H	含采暖、通风、空调、机械
电气	动力	D	
	电气	E	
	电讯	T	
室内设计	室内	I	
园林景观	景观	L	园林、景观、绿化
消防	消防	F	
人防	人防	R	

A.0.2 常用阶段代码宜符合表 A.0.2 的规定。

表 A.0.2 常用阶段代码列表

设计阶段	阶段代码名称	英文阶段代码名称	备注
可行性研究	可	S	含预可行性研究阶段
方案设计	方	C	
初步设计	初	P	含扩大初步设计阶段
施工图设计	施	W	—
专业深化设计	深	D	—
竣工图编制	竣	R	—
设施管理阶段	设	F	物业设施运行维护及管理

A.0.3 常用版本代码宜符合表 A.0.3 的规定。

表 A.0.3 常用版本代码列表

版本	版本代码名称	英文版本代码名称	备注
部分修改	补	R	部分修改，或提供对原图的补充，原图仍使用
全部修改	改	X	全部修改，取代原图
分阶段实施	阶	P	预期分阶段的图纸版本
自定义过程	自	Z	设计阶段根据需要自定义增加的

A.0.4 常用类型代码宜符合表 A.0.4 的规定。

表 A.0.4 常用类型代码列表

工程图纸文件类型	类型代码名称	数字类型代码
图纸目录	目录	0
设计总说明	说明	0
平面图	平面	1
立面图	立面	2
剖面图	剖面	3
大样图（大比例视图）	大样	4
详图	详图	5
清单	清单	6
简图	简图	6
用户定义类型一	—	7
用户定义类型二	—	8
三维视图	三维	9

续表

类型	序号	名称	英文简称	英文名称
平立剖面	10	平面	PLAN	PLAN
	11	屋面	ROOF	ROOF
	12	立面	ELEV	ELEVation
	13	剖面	SECT	SECTion
	14	核心筒	CORE	CORE tube
	15	楼梯	STAI	STAIrcase
	16	电梯	LIFT	LIFT
	17	扶梯	ESCA	ESCAlator
	18	自动步道	AUWA	AUtomatic WAlkway
	19	坡道	RAMP	RAMP
详图	20	卫生间	TOIL	TOILet
	21	厨房	KITC	KITChen
	22	墙身	WALL	WALL
	23	节点	DETL	DETail
	24	门窗	DOOR	DOOR & window
装修	25	幕墙	CWAL	CurtainWALl
	26	机房	MACH	MACHine room
写管综	27	管线综合	PIPE	PIPEline
	28	装修	DECO	DECOration
	29	吊顶	CEIL	CEILing
	30	内装修	INTE	INTErior design
其他	31	模数	MODU	MODUlus
	32	网格	GRID	GRID
	33	人防	AIRD	civil AIR Defence basement

A.0.5 总图专业文件图名代码宜符合表 A.0.5 的规定。

表 A.0.5 总图专业文件图名代码列表

类型	序号	名称	英文简称	英文名称
总图	1	图纸目录	LIST	LIST
	2	说明	INFO	INFOrmation
	3	现状	EXIS	EXISting map
	4	总平面	SITE	SITE
	5	竖向布置	VERT	VERTical plan
	6	管线综合	PIPE	PIPEline combined layout
	7	道路设计	ROAD	ROAD design
	8	节点	DETL	DETail
	9	绿化	GREE	GREEn
	10	交通	TRAF	TRAFfic
	11	人防	AIRD	civil AIR Defence basement
	12	土（石）方	EART	earthworkEARTh workearthwork

A.0.6 建筑专业部件文件图名代码宜符合表 A.0.6 的规定。

表 A.0.6 建筑专业部件文件图名代码列表

类型	序号	名称	英文简称	英文名称
总体	1	图纸目录	LIST	LIST
	2	说明	INFO	INFOrmation
	3	材料	MATA	MATerial TAble
	4	分区	ZONE	ZONE
	5	防火分区	FIRE	FIREproof
	6	图框	FRAM	FRAMe
应参照图	7	柱墙（承重结构）	COLU	COLUmn wall
照明图	8	轴线	AXIS	AXIS
元	9	洞口	HOLE	HOLE

A.0.7 结构专业部件文件图名代码宜符合表 A.0.7 的规定。

表 A.0.7 结构专业部件文件图名代码列表

类型	序号	名称	英文简称	英文名称
总体	1	图纸目录	LIST	LIST
	2	说明	INFO	INFOrmation
	3	轴线	AXIS	AXIS
	4	桩	PILE	PILE
	5	基础、承台	FUDN	FoUnDatioN
平面	6	柱	COLS	COLumnS
	7	墙	WALL	WALL
	8	结构布置（模板）	STPL	STructure PLan
	9	板配筋	SBRE	SlaB REinforcement
	10	梁配筋	BMRE	BeaM REinforcement
	11	楼梯	STRS	STaiRS
	12	坡道	RAMP	RAMP
详图	13	核心筒	CORE	COREtube
	14	暗柱	WACO	WAll COlumn
	15	水池	POOL	POOL
	16	节点	DETL	DETail.
	17	钢结构	STEL	STEEL
	18	预应力	PRES	PRESstressed
其他	19	人防	AIRD	civil AIR Defence basement

A.0.8 给水排水专业部件文件图名代码宜符合表 A.0.8 的规定。

表 A.0.8 给水排水专业部件文件图名代码列表

类型	序号	名称	英文简称	英文名称
总体	1	图纸目录	LIST	LIST
	2	说明	INFO	INFOrmation

续表

类型	序号	名称	英文简称	英文名称
	3	主要设备器材表	MATA	MAterial TAble
总体	4	系统	SYS	SYStem
	5	平面	PLAN	PLAN
	6	节点	DETL	DETail.
	7	卫生间	TOIL	TOILet
	8	机房	MACH	MACHine room
详图	9	设备	EQPM	EQuiPMent
	10	其他	OTHR	OTHeR
	11	总平面	SITE	SITE
总图	12	高程表	HGT	HeiGht Table
	13	纵断	SECT	SECTion
	14	说明	INFO	INFOrmation
其他	15	人防	AIRD	civil AIR Defence basement

A.0.9 暖通空调专业部件文件图名代码宜符合表 A.0.9 的规定。

表 A.0.9 暖通空调专业部件文件图名代码列表

类型	序号	名称	英文简称	英文名称
总体	1	图纸目录	LIST	LIST
	2	说明	INFO	INFOrmation
	3	主要设备表	MATA	MAterial TAble
	4	系统图	SYS	SYStem
	5	平面	PLAN	PLAN
总图	6	总平面	SITE	SITE
	7	剖面	SECT	SECTion
	8	详图、机房	DETL	DETail.

续表

类型	序号	名称	英文简称	英文名称
平面	6	电力平面图	PLAN-POWR	PLAN-POWeR
	7	照明平面图	PLAN-LITI	PLAN-LIghTIng
	8	防雷接地平面图	PLAN-LG	PLAN-Lightening Grounding
	9	电力总平面图	SITE-POWR	SITE-POWeR
其他	10	人防	AIRD	civil AIR Defence basement

A.0.11 电讯专业部件文件图名代码宜符合表 A.0.11 的规定。

表 A.0.11 电讯专业部件文件图名代码列表

类型	序号	名称	英文简称	英文名称
总体	1	图纸目录	LIST	LIST
	2	说明	INFO	INFOrmation
	3	主要设备材料表	MATA	MAterial TAble
系统	4	消防系统图	SYS-FIRE	SYStem- FIREalarm system
	5	电讯系统图	SYS-TELC	SYStem- TELcCommunications
平面	6	消防平面图	PLAN-FIRE	PLAN - FIREalarm system
	7	电讯平面图	PLAN-TELC	PLAN-TELcCommunications
	8	电讯总平面图	SITE-TELC	SITE-TELcCommunications
其他	9	人防	AIRD	civil AIR Defence basement

注: 此表在无智能化专项设计时采用。

A.0.12 智能化专业部件文件图名代码宜符合表 A.0.12 的规定。

表 A.0.12 智能化专业部件文件图名代码列表

类型	序号	名称	英文简称	英文名称
总体	1	图纸目录	LIST	LIST
	2	说明	INFO	INFOrmation
	3	主要设备材料表	MATA	MAterial TAble

续表

类型	序号	名称	英文简称	英文名称
系统代码	9	防排烟系统	SCES	Smoke Control and Exhaust System
	10	空调水	PIPE	PIPE
	11	空调风(含通风)	DUCT	DUCT
	12	热水采暖系统	HOTW	HOT Water
	13	蒸汽采暖系统	STEM	STEaM
	14	多联机系统	VRVS	VRV System
	15	动力系统	DY	DYnamic
	16	冷源	COSO	COld SOurce
	17	热源	HESO	HEat SOurce
	18	冷热源	CHSO	Cold and Heat SOurce
	19	自控	AUTO	AUTOregulation
其他	20	基础	BASE	BASE
	21	孔洞	HOLE	HOLE
	22	管沟	TREN	TRENch
	23	管井	WELL	WELL
	24	百叶	SHUT	SHUTter
	25	人防	AIRD	civil AIRD Defence basement

A.0.10 电气专业部件文件图名代码宜符合表 A.0.10 的规定。

表 A.0.10 电气专业部件文件图名代码列表

类型	序号	名称	英文简称	英文名称
总体	1	图纸目录	LIST	LIST
	2	说明	INFO	INFOrmation
	3	主要设备材料表	MATA	MAterial TAble
变配电	4	变配电室	DIST	DISTribution
系统	5	系统图	SYS	SYStem

附录 2 《房屋建筑室内装饰装修制图标准》

附录 A　图纸深度

第一节　一般规定

1. 房屋建筑室内装饰装修设计的制图深度应根据房屋建筑室内装饰装修设计文件的阶段性要求确定。

2. 房屋建筑室内装饰装修设计中图纸的阶段性文件应包括方案设计图、扩初设计图、施工设计图、变更设计图、竣工图。

3. 房屋建筑室内装饰装修设计图纸的绘制应符合本标准第 1 章～第 4 章的规定，图纸深度应满足各阶段的深度要求。

注： 房屋建筑室内装饰装修设计的图纸深度与设计文件深度有所区别，不包括对设计说明、施工说明和材料样品表示内容的规定。

第二节　方案设计图

1. 方案设计应包括设计说明、平面图、顶棚平面图、主要立面图、必要的分析图、效果图等。

注： 本条规定了在方案设计中应有设计说明的内容，但对设计说明的具体内容不作规定。

2. 方案设计的平面图绘制除应符本指南第八章第三节的规定外，还宜符合下列规定：

(1) 标明房屋建筑室内装饰装修设计的区域位置及范围。

(2) 标明房屋建筑室内装饰装修设计中对原建筑改造的内容。

(3) 标注轴线编号，并应使轴线编号与原建筑图相符。

(4) 标注总尺寸及主要空间的定位尺寸。

(5) 标明房屋建筑室内装饰装修设计后的所有室内外墙体、门窗、管道井、电梯和自动扶梯、楼梯、平台和阳台等位置。

(6) 标明主要使用房间的名称和主要部位的尺寸，标明楼梯的上下方向。

(7) 标明主要部位固定和可移动的装饰造型、隔断、构件、家具、陈设、厨卫设施、灯具以及其他配置、配饰的名称和位置。

(8) 标明主要装饰装修材料和部品部件的名称。

(9) 标注房屋建筑室内地面的装饰装修设计标高。

(10) 宜标注指北针、图纸名称、制图比例以及必要的索引符号、编号。

(11) 根据需要绘制主要房间的放大平面图。

(12) 根据需要绘制反映方案特性的分析图，宜包括功能分区、空间组合、交通分析、消防分析、分期建设等图示。

3. 顶棚平面图的绘制除应符合本指南第八章第四节的规定外，还应符合下列规定：

(1) 应标注轴线编号，并使轴线编号与原建筑图相符。

(2) 应标注总尺寸及主要空间的定位尺寸。

(3) 应标明房屋建筑室内装饰装修设计调整过后的所有室内外墙体、管道井、天窗等的位置。

(4) 应标明装饰造型、灯具、防火卷帘以及主要设施、设备、主要饰品的位置。

(5) 应标明顶棚的主要装饰装修材料及饰品的名称。

(6) 应标注顶棚主要装饰装修造型位置的设计标高、编号。

4. 方案设计的立面图绘制除应符合本指南第八章第五节的规定外，还应根据需要符合下列规定：

(1) 应标注立面范围内的轴线和轴线编号，标注立面两端轴线之间的尺寸。

(2) 应绘制有代表性的立面，标明房屋建筑室内装饰装修完成面的底界面线和装饰装修完成面的顶界面线，标注房屋建筑室内主要部位装饰装修完成面的净高，并根据需要标注楼层的层高。

(3) 应绘制墙面和柱面的装饰装修造型、固定隔断、固定家具、门窗、栏杆、台阶等立面形状和位置，标注主要部位的定位尺寸。

(4) 应标注主要装饰装修材料和部品部件的名称。

(5) 应标注图纸名称、制图比例以及必要的索引符号、编号。

5. 方案设计的剖面图绘制除应符合本指南第八章第六节的规定外，还应符合下列规定：

(1) 一般情况方案设计不绘制剖面图，但在空间关系比较复杂、高度和层数不同的部位可绘制剖面。

(2) 标明房屋建筑室内空间中高度方向的尺寸和主要部位的设计标高及总高度。

(3) 若遇有高度控制时，还应标明最高点的标高。

(4) 标注图纸名称、制图比例以及必要的索引符号、编号。

6. 方案设计的效果图应反映方案设计的房屋建筑室内主要空间的装饰装修形态，并应符合下列要求：

(1) 做到材料、色彩、质地真实，尺寸、比例准确。

(2) 体现设计的意图及风格特征。

(3) 图面美观、有艺术性。

注：方案设计效果图的表现部位应根据业主委托和设计要求确定。

第三节　扩初设计图

1. 规模较大的房屋建筑室内装饰装修工程，根据委托的要求可绘制扩大初步设计图。

2. 扩大初步设计图的深度应满足以下要求：

(1) 对设计方案进一步深化。

(2) 作为深化施工图的依据。

(3) 作为工程概算的依据。

(4) 作为主要材料和设备的订货依据。

3. 扩大初步设计应包括设计说明、平面图、顶棚平面图、主要立面图、主要剖面 1 图等。

注：本条规定了在扩初设计中应有设计说明的内容，但对设计说明的具体内容不作规定。

4. 平面图绘制除应符合本指南第八章第三节的规定外，还应符合下列规定：

(1) 标明房屋建筑室内装饰装修设计的区域位置及范围。

(2) 标明房屋建筑室内装饰装修中对原建筑改造的内容及定位尺寸。

(3) 标明建筑图中柱网、承重墙以及需要装饰装修设计的非承重墙、建筑设施、设备的位置和尺寸。

(4) 标明轴线编号，并使轴线编号与原建筑图相符。

(5) 标明轴线间尺寸及总尺寸。

(6) 标明房屋建筑室内装饰装修设计后的所有室内外墙体、门窗、管道井、电梯和自动扶梯、楼梯、平台、阳台、台阶、坡道等位置和使用的主要材料。

(7) 标明房间的名称和主要部位的尺寸，标明楼梯的上下方向。

(8) 标明固定的和可移动的装饰装修造型、隔断、构件、家具、陈设、厨卫设施、灯具以及其他配置、配饰的名称和位置。

(9) 标明定制部品部件的内容及所在位置。

(10) 标明门窗、橱柜或其他构件的开启方向和方式。

(11) 标注主要装饰装修材料和部品部件的名称。

(12) 表示建筑平面或空间的防火分区和防火分区分隔位置，以及安全出口位置示意并单独成图 (如为一个防火分区，可不注防火分区面积)。

(13) 标注房屋建筑室内地面设计标高。

(14) 标注索引符号、编号、指北针、图纸名称和制图比例。

5. 顶棚平面图的绘制除应符合本指南第八章第四节的规定外，还应符合下列规定：

(1) 标明建筑图中柱网、承重墙以及房屋建筑室内装饰装修设计需要的非承重墙。

(2) 标注轴线编号，并使轴线编号与原建筑图相符。

(3) 标注轴线间尺寸及总尺寸。

(4) 标明房屋建筑室内装饰装修设计调整过后的所有室内外墙体、管井、天窗等的位置，注明必要部位的名称，并标注主要尺寸。

(5) 标明装饰造型、灯具、防火卷帘以及主要设施、设备、主要饰品的位置。

(6) 标明顶棚的主要饰品的名称。

(7) 标注顶棚主要部位的设计标高。

(8) 标注索引符号、编号、指北针、图纸名称和制图比例。

6. 立面图绘制除应符合本指南第八章第五节的规定外，还应符合下列规定：

(1) 绘制需要设计的主要立面。

(2) 标注立面两端的轴线、轴线编号和尺寸。

(3) 标注房屋建筑室内装饰装修完成面的地面至顶棚的净高。

(4) 绘制房屋建筑室内墙面和柱面的装饰装修造型、固定隔断、固定家具、门窗、栏杆、台阶、坡道等立面形状和位置，标注主要部位的定位尺寸。

(5) 标明立面主要装饰装修材料和部品部件的名称。

(6) 标注索引符号、编号、图纸名称和制图比例。

7. 剖面应剖在空间关系复杂、高度和层数不同的部位和重点设计的部位。剖面图应准确、清楚地表示出剖到或看到的各相关部位内容，其绘制除应符合本指南第八章第六节的规定外，还应符合下列规定：

(1) 标明剖面所在的位置。

(2) 标注设计部位结构、构造的主要尺寸、标高、用材、做法。

(3) 标注索引符号、编号、图纸名称和制图比例。

第四节 施工设计图

1. 施工设计图纸应包括平面、顶棚平面图、立面图、剖面图、详图和节点图。

2. 施工图的平面图应包括设计楼层的总平面图、建筑现状平面图、各空间平面布置图、平面定位图、地面铺装图、索引图等。

3. 施工图中的总平面图除了应符合本章第三节第 4 条的规定外，还应符合下列规定：

(1) 应全面反映房屋建筑室内装饰装修设计部位平面与毗邻环境的关系，包括交通流线、功能布局等。

(2) 详细注明设计后对建筑的改造内容。

(3) 应标明需做特殊要求的部位。

(4) 在图纸空间允许的情况下可在平面图旁绘制需要注释的大样图。

4. 施工图中的平面布置图可分为陈设、家具平面布置图、部品部件平面布置图、设备设施布置图、绿化布置图、局部放大平面布置图等。平面布置图除应符合本章第三节第 1 条之外，还应根据需要符合下列规定：

(1) 陈设、家具平面布置图应标注陈设品的名称、位置、大小、必要的尺寸以及布置中需要说明的问题；应标注固定家具和可移动家具及隔断的位置、布置方向，以及柜门或据门开启方向，并标注家具的定位尺寸和其他必要的尺寸。必要时还应确定家具上电器摆放的位置，如电话、电脑、台灯等。

(2) 部品部件平面布置图应标注部品部件的名称、位置、尺寸、安装方法和需要说明的问题。

(3) 设备设施布置图应标明设备设施的位置、名称和需要说明的问题。

(4) 规模较小的房屋建筑室内装饰装修设计中陈设、家具平面布置图、设备设施布置图以及绿化布置图可合并。

(5) 规模较大的房屋建筑室内装饰装修设计中应有绿化布置图，应标注绿化品种、定位尺寸和其他必要尺寸。

(6) 如果建筑单层面积较大，可根据需要绘制局部放大平面布置图，但须在各分区平面布置图适当位置上绘出分区组合示意图，并明显表示本分区部位编号。

(7) 标注所需的构造节点详图的索引号。

(8) 当照明、绿化、陈设、家具、部品部件或设备设施另行委托设计时，可根据需要绘制照明、绿化、陈设、家具、部品部件及设备设施的示意性和控制性布置图。

(9) 图纸的省略：如系对称平面，对称部分的内部尺寸可省略，对称轴部位用对称符号表示，但轴线号不得省略；楼层标准层可共用同一平面，但需注明层次范围及各层的标高。

5. 施工图中的平面定位图应表达与原建筑图的关系，并体现平面图的定位尺寸。平面定位图除应符合本章第三节第 4 条之外，还应符合下列规定：

(1) 标注房屋建筑室内装饰装修设计对原建筑或房屋建筑室内装饰装修设计的改造状况。

(2) 标注房屋建筑室内装饰装修设计中新设计的墙体和管井等的定位尺寸、墙体厚度与材料种类，并注明做法。

(3) 标注房屋建筑室内装饰装修设计中新设计的门窗洞定位尺寸、洞口宽度与高度尺寸、材料种类、门窗编号等。

(4) 标注房屋建筑室内装饰装修设计中新设计的楼梯、自动扶梯、平台、台阶、坡道等的定位尺寸、设计标高及其他必要尺寸，并注明材料及其做法。

(5) 标注固定隔断、固定家具、装饰造型、台面、栏杆等的定位尺寸和其他必要尺寸，并注明材料及其做法。

6. 施工图中的地面铺装图除应符合本章第三节第 4 条、第四节第 4 条之外，还应符合下列规定：

(1) 标注地面装饰材料的种类、拼接图案、不同材料的分界线。

(2) 标注地面装饰的定位尺寸、规格和异形材料的尺寸、施工做法。

(3) 标注地面装饰嵌条、台阶和梯段防滑条的定位尺寸、材料种类及做法。

7. 房屋建筑室内装饰装修设计需绘制索引图。索引图应注明立面、剖面、详图和节点图的索引符号及编号，必要时可增加文字说明帮助索引，在图面比较拥挤的情况下可适当缩小图面比例。

8. 施工图中的顶棚平面图应包括装饰装修楼层的顶棚总平面图、顶棚综合布点图、顶棚装饰灯具布置图、各空间顶棚平面图等。

9. 施工图中顶棚总平面图的绘制除应符合本章第三节第 5 条之外，还应符合下列规定：

(1) 应全面反映顶棚平面的总体情况，包括顶棚造型、顶棚装饰、灯具布置、消防设施及其他设备布置等内容。

(2) 应标明需做特殊工艺或造型的部位。

(3) 标注顶面装饰材料的种类、拼接图案、不同材料的分界线。

(4) 在图纸空间允许的情况下可在平面图旁边绘制需要注释的大样图。

10. 施工图中顶棚平面图的绘制除应符合本章第三节第 5 条之外，还应符合下列规定：

(1) 应标明顶棚造型、天窗、构件、装饰垂挂物及其他装饰配置和饰品的位置，注明定位尺寸、标高或高度、材料名称和做法。

(2) 如果建筑单层面积较大，可根据需要单独绘制局部的放大顶棚图，但需在各放大顶棚图的适当位置上绘出分区组合示意图，并明显地表示本分区部位编号。

(3) 标注所需的构造节点详图的索引号。

(4) 表述内容单一的顶棚平面可缩小比例绘制。

(5) 图纸的省略：如系对称平面，对称部分的内部尺寸可省略，对称轴部位用对称符号表示，但轴线号不得省略；楼层标准层可共用同一顶棚平面，但需注明层次范围及各层的标高。

11. 施工图中的顶棚综合布点图除应符合本章第三节第 5 条之外，还应标明顶棚装饰装修造型与设备设施的位置、尺寸关系。

12. 施工图中顶棚装饰灯具布置图的绘制除应符合本章第三节第 5 条的规定之外，还应标注所有明装和暗藏的灯具 (包括火灾和事故照明灯具)、发光顶棚、空调风口、喷头、探测器、扬声器、挡烟垂壁、防火卷帘、防火挑檐、疏散和指示标志牌等的位置，标明定位尺寸、材料名称、编号及做法。

13. 施工图中立面图的绘制除应符合本章第三节第 6 条的规定外，还应符合下列规定：

(1) 绘制立面左右两端的墙体构造或界面轮廓线、原楼地面至装修楼地面的构造层、顶棚面层装饰装修的构造层。

(2) 标注设计范围内立面造型的定位尺寸及细部尺寸。

(3) 标注立面投视方向上装饰物的形状、尺寸及关键控制标高。

(4) 标明立面上装饰装修材料的种类、名称、施工工艺、拼接图案、不同材料的分界线。

(5) 标注所需要构造节点详图的索引号。

(6) 对需要特殊和详细表达的部位，可单独绘制其局部放大立面图，并标明其索引。

(7) 无特殊装饰装修要求的立面可不画立面图，但应在施工说明中或相邻立面的图纸上予以说明。

(8) 各个方向的立面应绘齐全，但差异小，左右对称的立面可简略，但应在与其对称的立面的图纸上予以说明；中庭或看不到的局部立面，可在相关剖面图上表示，若剖面图未能表示完全时，则需单独绘制。

(9) 凡影响房屋建筑室内装饰装修设计效果的装饰物、家具、陈设品、灯具、电源插座、通讯和电视信号插孔、空调控制器、开关、按钮、消火栓等物体，宜在立面图中绘制出其位置。

14. 施工图中的剖面图应标明平面图、顶棚平面图和立面图中需要清楚表达的部位。剖面图除应符合本章第三节第 7 条的规定外，还应符合下列规定：

(1) 标注平面图、顶棚平面图和立面图中需要清楚表达部分的详细尺寸、标高、材料名称、连接方式和做法。

(2) 剖切的部位应根据表达的需要确定。

(3) 标注所需的构造节点详图的索引号。

15. 施工图应将平面图、顶棚平面图、立面图和剖面图中需要更加清晰表达的部位索引出来，并应绘制详图或节点图。

16. 施工图中的详图的绘制应符合下列规定：

(1) 标明物体的细部、构件或配件的形状、大小、材料名称及具体技术要求，注明尺寸和做法。

(2) 凡在平、立、剖面图或文字说明中对物体的细部形态无法交代或交代不清的可绘制详图。

(3) 标注详图名称和制图比例。

17. 施工图中节点图的绘制应符合下列规定：

(1) 标明节点处构造层材料的支撑、连接的关系，标注材料的名称及技术要求，注明尺寸和构造做法。

(2) 凡在平、立、剖面图或文字说明中对物体的构造做法无法交代或交代不清的可绘制节点图。

(3) 标注节点图名称和制图比例。

第五节　变更设计图

变更设计应包括变更原因、变更位置、变更内容等。变更设计的形式可以是图纸，也可以是文字说明。

第六节　竣工图

竣工图的制图深度同施工图，内容应完整记录施工情况，并应满足工程决算、工程维护以及存档的要求。

附录3 《风景园林制图标准》

附录A 图纸基本内容及深度

续表

序号	图纸名称	图纸表达的基本内容及深度	说明
2	资源评价与现状分析图	分类评价和分级评价,至少标示至三级景点	—
3	地理位置与区域分析图	风景区在全国或省、市域地理区位、区域交通分析、风景资源与旅游发展分析、区域生态分析等	视规划区的特点,可按规划要素分项制图或综合要素综合制图
4	风景名胜区规划总图	风景资源、旅游服务设施、综合交通设施、功能分区、生态保护与要素区划等	—
5	风景游览规划图	主要游览景点、游览组织、游览路线、采区划分等内容	视规划区的特点,可按规划要素分项制图或综合要素综合制图
6	旅游设施配套规划图	旅游市、旅游城、旅游镇、旅游村、旅游点及服务设施及配套设施	—
7	居民社会调控规划图	按照不同的规划调控类型的居民点分布	—
8	风景保护培育规划图	按照分类保护、分级保护划分的保护分区布局、范围	—
9	道路交通规划图	对外交通、出入口、车行游览道路、步行游览道路、索道、码头、停车场等	—
10	基础工程规划图	给水、排水、电力、通信、热力、环卫等	可按不同基础工程类型分项制图或将基础工程进行综合制图
11	土地利用协调规划图	按照风景区规划用地大类具体划分用地、部分可按中类划分用地	—
12	近期发展规划图	近期发展的风景资源、旅游服务基地与设施、综合交通与设施、功能或保护分区划等	—

A.1 风景园林规划图纸

A.1.1 风景园林规划图纸可分为现状图纸、规划图纸两类。

A.1.2 城市绿地系统规划图纸的基本内容及深度应符合表A.1.2的规定。

表A.1.2 城市绿地系统规划主要图纸的基本内容及深度

序号	图纸名称	图纸表达的基本内容及深度	说明
1	城市区位关系图	城市在区域中位置、对外交通联系等	—
2	城市绿地现状图	各类城市绿地的分布与现状位置与范围等	包括市域大环境生态绿地现状等
3	城市绿地结构规划图	城市绿地系统组成的结构和布局特征	—
4	城市绿地规划总图	各类城市绿地的规划布局	可按各类绿地分类绘制在总图中
5	市域绿地系统规划图	市域主要绿地的规划布局	—
6	城市绿地分类规划图	各类城市绿地的规划布局	按绿地类型分别绘制
7	近期绿地建设规划图	近期建设的城市绿地规划布局	—

A.1.3 风景名胜区总体规划图纸的基本内容及深度应符合表A.1.3的规定。

表A.1.3 风景名胜区总体规划主要图纸的基本内容及深度

序号	图纸名称	图纸表达的基本内容及深度	说明
1	综合现状图	风景资源、居民点与人口、综合交通与设施、工程设施、用地状况、功能区划等	依据规划区的现状特点,可按规划现状要素分项图或综合图

续表

序号	图纸名称	图纸表达的基本内容及深度	说明
4	总平面图	1) 绿地边界及与用地毗邻的道路、水体、绿地等；2) 方案设计的园路、构筑物、园林小品、绿地或范围、常水位、景区的位置、种植、山形水系的位置；3) 建筑物、构筑物和景点、景区的名称；4) 用地平衡表	—
5	功能分区图	各功能分区的位置、名称及范围	—
6	竖向设计图	1) 绿地及周边地等高线及设计等高线、计曲两线；2) 绿地内主要控制点高程、用地内水体的最高水位、常水位、水底标高	—
7	园路交通设计图	1) 主路、支路、小路的路网分级布局；2) 主路、支路、小路的宽度及竖断面；3) 主要及次要出入口和停车场的位置；4) 对外、对内交通服务设施的位置；5) 游览自行车道、电瓶车道和游船的路线	—
8	种植设计图	1) 常绿植物、落叶植物、地被植物的位置或范围的布局；2) 保留或利用的现状植物的位置及范围；3) 树种规划与说明	—
9	综合管网设施图	给水、排水、雨水、电气等内容的干线管网的布局	—
10	重点景区平面图	重点景区的铺装场地、绿化、园林小品和其他景观设施的详细平面布局；绿地内管网与外部市政管网的对接关系	—
11	效果图或意向图	反映设计意图的计算机制作、手绘鸟瞰图、人视效果图，也可采用意向照片	—

A.2.3 初步设计和施工图设计主要图纸的基本内容及深度应符合表 A.2.3 的规定。

A.2 风景园林设计图纸

A.2.1 各类绿地方案设计的主要图纸应符合表 A.2.1 的规定。

表 A.2.1 各类绿地方案设计的主要图纸

图纸名称 / 绿地类型		区位图	用地范围图	现状分析图	总平面图	功能分区图	竖向设计图	园林小品设计图	园路交通设计图	种植设计图	综合管网设施图	重点景区平面图	效果图或意向图
公园绿地	综合公园	◇	△	▲	▲	▲	▲	▲	▲	▲	▲	▲	▲
	社区公园	◇	△	▲	▲	△	▲	▲	▲	▲	▲	▲	▲
	专类公园	◇	△	▲	▲	△	▲	▲	▲	▲	▲	▲	▲
	带状公园	◇	△	▲	▲	△	▲	△	▲	▲	▲	—	▲
	街旁绿地	◇	△	▲	▲	—	▲	▲	—	▲	▲	—	△
防护绿地		◇	△	▲	▲	—	▲	—	—	▲	—	—	△
附属绿地附属绿地		◇	△	▲	▲	△	▲	▲	—	▲	—	—	▲

注："▲"为应出图；"△"为可单独出图纸；"◇"为可合并；"—"为不需要出图。

A.2.2 方案设计主要图纸的基本内容及深度应符合表 A.2.2 的规定。

表 A.2.2 方案设计主要图纸的基本内容及深度

序号	图纸名称	图纸表达的基本内容及深度	说明
1	区位图	绿地在城市中的位置及其与周边地区的关系	可分项做图或综合制图
2	用地范围图	绿地范围红线的界定	本图也可与现状分析图合并
3	现状分析图	绿地范围内地形地貌、竖向、植被、构筑物、水体、市政设施及周边用地的现状情况分析	—

续表

序号	图纸名称	初步设计	施工图设计
5	种植设计图	1) 在总平面图上绘制设计名、现状保留植物名称,尺寸按实际植物冠幅绘制;名称、位置、平面形态或绘制包括乔木、灌木、地被植物种类、数量和株块;2) 在总平面上无法表示清楚的种植应绘制种植分区图或种植详图;3) 苗木表,标注种类、规格、数量	除初步设计所标注的内容外,应标注:1) 工程坐标网格或用放线尺寸;2) 设计的所有植物的种类、名称,种植点位置或株行距、群植的位置;3) 在总平面上无法表示清楚的种植应绘制种植分区图或详图;4) 苗木表,包括:序号、中文名称、拉丁学名、苗木规格、数量、特殊要求等
6	园路铺装设计图	1) 在总平面上绘制和标注铺装园路和铺装场地材料、颜色、规格、铺装纹样;2) 在总平面图上无法表示清楚的应绘制铺装详图表示;3) 园路铺装详图索引及构造做法	除初步设计所标注的内容外,还应标注:1) 硬石的材料、颜色、规格,说明伸缩缝做法及间距;2) 在总平面图中无法表示清楚的铺装纹样和铺装做法应单独绘制铺装纹样或构造图
7	园林小品设计图	应标明下列内容:1) 园林小品详图索引;2) 园林小品详图、立、剖面图;3) 图林小品详图应标明下列内容:①承重结构的轴线编号、定位尺寸;②主要部件名称和材质;③重点节点的切线位置和编号;4) 园林小品详图的立、剖面图应标明下列内容:①两端的轴线、编号及尺寸;②立面可见部位的名称及尺寸;③主要部位的饰面材料、做法及比例;④图纸名称及比例	除初步设计所标注的内容外,应标明下列内容:①立、剖面详图应标明下列内容:①全部构件的名称和材质;②全部节点的剖切符号;②平面图应标明下列内容:①立面轮廓尺寸及所有名称和构件的线型及尺寸;②小品的平面部分应表示出来的构件的名称、尺寸;③剖面、剖面高程或①平面、剖面工艺做法;②剖面的标注;③节点构造详图索引号

表A.2.3 初步设计和施工图设计主要图纸的基本内容及深度

序号	图纸名称	初步设计	施工图设计
1	总平面图	1) 用地边界线及毗邻用地名称、位置;2) 用地内各组成要素或用地范围、名称;平面形态或绘制包括建筑、构筑物、道路、铺装场地、绿地、园林小品、水体等;3) 设计地形等高线	同初步设计
2	定位图/放线图	1) 用地边界坐标;2) 在总平面图上标注各工程的关键点的定位坐标和控制尺寸;3) 在总平面图上无法表示清楚的定位应在定位详图中标注	除初步设计所标注的内容外,还应标注:1) 放线坐标网格;2) 各工程的所有定位坐标和详细尺寸;3) 在总平面图上无法表示清楚的定位应绘制定位详图
3	竖向设计图	1) 用地毗邻场地的关键性标高点和等高线;2) 在总平面上标注地形等高线、铺装场地、绿地的主要控制高程和主要竖向控制点;3) 在总平面图上应在详图中标注清楚的竖向节点;4) 土方量	除初步设计所标注的内容外,还应标注:1) 在总平面上,包括下列内容:①道路起点、变坡点、转折点和终点的设计标高;②广场、停车场、运动场地的控制点设计标高;运动场地、坡度和排水方向;③建筑、构筑物室内外地面设计标高;④工程坐标网格;⑤土方平衡表;2) 屋顶绿化的土层处理,应做结构剖面
4	水体设计图	1) 水体平面图;2) 水体的常水位、池底、驳岸标高;3) 驳岸形式、剖面做法节点;4) 各种水体形式的剖面	除初步设计所标注的内容外,还应标注:1) 平面放线;2) 驳岸不同做法出现的长度标注、等高线、最低点标高;3) 水体竖岸标高、池底标高;4) 各种驳岸水流及流水形式的剖面及做法;5) 泵坑、上水、进水、溢水系统的位置、做法及变形缝做法的剖面

附录 A 图纸基本内容及深度

A.1 风景园林规划图纸

A.1.2 城市绿地系统规划主要图纸基本内容的确定，主要依据原建设部关于印发《城市绿地系统规划编制纲要（试行）》的通知（建城[2002]240号）。其中根据绿地分类规划图可以在一张图表示各种类型的绿地，也可根据需要将各类型绿地单独表示。

A.1.3 风景名胜区总体规划主要图纸基本内容的确定，主要依据现行国家标准《风景名胜区规划规范》GB 50298 的相关规定。

A.2 风景园林设计图纸

A.2.1、A.2.2 这两条是对风景园林方案设计主要图纸的基本内容提出要求。由于不同类型的风景园林设计对方案设计图纸的要求不同，规模也相差较大，有些可以简化，因此提出了不同类型绿地的图纸要求，设计中可以根据基本要求进行合理取舍。

A.2.3 风景园林初步设计和施工图设计的图纸名称及内容有很多地方相同，总体上可以认为施工图设计是在初步设计基础上的深化、细化。

A.2.4 风景园林初步设计确定了各项工程的风格、尺寸、材料、色彩等，绘制重点部位的是保证施工图设计能够按照此初步设计的要求进行设计，以达到编制工程概算的深度；施工图设计应按照初步设计的要求绘制所有变化部位的详图，以便于施工及编制工程预算。

A.2.4 由于道路绿化设计长度一般都很长，而且具有一定的规律性，因此进行初步设计时没有必要全部画出整个设计长度的绿带，只需绘制标准段的平面，立面图及基本断面即可，重点是要确定树种和大致的数量。

续表

序号	图纸名称	初步设计	施工图设计
8	给水排水设计图	1) 说明及主要设备列表； 2) 给水、排水平面图，应标明下列内容：①给水和排水管道的平面位置、各种灌溉形式的分区范围，②与城市管道系统连接点的位置以及管径； 3) 水景的管道平面图，系统位置图	除初步设计所标注的内容外，还应标注： 1) 给水平面图，应标明：①给水管道市置平面，管径标注及闸门井的位置；②详图索引号，水表井位置距离；②详图索引号；水表井位置，灌木的种植位置； 2) 排水平面图应标明：①排水管径，管段长度，管底标高及设计地面及井底标高，②检查井位置，③与市政管网接口处的市政检查井的位置，标高、管径、水流方向；④详图索引引号；⑤子项详图； 3) 水景工程的给水排水平面布置图，管径，水泵型号及泵坑位置图； 4) 局部详图，设备间平、剖面图；水池景观水循环过滤泵房，雨水收集利用等设施详图
9	电气照明及弱电系统设计图	1) 说明及主要电气设备表； 2) 路灯、草坪灯、广播等用配电设施的平面位置图	除初步设计所标注的内容外，应标注： 1) 电气平面图应标明：①配电箱、用电点、线路等的平面位置，以及干线和分支线路等编号、型号、规格、敷设方式、控制形式； 2) 系统图应标明：照明配电系统图、动力配电系统图、明配电系统图

A.2.4 初步设计可只绘制工程重点部位详图；施工图设计应全部绘制工程所有节点的详图。道路绿化的初步设计可只绘制道路绿化标准段的平面图、立面图及断面图。

参 考 文 献

[1]　金方 . 建筑制图 [M]. 3 版 . 北京：中国建筑工业出版社，2018.

[2]　何铭新等 . 建筑工程制图 [M]. 北京：高等教育出版社，2013.

[3]　高祥生 . 房屋建筑室内装饰装修制图标准实施指南 [M]. 北京：中国建筑工业出版社，2011.

[4]　田婧，黄晓瑜 . 室内设计与制图 [M]. 北京：清华大学出版社，2017.

[5]　叶铮 . 室内建筑工程制图 (修订版)[M] . 北京：中国建筑工业出版社，2018.

[6]　张建林 . 风景园林工程制图 [M]. 重庆：西南师范大学出版社，2017.

[7]　李素英等 . 风景园林制图 [M]. 北京：中国林业出版，2014.

[8]　《建筑电气制图标准》12DX011 图示

[9]　城市道路绿化规划与设计规范 CJJ75—1997

[10]　风景园林制图标准 CJJT 67—2015

[11]　风景园林标志标准 CJT 171—2012

[12]　城市规划制图标准附条文说明 CJJT 97—2003

[13]　建筑结构制图标准 GB /T 50105—2010

[14]　建筑电气制图标准 GB 50786—2012—T

[15]　机械制图图样画法视图 GB/T 445817.1—2002

[16]　国家基本比例尺地形图更新规范 BT 14268—2008

[17]　制图字体 GBT 14691—1993

[18]　房屋建筑制图统一标准 GBT 50001—2017

[19]　建筑模数协调标准 GBT 50002—2013

[20]　工业循环水冷却设计规范 GBT 50102—2003

[21]　总图制图标准 GBT 50103—2010

[22]　建筑制图标准 GBT 50104—2010

[23]　建筑结构制图标准 GBT 50105—2010

[24]　建筑给水排水制图标准 GBT 50106—2010

[25]　CAD 工程制图规则 GB/T 1 8229—2000

[26]　房屋建筑室内装饰制图标准 GJT 244—2011

[27] 水利水电工程制图标准勘测图 SL 73.3—2013

[28] 水利水电工程制图标准基础制图 SL 73.1—95

[29] 水利水电工程制图标准水工建筑图 iSL 73.2—2013

[30] 建筑工程设计文件编制深度规定，2016 版

后　记

2019 年 10 月 19 日，SketchUp(中国) 授权培训中心潘鹏、方祥二位主任一行五人专程来常州授予老朽以"顾问导师"证书，并确定了一系列合作项目；其中就包括了撰写和制作全套视频和配套书籍的计划；已经完成的《SketchUp 要点精讲》《SketchUp 建模思路与技巧》《SketchUp 用户自测题库》和这本《LayOut 制图基础》以及配套的视频就是计划中的一部分，即将完稿的还有《SketchUp 材质系统精讲》《SketchUp 插件与曲面建模》《SketchUp 动画技法》，等等。

诚如我在前言中所说的那样，LayOut 并不复杂，也不难学。经过在学员中的一番调研，觉得它难，可以总结为十六个字——储备不足、定位不准、急功近利、舍本逐末。这十六个字针对的是四种现象 (或者说四种人)，这里扼要列出：

- 储备不足，会用软件却未掌握行业知识库和制图规矩，当然难，多数是学生或新手。
- 定位不准，以为 LayOut 就是天生的施工图工具，这种人很多，可能是个误区。
- 急功近利，学习靠道听途说，干活靠自说自话，弄成上不了台面的"野路子"。
- 舍本逐末，眼睛和精力盯在了软件本身，忽略了根本性的问题——制图的规矩。

学生和刚就业的新手，要尽快掌握行业知识库 (甚至潜规则)，知识库也包含制图标准。

对于认定要用 LayOut 做施工图的，要看看你的行业和任务适合不适合。急于求成和舍本逐末的朋友，请尽快熟悉工程制图的规矩并自觉遵守，及早"上正轨"。

其实，想要学好用好 LayOut，特别是想要用 LayOut 出施工图，学习的重点并不在 LayOut，因为 LayOut 本身并不复杂，很容易掌握。用好 LayOut 的重点在于要熟悉工程制图的"规矩"，所谓"工程制图的规矩"就是国家颁布的制图标准，最好还要有点制图技巧。

具体到 SketchUp 应用领域，因为软件本身和配套的渲染工具上手容易、门槛低，所以普及速度快，普及面广，再加上这些年培训市场迎合年轻人急于求成的心理，普遍忽略包括制图标准、制图基础在内的需要下苦功夫的素质训练；偏重渲染、后期美化等好看、好玩、轻松的立竿见影的课程；因此用户中大量未经过正规训练的自学成才者和仅经过短期培训即上岗的速成者，产生了很多在其他软件应用中罕见的问题：如在 SketchUp 用户中有很多人连"图线""标注""文字"这些基础中的基础都不合格，效果图却制作得很漂亮；完全无视国家制图标准的硬性规定，独出心裁的"彩色施工图""透视施工图""三维施工图"更是泛滥成灾，这种情况尤以家装设计业为甚。

正因为看到了上面所说问题的严重性和普遍性，作者把这本书的写作计划调整到了靠前的位置，希望它能早点出版，早点为 SketchUp 的新用户们提供一些正规训练可用的依据，希望每一位刚踏入 SketchUp 和 LayOut 的新人都能自觉遵守国家颁布的各项标准，当然也包括制图标准。

制图标准其实很简单，就算把重要的部分背下来也不难，难就难在绘制图纸时的每时每刻、一点一线、一笔一画都必须严守规矩。至于制图技巧，则可以通过多做练习来掌握，是水到才能渠成的事，急不得。除了动手练习，还要多看书上的正规范例。至于网络上看到、下载的东西，请一定要先看看是否"合规矩"，而后再确定有多少学习与参考的价值。

请每一位正在学习 LayOut 的朋友记住一句话：LayOut 是以制图标准为"依据"绘制图纸的"工具"，显然其重点在于"依据"，而不是"工具"，否则就是舍本逐末了。据了解，很多人曾经收集过一些标准，也可能浏览过一两次，却从来没有认认真真系统学习、研究过它们；临时抱佛脚也不知道去哪里找，甚至还有人抱着很多年前就被替代作废的旧标准当作"老佛爷"。

考虑到这本书的读者 95% 分布在城乡规划、建筑设计、园林景观和室内装修 (含木业、石业、建材) 这几个行业，为了尽量配合有需要的学员学好用好 LayOut，还特别增加了 7-8 节："设计过程与图纸编排和三个附录供新老学员随时查阅参考"。

最后，欢迎大家提出改良意见，烦请发 E-mail 到：SketchUp001@163.com。